普通高等教育“十二五”规划教材
全国高职高专规划教材·机械设计制造系列
辽宁省教育科研“十一五”规划课题

电工电子技术

主　编　杨俊莲
参　编　马鸣鹤　汪　凯
　　　　张明月　王玉湘

内容简介

本书共分为五个项目，介绍了生产一线工程技术人员必备的电工、电子技术基本知识和基本技能。五个项目分别是常用电工工具和仪表的使用、认识常用的电气设备、电动机基本控制电路、认识常用的电子元器件和逻辑电路常识。本书主要内容包括电路的基本概念，常用电工工具、电工仪表的使用训练，变压器，三相交流异步电动机，常用低压电器，电工识图基本常识，电动机基本控制电路，半导体二极管、半导体三极管和晶闸管的应用，门电路与组合逻辑电路，触发器与时序逻辑电路等。附录介绍了安全用电常识。

本书选编了机电、机械类专业所面向的工作岗位“必需、够用”的理论内容，并且融入了工作岗位常见的基本技能实训项目。

本书适合高职高专机电类、机械类各专业的师生使用，也可以作为成人高等教育相关课程教材。同时，还可以供电工、电子技术爱好者参考阅读。

图书在版编目(CIP)数据

电工电子技术/杨俊莲主编. —北京：北京大学出版社，2012.5
（全国高职高专规划教材·机械设计制造系列）
ISBN 978-7-301-20682-9

Ⅰ.①电… Ⅱ.①杨… Ⅲ.①电工技术-高等职业教育-教材 ②电子技术-高等职业教育-教材 Ⅳ.①TM ②TN

中国版本图书馆CIP数据核字（2012）第096372号

书　　名：电工电子技术
著作责任者：杨俊莲　主编
策 划 编 辑：温丹丹
责 任 编 辑：温丹丹
标 准 书 号：ISBN 978-7-301-20682-9/TH·0293
出 版 发 行：北京大学出版社
地　　址：北京市海淀区成府路205号　100871
电　　话：邮购部62752015　发行部62750672　编辑部62765126　出版部62754962
网　　址：http://www.pup.cn
电 子 信 箱：zyjy@pup.cn
印　刷　者：北京鑫海金澳胶印有限公司
经　销　者：新华书店
787毫米×1092毫米　16开本　11.25印张　275千字
2012年5月第1版　2019年12月第4次印刷
定　　价：24.00元

前　言

电工电子技术是生产一线工程技术人员必备的基本技能之一，“电工电子技术”课程也是高校机电类、机械类各专业开设的一门职业基础课程。根据高职教育培养生产一线高素质技术应用型人才的目标要求，本课程的任务是使学生掌握电工电子技术基本知识，学会使用常用电工工具和仪表进行电工电子作业，能够读懂简单的电气原理图，并能运用电工电子技术的知识分析解决实际工程问题，同时为继续深入学习电工电子技术知识打下基础。因此，本书的编写着力体现如下特色和创新之处。

1. 突出职业能力培养，实现理论实践一体化。针对机电、机械类专业所面向的职业岗位能力要求，结合行业职业标准，突出学习能力和实践能力的培养，在课程内容上将基本理论知识和基本操作技能训练融为一体，实现了理论实践一体化。

2. 打破传统的理论体系，以工作岗位的任务来划分学习项目模块。本书根据工作岗位的任务划分成常用电工工具和仪表的使用、认识常用的电气设备、电动机基本控制电路、认识常用电子元器件以及逻辑电路常识五个学习项目。在内容编写上，以项目为导向，依据“能力目标—技能训练—理论支撑—知识扩展”的编写思路，重新整合了课程内容。

3. 引导教师开展教学方法和教学方案的设计研究。在各学习项目的技能训练内容上灵活度较大，只是起到引导作用，为教师创新教学设计方案留有空间。教师可根据学校的实训条件和专业特点自行设计教学方案，针对本校学生特点，因材施教，采用灵活的教学方法和手段实施教学。

本书是辽宁省教育科研“十一五”规划课题“电工电子技术课程体系改革”的研究成果，根据该课题的主要研究成果“电工电子技术”课程标准编写而成的。

本书由杨俊莲主编，马鸣鹤、汪凯、张明月、王玉湘参编，其中，项目一由马鸣鹤编写，项目二、三由杨俊莲编写，项目四由汪凯编写，项目五由张明月编写、附录由王玉湘编写。在本书的编写过程中，得到了辽宁装备制造职业技术学院信息工程系副主任高睿、广汽日野（沈阳）汽车有限公司祁清心同志的鼎力支持，在此表示衷心的感谢。

由于编者水平有限，书中定有不妥之处，恳请广大读者批评指正。

编　者

2012 年 4 月

目　　录

项目一　常用电工工具和仪表的使用

学习目标

能力目标

1. 熟知常用的电工工具和仪表；
2. 会用常用电工工具和仪表进行简单的电工作业；
3. 动作规范，文明操作，具备基本的职业素养。

知识目标

1. 了解电路中的物理量；
2. 理解交流电的概念；
3. 理解三相电的产生，熟悉三相电不同连接方式的特点；
4. 能够利用基本定律、定理分析简单的直流电路；
5. 了解交流电路的分析方法，理解交流电路的功率概念；
6. 会分析三相对称电路；
7. 学会用叠加定理的方法分析电路；
8. 学会用戴维南定理的方法分析电路。

本项目内容简述

本项目从常用电工工具和仪表的使用出发，讲述了相关的知识点直流电路、交流电路、三相电路的概念及分析计算方法，同时介绍了常用电工工具和仪表的用途和使用方法。

1.1　电路基本概念

1.1.1　电路组成及其电路模型

1. 电路组成

手电筒是大家所熟悉的一种用来照明的最简单的用电器具，其结构示意图如图 1-1 所示。

手电筒由四部分组成。

（1）干电池。它将化学能转换为电能，即电源。

（2）小电珠。它将电能转换为光能，即用电器。

（3）开关。通过它的闭合与断开，能够控制小电珠的发光情况，即控制装置。

（4）金属容器、弹簧连接。它相当于传输电能的金属导线，提供了手电筒中其他元件之间的连接。

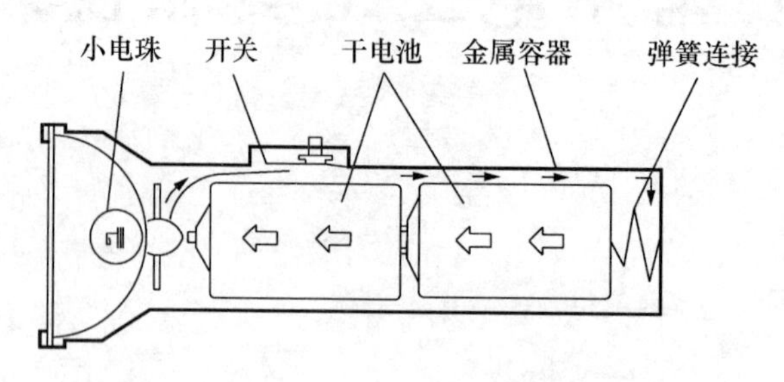

图 1-1　手电筒结构示意图

2. 电路模型

将实际电路元件理想化后，突出其主要电磁性质而忽略次要因素，由这样的元件组成的电路图如图 1-2（a）所示，称为电路模型，简称电路图。

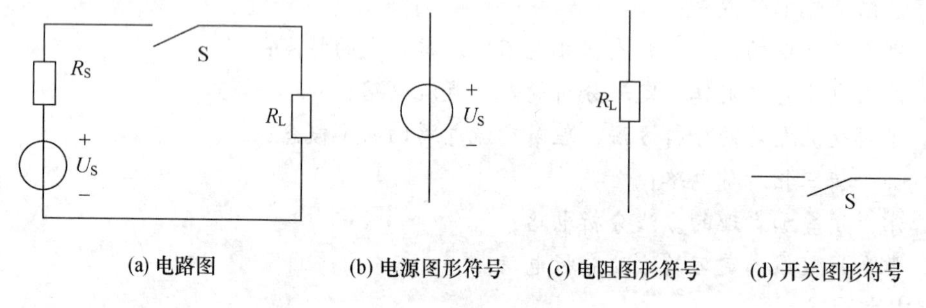

(a) 电路图　(b) 电源图形符号　(c) 电阻图形符号　(d) 开关图形符号

图 1-2　电路模型及各元件的图形符号

电源是将其他形式的能量转换为电能的装置，例如发电机、干电池、蓄电池等，其图形符号如图 1-2（b）所示，U_S 表示电源电压大小。负载是取用电能的装置，通常也称为用电器，例如白炽灯、电炉、电视机、电动机等。常见的负载是电阻，其图形符号如图 1-2（c）所示，R_L 表示电阻值大小；中间环节是传输、控制电能的装置，如连接导线、变压器、开关、保护电器等。开关的图形符号如图 1-2（d）所示，文字符号用 S 表示；导线将个电路元件连接起来，构成闭合回路。

1.1.2　电路中的基本物理量

1. 电流

电荷有规则的定向运动就形成了电流。长期以来，人们习惯规定以正电荷运动的方向作为电流的实际方向。

电流的大小用电流强度（简称电流）来表示。电流强度在数值上等于单位时间内通过导线某一截面的电荷量，用符号 i 表示。或者说电流强度就是电荷 Q 对时间的变化率，即：

$$i=\frac{\mathrm{d}Q}{\mathrm{d}t} \tag{1-1}$$

大小和方向都不随时间变化的电流称为恒定电流，简称直流电流，采用大写字母 I 表示；小写字母 i 表示随时间变化的交流电流，它是表示电流的一般符号。

电流的单位是安培（简称安），用符号 A 表示；电荷量的单位为库仑（简称库），用符号 C 表示；时间的单位为秒，用符号 s 表示。当电流很小时，常用的单位为毫安（mA）或微安（μA）；当电流很大时，常用的单位为千安（kA），它们之间的换算关系为：

$$1\ \mathrm{A}=1\,000\ \mathrm{mA}=10^3\ \mathrm{mA}$$

$$1\ \mathrm{A}=10^6\ \mu\mathrm{A}$$

$$1\ \mathrm{kA}=10^3\ \mathrm{A}$$

电流不但有大小，而且还有方向。在简单电路中，如图 1-3 所示，可以直接判断电流的方向。即在电源内部电流由负极流向正极，而在电源外部电流则由正极流向负极，以形成一个闭合回路。

交流电路中的电流实际方向还在不断地随时间而改变，很难也没有必要在电路图中标示其实际方向。为了分析、计算的需要，引入了电流的参考方向。在电路分析中，任意选定一个方向作为电流的方向，这个方向就称为电流的参考方向，如图 1-4 中用实线表示的 I_S，有时又称为电流的正方向，当然，所选定的参考方向并不一定就是电流的实际方向。当电流的参考方向与实际方向相同时，电流为正值；反之，若电流的参考方向与实际方向相反，则电流为负值。这样，电流的值就有正有负，它是一个代数量，其正负可以反映电流的实际方向与参考方向的关系。因此电流的正、负，只有在选定了参考方向以后才有意义。

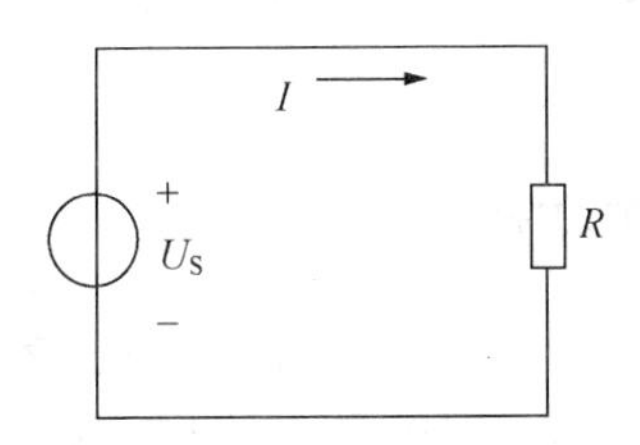

图 1-3　简单电路

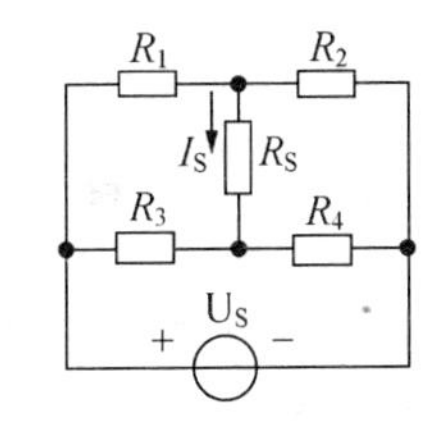

图 1-4　复杂电路

电流的参考方向一般用实线箭头表示，既可以画在线上，如图 1-5（a）所示；也可以画在线外，如图 1-5（b）所示；还可以用双下标表示，如图 1-5（c）所示，其中，I_{ab} 表示电流的参考方向是由 a 点指向 b 点。

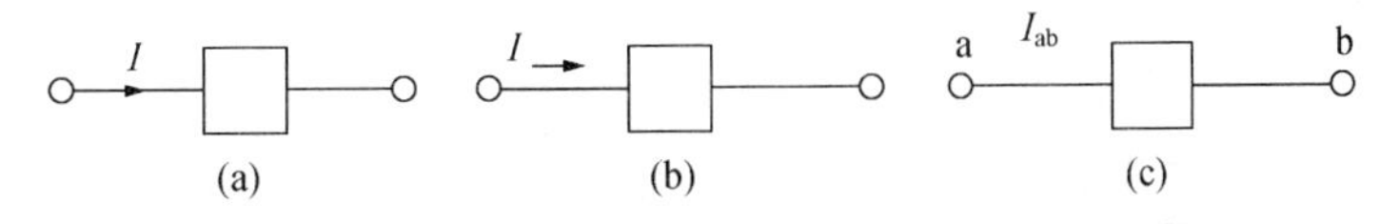

图 1-5　电流参考方向的标注法

2. 电压

如图 1-6 中所示，电路中 a、b 两点间的电压，在数值上等于将单位正电荷从电路中的 a 点移到电路中的 b 点时电场力所做的功，或者说 a、b 两点之间的电压等于两点之间

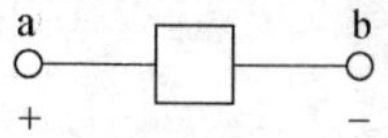

图 1-6 电压的表示方法

的能量对于电荷的变化率，用 u_{ab} 表示，即：

$$u_{ab}=\frac{dW_{ab}}{dQ} \tag{1-2}$$

规定：电压的方向为电场力做功使正电荷移动的方向。

大小和方向都不随时间变化的电压称为恒定电压，简称直流电压，采用大写字母 U 表示，小写字母 u 表示电压的一般符号。

电压的单位为伏特（V），常用的单位为千伏（kV）、毫伏（mV）、微伏（μV）。它们之间的换算关系为：

$$1\ \text{V}=1\ 000\ \text{mV}=10^3\ \text{mV}$$

$$1\ \text{V}=10^6\ \mu\text{A}$$

$$1\ \text{kV}=10^3\ \text{V}$$

当分析和计算电路时，要预先设定电压的参考方向。同样，所设定的参考方向并不一定就是电压的实际方向。当电压的参考方向与实际方向相同时，电压为正值；当电压的参考方向与实际方向相反时，电压为负值。这样，电压的值有正有负，它也是一个代数量，其正负表示电压的实际方向与参考方向的关系。

电压的参考方向既可以用实线箭头表示，如图 1-7（a）所示；也可以用正（+）、负（−）极性表示，如图 1-7（b）所示，正极性指向负极性的方向就是电压的参考方向；还可以用双下标表示，如图 1-7（c）所示，其中，u_{ab} 表示 a、b 两点间的电压参考方向由 a 指向 b。

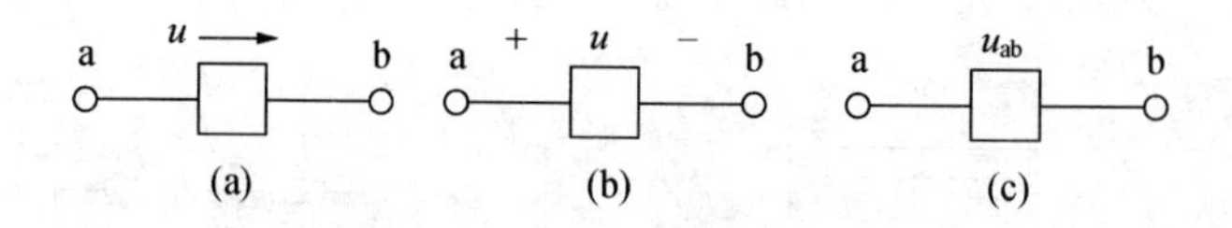

图 1-7 电压参考方向的标注法

当进行电路分析时，对于一个元件，我们既要对流过元件的电流选取参考方向，又要对元件两端的电压选取参考方向，两者是相互独立的，可以任意选取。也就是说，它们的参考方向可以一致，也可以不一致。如果电流的参考方向与电压的参考方向一致，则称之为关联参考方向，如图 1-8（a）所示；如果电流的参考方向与电压的参考方向不一致，则称之为非关联参考方向，如图 1-8（b）所示。当选取电压、电流方向为关联参考方向时，电路图上只需标出电压的参考方向，如图 1-9（a）所示；或只需要标出电流的参考方向，如图 1-9（b）所示。

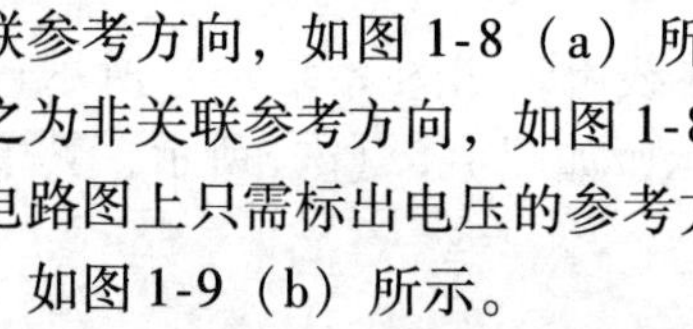

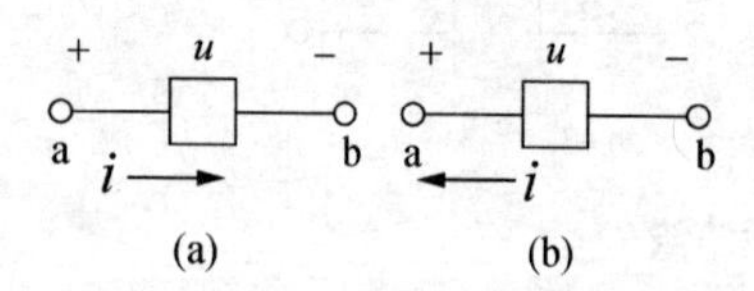

图 1-8 电压和电流的参考方向

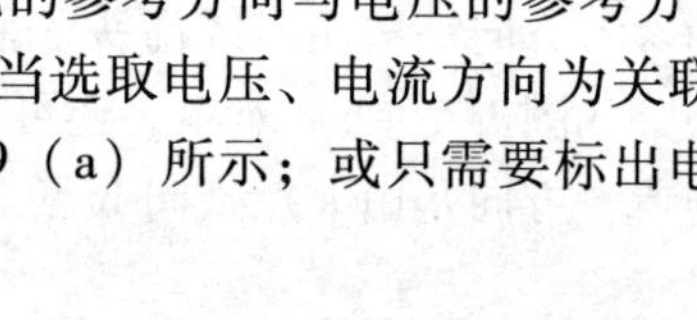

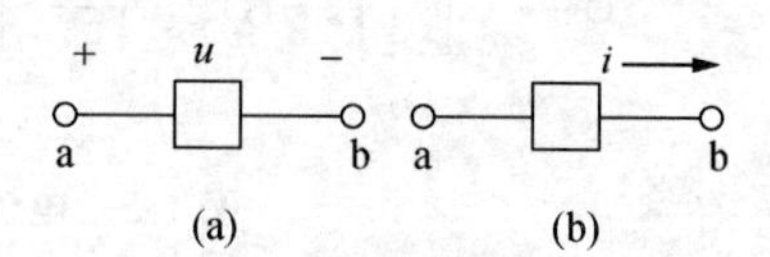

图 1-9 电压和电流关联参考方向标注法

3. 电位

电路中某一点相对参考点的电压大小称为电位，用符号 V 表示。可以把参考电位看做是零电位点，一般选择接地点为参考点。

如图 1-10 所示，在一个电路中，若指定某点为 0 参考点，如 c 点，则 $V_c=0$ V，其他各点可用数值来表示高低，比“c”高的为“+”，反之为“-”，如 V_a 电位为负、V_b 电位为正。

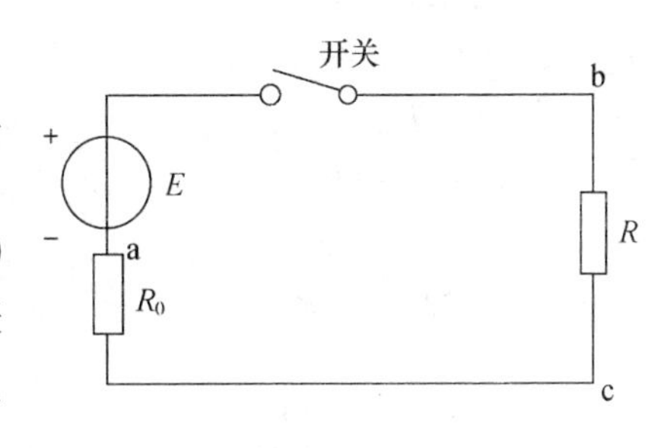

图 1-10　电位说明图

4. 功率

单位时间内电场力所做的功称为电功率，简称为功率，它是描述传送电能速率的一个物理量，以符号 P 表示，即：

$$P=\pm\frac{W}{t}=\pm\frac{QU}{t}=\pm UI \tag{1-3}$$

其中，W 为电场力所做的功，Q 为带电粒子的电荷量。

若电流的单位为安培（A），电压的单位为伏特（V），则功率的单位为瓦特（W），简称为“瓦”。

在计算元件的功率时，若电压、电流的参考方向关联，则等式的右边取正号；否则取负号。当 $P>0$ 时，表明元件消耗（吸收）功率，一般用电设备为消耗功率；当 $P<0$ 时，表明该元件产生（释放）功率，一般电源为产生功率。

【例 1-1】 在图 1-11 中，用方框代表某一电路元件，其电压、电流如图 1-11 所示，求图中各元件的功率，并说明该元件实际上是消耗功率还是产生功率？

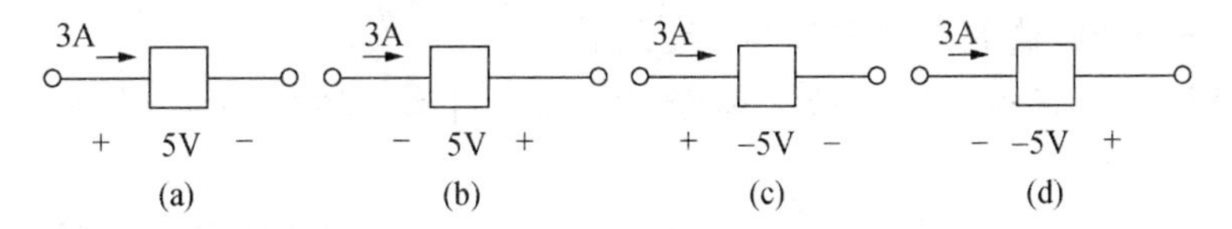

图 1-11　电路图

【解】

（1）在图 1-11（a）中，电压、电流的参考方向关联，元件的功率

$$P=UI=5\times3=15\ (\mathrm{W})>0$$

元件实际上是消耗功率。

（2）在图 1-11（b）中，电压、电流的参考方向非关联，元件的功率

$$P=-UI=-(5\times3)=-15\ (\mathrm{W})<0$$

元件实际上是产生功率。

（3）在图 1-11（c）中，电压、电流的参考方向关联，元件的功率

$$P=UI=(-5)\times3=-15\ (\mathrm{W})<0$$

元件实际上是产生功率。

（4）在图 1-11（d）中，电压、电流的参考方向非关联，元件的功率

$$P=-UI=-(-5)\times3=15\ (\mathrm{W})>0$$

元件实际上是消耗功率。

【例 1-2】 在图 1-12（a）所示的电路中，方框表示电源或电阻，各元件的电压和电流的参考方向如图 1-12（a）所示。通过测量得知：$I_1=2\text{ A}$，$I_2=1\text{ A}$，$I_3=1\text{ A}$，$U_1=4\text{ V}$，$U_2=-4\text{ V}$，$U_3=7\text{ V}$，$U_4=-3\text{ V}$。

（1）试标出各电流和电压的实际方向。

（2）试求每个元件的功率，并判断其是电源还是负载。

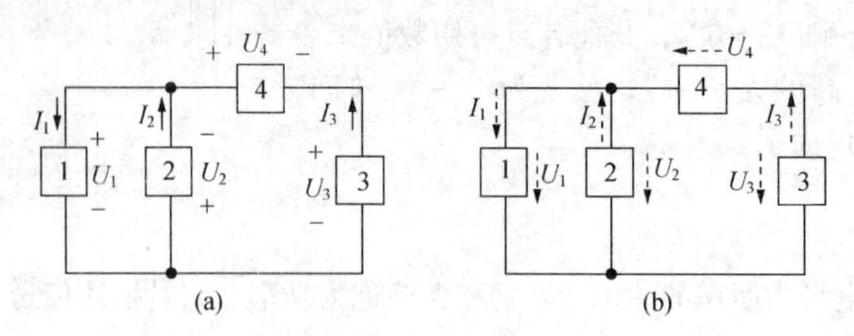

图 1-12　电路图

【解】

（1）当电流和电压为正值时，其实际方向与参考方向一致；当电流和电压为负值时，其实际方向和参考方向相反。按照上述原则，各电流和电压的实际方向（用虚线表示）如图 1-12（b）所示。

（2）计算各元件的功率，如图 1-12（a）所示。

元件 1：电压和电流参考方向一致，则

$P_1=U_1I_1=4\times2=8\ (\text{W})>0$，该元件消耗功率，为负载。

元件 2：电压和电流参考方向一致，则

$P_2=U_2I_2=-4\times1=-4\ (\text{W})<0$，该元件产生功率，为电源。

元件 3：电压和电流的参考方向不一致，则

$P_3=-U_3I_3=-(7\times1)=-7\ (\text{W})<0$，该元件产生功率，为电源。

元件 4：电压和电流的参考方向不一致，则

$P_4=-U_4I_3=-((-3)\times1)=3\ (\text{W})>0$，该元件消耗功率，为负载。

5. 电能量

当已知设备的功率为 P 时，则在 t 秒内消耗的电能为

$$W=Pt \tag{1-4}$$

电能就等于电场力所做的功，以符号 W 表示，单位是焦耳（J）。在工程上，直接用千瓦小时（kW · h）作为电能的单位，俗称“度”，且 1 kW · h = 3 600 000 J。

1.1.3　交流电的概念

在生产和生活中使用的电能，几乎都是交流电能，交流电与直流电的区别在于：直流电的方向、大小不随时间变化；而交流电的方向、大小都随时间做周期性的变化，并且在一个周期内的平均值为零。如图 1-13 所示为直流电和交流电的电流波形。

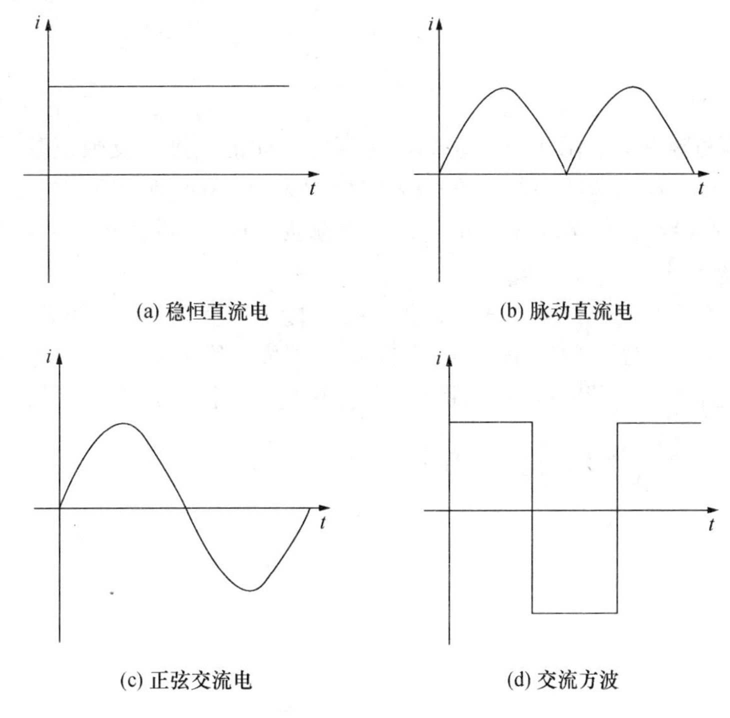

(a) 稳恒直流电　(b) 脉动直流电

(c) 正弦交流电　(d) 交流方波

图 1-13　直流电和交流电的电波波形图

1. 正弦交流电及其三要素

随时间按正弦规律变化的交流电称为正弦交流电，如正弦电流、正弦电压等。这些按正弦规律变化的物理量统称为正弦量。

下面以正弦电流为例，说明正弦交流电的三要素。设图 1-14 中通过元件的电流 i 是正弦电流，其参考方向如图所示。正弦电流的一般表达式为

$$i(t)\ =I_{\mathrm{m}}\sin\ (\omega t+\psi)$$

它表示电流 i 是时间 t 的正弦函数，不同的时间有不同的量值，称为瞬时值，用小写字母表示。电流 i 的时间函数曲线如图 1-15 所示，称为波形图。

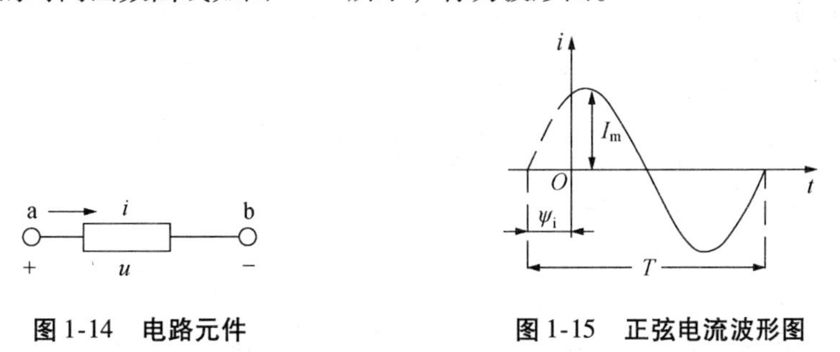

图 1-14　电路元件　**图 1-15　正弦电流波形图**

最大值 I_{m}：在正弦电流的表达式中，I_{m} 为正弦电流的最大值（幅值），即正弦量的振幅，用大写字母加下标 m 表示正弦量的最大值。例如，正弦电压的最大值 U_{m}、正弦电动势最大值 E_{m} 等，它反映了正弦量变化的幅度。

角频率 ω：正弦电流每重复变化一次所经历的时间间隔即为它的周期，用 T 表示，周期的单位为秒（s）。正弦电流每经过一个周期 T，对应的角度变化了 2π，因此

$$\omega T = 2\pi$$

$$\omega = \frac{2\pi}{T} = 2\pi f \tag{1-5}$$

式中，ω 为角频率，表示正弦量在单位时间内变化的角度，反映正弦量变化的快慢。用弧度/秒（rad/s）作为角频率的单位；$f = 1/T$ 是频率，表示单位时间内正弦量变化的循环次数，用1/秒（1/s）作为频率的单位，称为赫兹（Hz）。我国电力系统用的交流电的频率（工频）为50 Hz。

初相位 ψ：在正弦电流的表达式中，$(\omega t + \psi)$ 随时间变化，称为正弦量的相位，它描述了正弦量变化的进程或状态。ψ 为 $t = 0$ 时刻的相位，称为初相位（初相角），简称初相。习惯上取 $|\psi| \leqslant 180°$。图1-16（a）、（b）分别表示初相位为正和负值时正弦电流的波形图。其中，$i_1 = I_m \sin\left(\omega t + \frac{\pi}{6}\right)$，$i_2 = I_m \sin\left(\omega t - \frac{\pi}{6}\right)$。

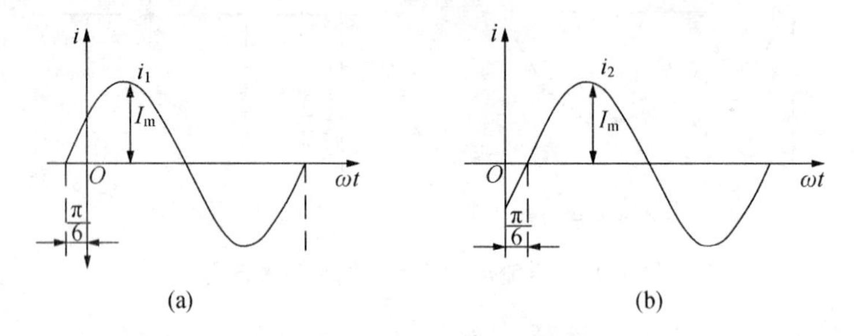

图1-16　正弦电流的初相位

前面是以正弦电流为例说明了正弦量的三要素，正弦电压也是同样道理，最大值、角频率和初相位称为正弦量的三要素，由三要素就可表达一个正弦量。

2. 正弦量的有效值

有效值是用来描述交流电大小的物理量。由于交流电流 i 流过电阻 R 在一个周期 T 所产生的能量与直流电流 I 流过电阻 R 在相同时间 T 内所产生的能量相等，因此直流电流的量值称为交流电流的有效值。用大写字母 I 表示，与直流电表示相同。

周期电流的有效值

$$I = \sqrt{\frac{1}{T}\int_0^1 i^2 \mathrm{d}t}$$

当周期电流为正弦量时，可得：

$$I = \frac{I_m}{\sqrt{2}} \tag{1-6}$$

式（1-6）表明有效值与最大值之间的关系。同理，正弦电压的有效值与最大值之间的关系为

$$U = \frac{U_m}{\sqrt{2}} \tag{1-7}$$

在工程上凡是谈到周期性电流或电压、电动势等量值时，无特殊说明是指有效值，一般电气设备铭牌上所标明的额定电压和电流值都是指有效值。

【例 1-3】　已知某交流电压为 $u = 220\sqrt{2}\sin\omega t$ V，这个交流电压的最大值和有效值分别为多少？

【解】　最大值　　$U_m = 220\sqrt{2} = 311.1$ (V)

　　　　有效值　　$U = 220$ (V)

3. 相位差

在一个正弦交流电路中，电压 u 和电流 i 的频率是相同的，但初相位不一定相同，如图 1-17 所示。图中 u 和 i 的波形可用下式表示

$$u = U_m \sin(\omega t + \varphi_u)$$
$$i = I_m \sin(\omega t + \varphi_i)$$

它们的初相位分别为 φ_u 和 φ_i。

两个同频率正弦量的相位角之差或初相位角之差，称为相位差，用 φ 表示。图 1-17 中电压 u 和电流 i 的相位差为

$$\varphi = (\omega t + \varphi_u) - (\omega t + \varphi_i) = \varphi_u - \varphi_i$$

当两个同频率的正弦量的计时起点改变时，它们的相位和初相位即跟着改变，但是两者之间的相位差仍保持不变。

由图 1-17 的正弦波形可见，因为 u 和 i 的初相位不同，所以它们的变化步调是不一致的，即不是同时到达正的幅值或零值。在图 1-17 中，$\varphi_u > \varphi_i$，所以 u 较 i 先到达正的幅值。这时我们说，在相位上 u 比 i 超前 φ 角，或者说 i 比 u 滞后 φ 角。

初相相等的两个正弦量，它们的相位差为零，这样的两个正弦量叫做同相。同相的两个正弦量同时到达零值，同时到达最大值，步调一致，如图 1-18 中的 i_1 和 i_2 所示。相位差 φ 为 180°的两个正弦量叫做反相，如图 1-18 中的 i_1 和 i_3 所示。

注意正弦交流电分析中所涉及的任何角度表示均要求绝对值在 180°以内。

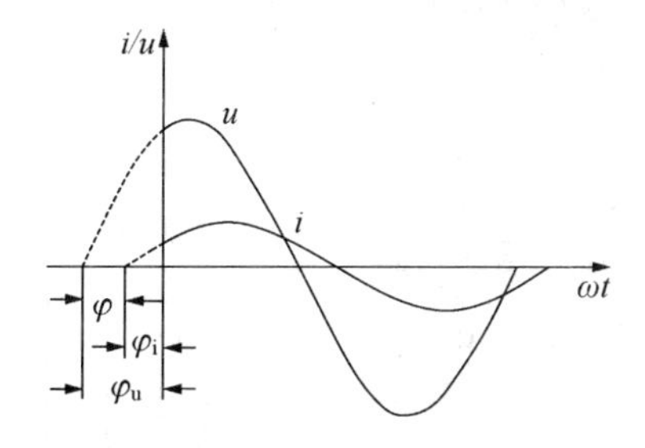

图 1-17　u 和 i 的相位不相等

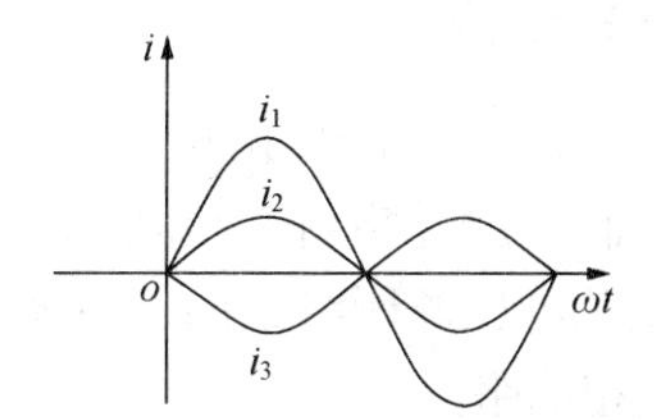

图 1-18　正弦量的同相与反相

4. 正弦量的相量表示法

为了使正弦交流电的计算更加简便，常采用相量法表示一个正弦量。

(1) 正弦量的相量表示。如图 1-19 所示左边是一个旋转相量 $\boldsymbol{A}$，以其长度为半径令其绕坐标原点逆时针旋转，它在各个不同角度时的纵轴投影即为各对应角度的正弦函数。在直角坐标系中。有向线段的长度代表正弦量的幅值 U_m，它的初始位置（$t = 0$ 时的位置）与横轴正方向之间的夹角等于正弦量的初相位 φ，并以正弦量的角频率 ω 做逆时针方向旋转。可见，这一旋转相量具有正弦量的三个特征，故可用来表示正弦量。

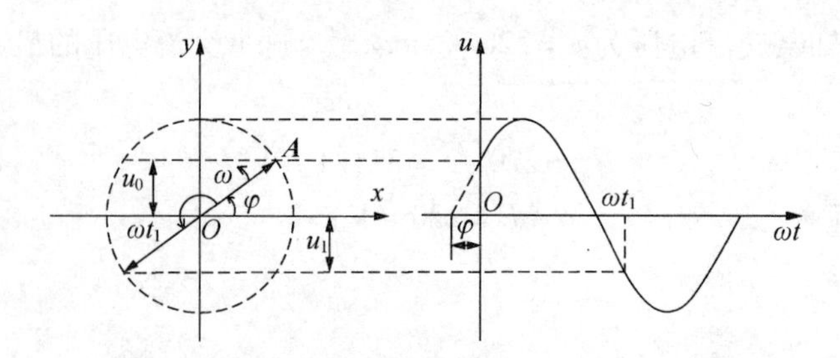

图 1-19 用正弦波形和旋转有向线段来表示正弦量

正弦量可用旋转相量表示，而有向线段可用复数表示，所以正弦量也可用复数来表示。如果用复数来表示正弦量的话，则复数的模即为正弦量的幅值或有效值，复数的幅角即为正弦量的初相位。

（2）正弦量的相量表达式

为了与一般的复数相区别，我们把相量符号用大写字母上面加“·”表示，如正弦电压 $u = U_m \sin(\omega t + \varphi)$的相量为

$$\dot{U}_m = U_m(\cos\varphi + j\sin\varphi) = U_m e^{j\varphi} = U_m \angle\varphi$$

或
$$\dot{U} = U(\cos\varphi + j\sin\varphi) = Ue^{j\varphi} = U\angle\varphi \tag{1-8}$$

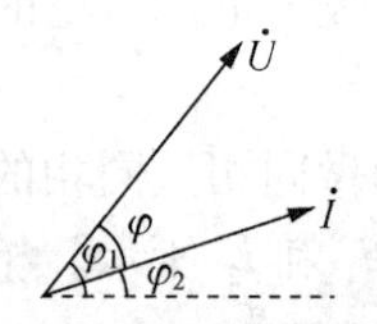

图 1-20 向量图表示

$\dot{U}_m$ 是电压的幅值相量，$\dot{U}$ 是电压的有效值相量。由式（1-8）可见，相量与正弦量之间具有一一对应的关系，因此，正弦量可以用相量来表示，使得计算方便简洁。但要注意，相量只能表示正弦量，而不是等于正弦量。

如图 1-20 所示为相量图表示，电压相量 $\dot{U}$ 比电流相量 $\dot{I}$ 超前 φ 角，即正弦电压 u 比正弦电流 i 超前 φ 角。

1.1.4 三相电路

目前，电力系统的供电方式绝大多数采用的是三相制，所谓“三相制”就是指由 3 个频率相同、振幅相等、相位互差 120°的正弦电压源所组成的供电系统。由三相电源供电的电路称为三相电路。

1. 三相交流电的产生

三相电源是由三相交流发电机产生的。如图 1-21 所示，在三相交流发电机中有互成 120°角度的 3 个相同的定子绕组，转子装有磁极并以 ω 速度旋转，电路中就产生 3 个交变的电动势，这时发出的交流电，叫做三相交流电。3 个绕阻的首端用 U_1、V_1、W_1 表示，末端分别用 U_2、V_2、W_2 表示。这 3 个绕组分别称为 U 相、V 相、W 相。

三相的电动势分别为：

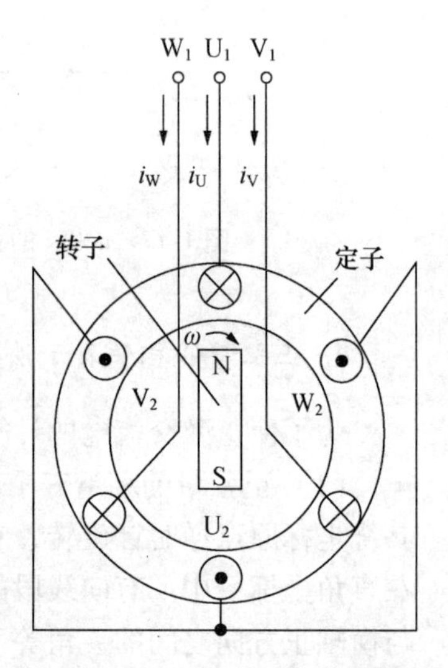

图 1-21 三相电源产生原理图

$$
\begin{aligned}
e_{\mathrm{U}} &= E_{\mathrm{m}}\sin\omega t \\
e_{\mathrm{V}} &= E_{\mathrm{m}}\sin(\omega t - 120^\circ) \\
e_{\mathrm{W}} &= E_{\mathrm{m}}\sin(\omega t + 120^\circ)
\end{aligned} \tag{1-9}
$$

等幅值、同频率、相位互差120°，这就是三相电源的对称性。

任一瞬间对称的三相电源的3个电压瞬时值之和为零。

电压达最大值的先后次序叫相序，一般正序表示为：U→V→W。

2. 三相交流电的特点

三相交流电与单相交流电相比具有如下优点。

（1）三相交流发电机比功率相同的单相交流发电机体积小、重量轻、成本低。

（2）当输送功率相等、电压相同、输电距离一样，线路损耗也相同时，用三相制输电比单相制输电可大大节省输电线有色金属的消耗量，即输电成本较低，三相输电的用铜量仅为单相输电用铜量的75%。

（3）目前获得广泛应用的三相异步电动机，是以三相交流电作为电源，它与单相电动机或其他电动机相比，具有结构简单、价格低廉、性能良好与使用维护方便等优点。

因此，在现代电力系统中，三相交流电路获得广泛应用。

3. 三相四线制供电

在低电压供电时，多采用三相四线制。在三相四线制供电时，三相交流电源的3个线圈采用星形（Y形）接法，如图1-22（a）所示，即把3个线圈的末端U_2、V_2、W_2连接在一起，成为3个线圈的公用点，通常称它为中点或零点，并用字母N表示。供电时，引出4根线：从中点N引出的导线称为中线或零线；从3个线圈的首端引出的3根导线称为U线、V线、W线，统称为相线或火线。在星形接线中，如果中点与大地相连，中线也称为地线，如图1-22（b）所示。我们常见的三相四线制供电设备中引出的4根线，就是3根火线1根地线。

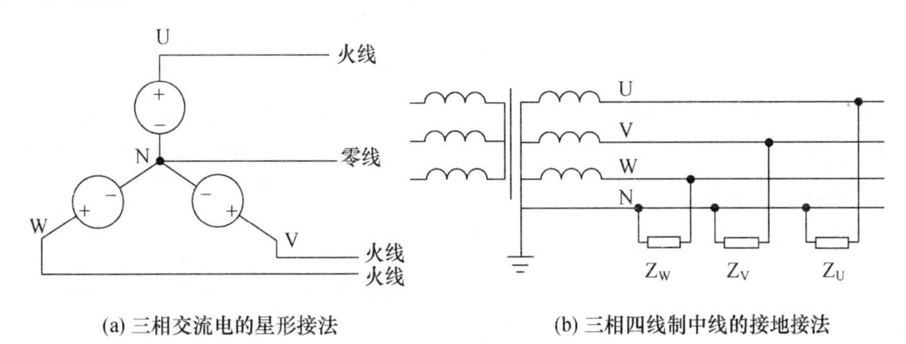

(a) 三相交流电的星形接法　　(b) 三相四线制中线的接地接法

图1-22　三相四线制接线法

我国低压供电标准为50 Hz、380/220 V，而日本或西欧某些国家采用60 Hz、110 V的供电标准，在使用进口电器设备时要特别注意，电压等级不符，会造成电器设备的损坏。

1.2　常用电工工具的使用实训

【实训目标】

1. 学会使用常用电工工具；
2. 养成良好的职业素养。

【实训内容】

1. 验电器的使用训练

（1）验电器的组成及用途

验电器是检验电气设备或导线是否带电的一种检验工具。按被检测对象的电压等级，分为低压验电器和高压验电器。

低压验电器也称为测电笔或电笔。图 1-23 为钢笔式低压验电器和旋具式低压验电器，钢笔式低压验电器由笔尖金属体、降压电阻、氖灯泡、笔尾金属体、弹簧和观察窗组成，如图 1-23（a）所示。在使用时，手指触及其尾部金属体，氖管背光朝向使用者，以便验电时观察氖管辉光情况。旋具式低压验电器如图 1-23（b）所示。

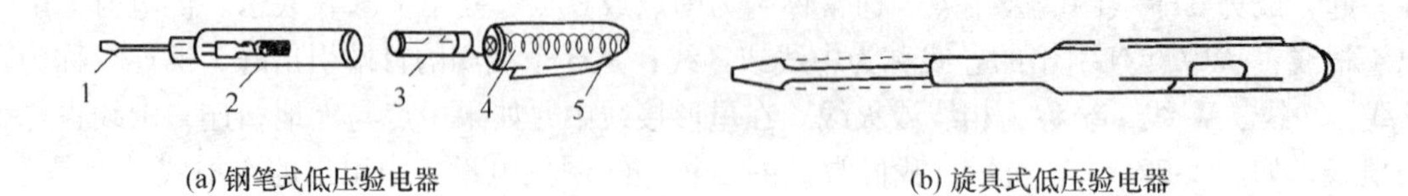

(a) 钢笔式低压验电器　　(b) 旋具式低压验电器

图 1-23　低压验电器

1—笔尖金属体；2—降压电阻；3—氖灯泡；4—笔尾金属体；5—弹簧和观察窗

电压测量范围在 60～500 V 之间，当低于 60 V 时，电笔的氖泡可能不会发光显示，高于 500 V 的电压严禁用普通低压验电器来测试，以免造成触电事故。切勿用普通低压验电器测试超过 500 V 的电压。

（2）训练内容

① 区分火线（相线）和地线（中性线或零线）。氖泡发亮时是火线（即有电），不亮时是地线。

② 用电笔判断直流高压的正负极，氖泡发亮的一端为负极，另一端为正极。

③ 用电笔判断是直流电还是交流电。用电笔接触被测电源，如果氖泡只有一侧发光，另一侧不发光，则该电源是直流电；若两侧都发光，则为交流电。

④ 用电笔判断两条火线是否同相。两手各持一支电笔站在绝缘物上，用电笔同时触及两导线，若两个氖泡发光都不太亮，说明两条线为同相，没有电势差；若两个氖泡都很亮，说明两条线为异相火线，有线电压存在。

⑤ 判断线路接触是否良好，若电笔氖泡发的光闪烁不定，即忽明忽灭，可能是某线

头松动，接触不良或电压不稳定。

⑥ 判断电压的高低。一般在带电体与大地间的电位差低于 36 V，氖泡不发光，在 60～500 V 之间氖泡发光，电压越高氖泡越亮。

⑦ 数字显示式用电笔可显示被试带电体的电压数值，还可应用“感应断点测试”功能，用来判断绝缘导线是否断线。

用电笔测试电压应在 60 V 以上，所以低压电源不能用电笔，因为氖泡的启辉电压在 60 V 左右。

（3）使用验电器的安全注意事项

① 验电器在使用前应在确有电源处试测，证明验电器确实完好，方可使用。

② 使用时应逐渐靠近被测物体，直至氖泡发光。

③ 测试时切忌将金属探头同时碰及两个带电体或同时碰及带电体和金属外壳，以防造成相间或相地短路。

④ 在室外使用高压验电器时，必须在天气良好的情况下进行。

⑤ 必须使用与被测设备相同电压等级且实验合格的验电器。

2. 电工刀的使用训练

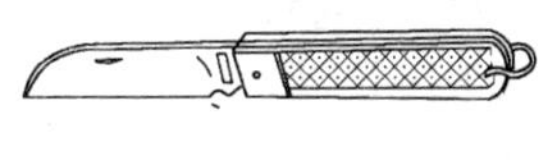

图 1-24　电工刀

电工刀是用来剖削和切割电工器材的常用工具，电工刀的结构如图 1-24 所示。使用电工刀时，刀口应朝外部切削，切忌面向人体切削。剖削导线绝缘层时，应使刀面与导线成较小的锐角，以避免割伤线芯。电工刀刀柄无绝缘保护，不能接触或剖削带电导线及器件。新电工刀刀口较钝，应先开启刀口然后再使用。电工刀使用后应随即将刀身折进刀柄，注意避免伤手。

使用时应注意：刀口应向人体外侧用力；刀柄无绝缘保护，不能在带电导线或器材上剖削，以免触电；不允许用锤子敲打刀片进行剖削。

3. 钢丝钳的使用训练

（1）电工钢丝钳的结构和用途

电工钢丝钳又称老虎钳，是电工应用最频繁的工具，其结构如图 1-25 所示，由钳头和钳柄两部分组成，钳头由钳口、齿口、刀口、铡口四部分组成。钳口用来弯绞或钳夹导线线头；齿口用来紧固或起松螺母；刀口用来剪切导线或剖削软导线绝缘层，一般为 4 mm^2 以下的绝缘线；铡口用来铡切电线线芯、钢丝或铅丝等较硬金属丝。

（2）使用时应注意以下几点。

① 使用钢丝钳时，必须检查绝缘柄的绝缘是否良好。

② 使用钢丝钳剪断带电导体时，不得用刀口同时剪断两根及以上导线，以免相线间或相线与零线间发生短路故障。

③ 使用钢丝钳时，刀口应向操作者一侧，钳子不可以代替锤子作为敲打工具使用。

④ 钢丝钳活动部位应适当加润滑油作为防锈维护。

4. 剥线钳的使用训练

剥线钳用来剥削绝缘导线的塑料或橡胶绝缘层，其外形如图 1-26 所示，由钳口和手柄两部分组成。剥线钳钳口有 0.5～6 mm 的多个直径切口，用于与不同规格的线芯线直径相匹配，切口过大难以剥离绝缘层，切口过小会切断芯线。剥线钳的手柄也装有绝缘套。

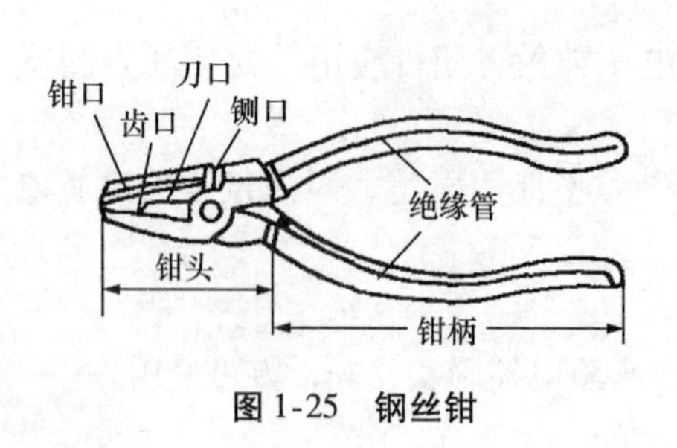

图 1-25　钢丝钳

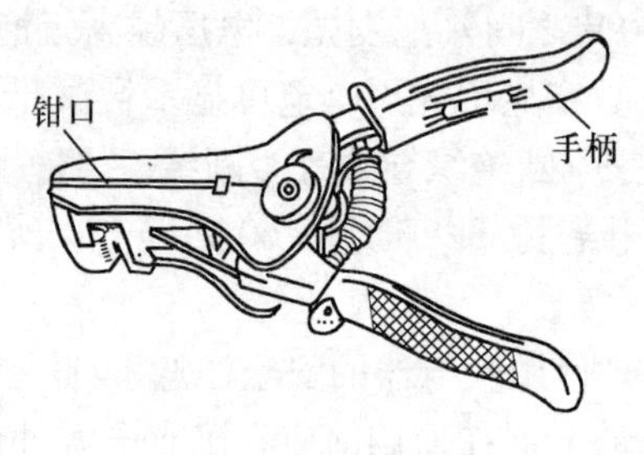

图 1-26　剥线钳

【考核标准】

实训考核课题　常用电工工具的使用

<table>
<tr><td colspan="2">姓　名</td><td></td><td>班　级</td><td></td><td>考件号</td><td></td><td>总得分</td><td></td></tr>
<tr><td colspan="2">额定工时</td><td>90 min</td><td>起止时间</td><td colspan="3">时　分至　时　分</td><td>实用工时</td><td></td></tr>
<tr><td>序　号</td><td colspan="2">考核内容</td><td>考核要求</td><td>配　分</td><td colspan="2">评分标准</td><td>扣　分</td><td>得　分</td></tr>
<tr><td>1</td><td colspan="2">验电器的使用</td><td>① 区分火线；
② 用试电笔判断直流高压的正负极；
③ 用电笔判断是直流电还是交流电；
④ 用试电笔判断两条火线是否同相；
⑤ 判断线路接触是否良好；
⑥ 判断电压的高低</td><td>30</td><td colspan="2">① 不能区分火线，扣 4 分；
② 不能判断直流高压的正负极扣 4 分；
③ 不能判断是直流电还是交流电扣 4 分；
④ 不能判断两条火线是否同相扣 4 分；
⑤ 不能判断线路接触是否良好扣 1 分；
⑥ 不能判断线路电压的高低扣 1 分</td><td></td><td></td></tr>
<tr><td>2</td><td colspan="2">电工刀的使用</td><td>① 正确剖削导线绝缘；
② 削制木楔；
③ 切割木台缺口</td><td>25</td><td colspan="2">① 不能正确剖削导线绝缘扣 8 分；
② 不能正确削制木楔扣 8 分；
③ 不能正确切割木台缺口扣 8 分</td><td></td><td></td></tr>
<tr><td>3</td><td colspan="2">钢丝钳及剥线钳的使用</td><td>① 会用钢丝钳弯绞或钳夹导线线头；
② 齿口紧固或起松螺母；
③ 会用剥线钳，不同规格线芯线的直径相匹配</td><td>25</td><td colspan="2">① 不能夹导线线头，扣 6 分；
② 不能用齿口紧固或起松螺母，扣 6 分；
③ 不能使不同规格线芯线的直径相匹配扣 8 分</td><td></td><td></td></tr>
<tr><td>4</td><td colspan="2">安全文明操作</td><td>符合有关规定</td><td>10</td><td colspan="2">违反规定，扣 2～10 分</td><td></td><td></td></tr>
<tr><td>5</td><td colspan="2">操作时间</td><td>在规定时间内完成</td><td>10</td><td colspan="2">每超时 10 min（不足 10 min 以 10 min 计），扣 5 分</td><td></td><td></td></tr>
</table>

监考：

年　月　日

【实训思考】

1. 使用验电器的安全注意事项有哪些？
2. 如何正确使用电工刀？
3. 使用剥线钳时应注意些什么问题？
4. 如何正确使用螺丝刀？

1.3　电路的分析方法

1.3.1　基尔霍夫定律

基尔霍夫定律是电路中电压和电流所遵循的基本规律，是分析计算电路的基础。基尔霍夫定律包括两方面的内容，一是基尔霍夫电流定律，二是基尔霍夫电压定律，它们与构成电路的元件性质无关，仅与电路的连接方式有关。

为了叙述问题方便，在具体讨论基尔霍夫定律之前，首先以直流电路图 1-27 为例，介绍电路模型图中的一些常用术语。

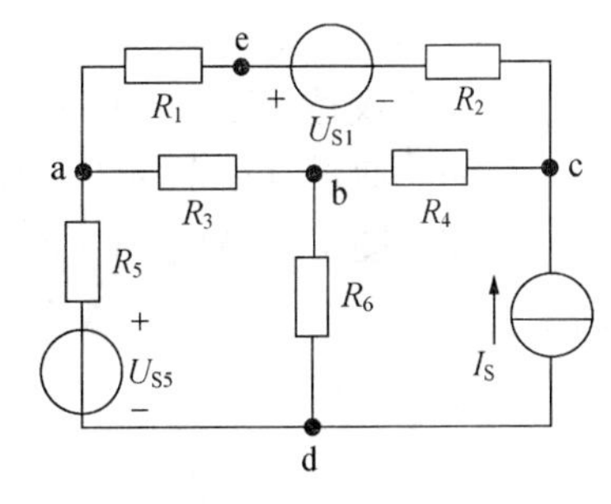

图 1-27　电路举例

(1) 支路

将两个或两个以上的二端元件依次连接称为串联。单个电路元件或若干个电路元件的串联，构成电路的一个分支，一个分支上流经的是同一个电流。电路中的每个分支都称作支路。如图 1-27 所示，ab、ad、aec、bc、bd、cd 都是支路，其中 aec 是由 3 个电路元件串联构成的支路，ad 是由 2 个电路元件串联构成的支路，其余 4 个都是由单个电路元件构成的支路。

(2) 节点

电路中 3 条或 3 条以上支路的连接点称为节点，如图 1-27 所示的 a、b、c、d 都是节点。

(3) 回路

电路中的任一闭合路径称为回路，如图 1-27 所示的 abda、bcdb、abcda、aecda、aecba 等都是回路。

(4) 网孔

在平面电路中，如果回路内部不包含其他任何支路，这样的回路称为网孔。因此，网孔一定是回路，但回路不一定是网孔。如图 1-27 所示的回路 aecba、abda、bcdb 都是网孔，其余的回路则不是网孔。

基尔霍夫定律就是针对电路连接状况的定律，包括基尔霍夫电流定律和基尔霍夫电压定律。

1. 基尔霍夫电流定律（Kirchhoff's Current Law，KCL）

基尔霍夫电流定律是描述电路中任一节点所连接的各支路电流之间的相互约束关系，具体的内容是：对电路中的任一节点，在任一瞬间，流出或流入该节点电流的代数和为零。即：

$$\sum i(t) = 0 \tag{1-10}$$

在直流的情况下，则有：

$$\sum I = 0$$

以上两式称为节点电流方程，简称为 KCL 方程。

应当指出的是：在列写节点电流方程时，各电流变量前的正、负号取决于各电流的参考方向对该节点的关系（是“流入”还是“流出”）；而各电流值的正、负则反映了该电流的实际方向与参考方向的关系（是相同还是相反）。假设对参考方向背离节点的电流取正号，而对参考方向指向节点的电流取负号。

例如，图 1-28 示为某电路中的节点 a，连接在节点 a 的支路共有 5 条，在所选定的参考方向下有：

$$-I_1 + I_2 + I_3 - I_4 + I_5 = 0$$

KCL 不仅适用于电路中的节点，还可以推广应用于电路中的任一假设的封闭面。即在任一瞬间，通过电路中的任一假设的封闭面的电流的代数和为零。

例如，图 1-29 为电路中的一部分，选择封闭面如图中虚线所示，在所选定的参考方向下有：

$$I_1 - I_2 - I_3 - I_5 + I_6 + I_7 = 0$$

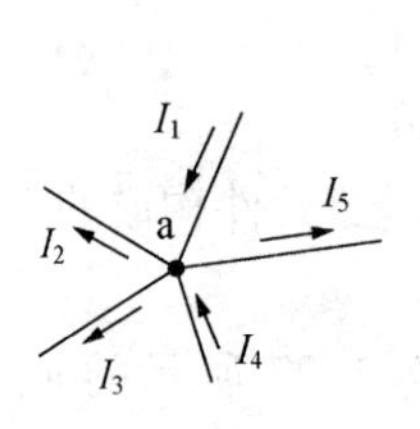

图 1-28　KCL 应用

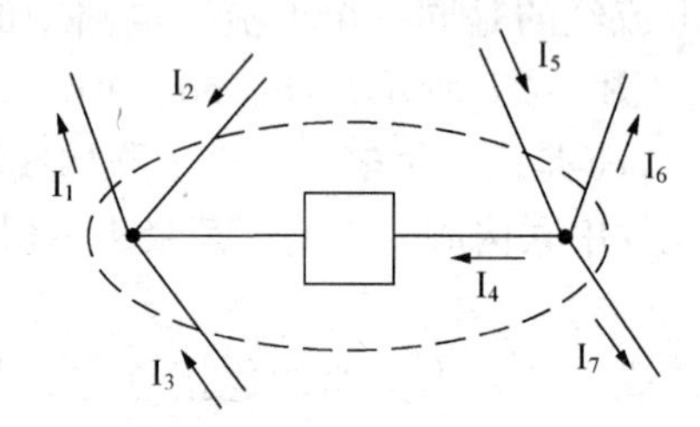

图 1-29　KCL 推广

【例 1-4】　已知 $I_1 = 3$ A、$I_2 = 5$ A、$I_3 = -18$ A、$I_5 = 9$ A，计算图 1-30 中的电流 I_4 及 I_6。

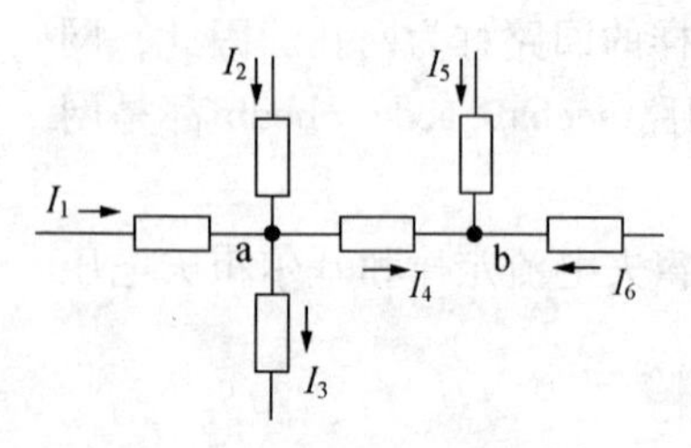

图 1-30　电路图

【解】　对于节点 a，根据 KCL 可知：

$$-I_1 - I_2 + I_3 + I_4 = 0$$

则：$I_4 = I_1 + I_2 - I_3 = (3 + 5 + 18)\ \text{A} = 26\ \text{A}$

对于节点 b，根据 KCL 可知：

$$-I_4 - I_5 - I_6 = 0$$

则：　$I_6 = -I_4 - I_5 = (-26 - 9)\ \text{A} = -35\ \text{A}$

【例1-5】　已知$I_1=5$ A、$I_6=3$ A、$I_7=-8$ A，试计算图1-31所示电路中的电流I_8。

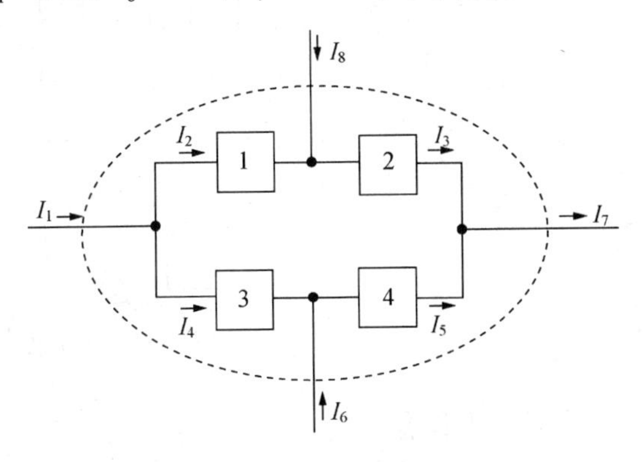

图1-31　电路图

【解】　在电路中选取一个封闭面，如图1-31中虚线所示，根据KCL可知：

$$-I_1-I_6+I_7-I_8=0$$

则：

$$I_8=-I_1-I_6+I_7=(-5-3+(-8))\text{ A}=-16\text{ A}$$

2. 基尔霍夫电压定律（Kirchhoff's Voltage Law，KVL）

基尔霍夫电压定律是描述电路中组成任一回路的各支路（或各元件）电压之间的约束关系。具体的内容是：对电路中的任一回路，在任一瞬间，沿回路绕行方向，各段电压的代数和为零。即：

$$\sum u(t)=0 \tag{1-11}$$

在直流的情况下，则有：

$$\sum U=0$$

以上两式称为回路电压方程，简称为KVL方程。

应当指出的是：在列写回路电压方程时，首先要对回路选取一个回路“绕行方向”，各电压变量前的正、负号取决于各电压的参考方向与回路“绕行方向”的关系（是相同还是相反）；而各电压值的正、负则反映了该电压的实际方向与参考方向的关系（是相同还是相反）。通常规定，对参考方向与回路“绕行方向”相同的电压取正号，同时对参考方向与回路“绕行方向”相反的电压取负号。回路“绕行方向”是任意选定的，通常在回路中以虚线表示。

例如，图1-32所示为某电路中的一个回路abcda。

各支路的电压在选择的参考方向下为u_1、u_2、u_3、u_4，因此，在选定的回路“绕行方向”下有：

$$u_1+u_2-u_3-u_4=0$$

KVL不仅适用于电路中的具体回路，还可以推广应用于电路中的任一假想的回路。即在任一瞬间，沿回路绕行方向，电路中假想的回路中各段电压的代数和为零。

例如，图1-33所示为某电路中的一部分，路径afcb并未构成回路，选定图中所示的回路“绕行方向”。

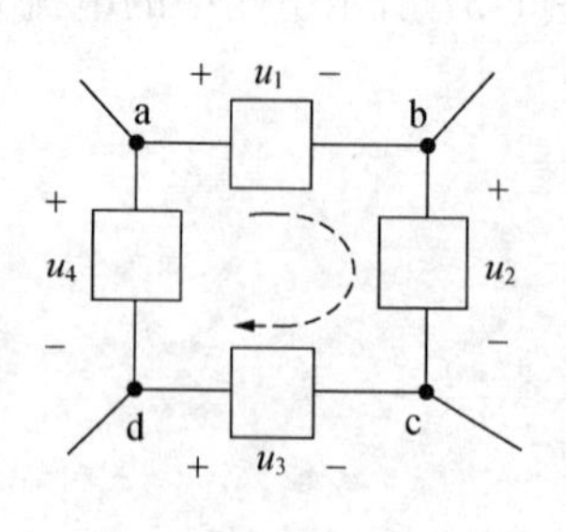

图 1-32　KVL 应用

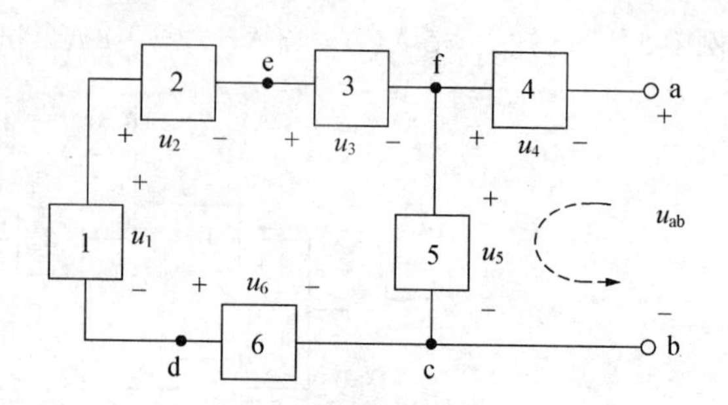

图 1-33　KVL 推广

对假想的回路 afcba 列写 KVL 方程有：

$$-u_4 + u_5 - u_{ab} = 0$$

则：

$$u_{ab} = -u_4 + u_5$$

由此可见：电路中 a、b 两点的电压 u_{ab} 等于以 a 为出发点，以 b 为终点的绕行方向上的任一路径上各段电压的代数和。其中，a、b 可以是某一元件或一条支路的两端，也可以是电路中任意两点。今后若要计算电路中任意两点间的电压，可以直接利用这一推论。

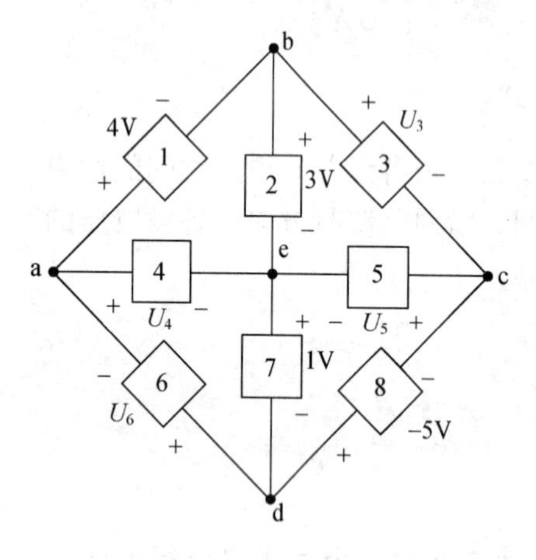

图 1-34　电路图

【例 1-6】　试求图 1-34 所示电路中元件 3、4、5、6 的电压。

【解】　在回路 bedcb 中，$U_3 = U_{bc} = U_{be} + U_{ed} + U_{dc} = 3 + 1 + (-5) = -1$（V）

在回路 abea 中，$U_4 = U_{ae} = U_{ab} + U_{be} = 4 + 3 = 7$（V）

在回路 cdec 中，$U_5 = U_{ce} = U_{cd} + U_{de} = -(-5) - 1 = 4$（V）

在回路 debad 中，$U_6 = U_{da} = U_{de} + U_{eb} + U_{ba} = -1 - 3 - 4 = -8$（V）

1.3.2　电路基本分析方法

1. 电阻串联及其分压公式

（1）电阻串联电路。串联是连接电路元件的基本方式之一，各电阻元件逐个顺次首尾相连接就构成了电阻串联电路，如图 1-35（a）所示。串联电路中通过各用电器的电流都相等。图 1-35（b）所示为图 1-35（a）的等效电路，其等效电阻 R_i 为串联电阻之和，即 $R_i = R_1 + R_2 + \dots + R_n$。

（2）分压公式。在图 1-35（a）中，由 KVL 可得：

$$U = U_1 + U_2 + \dots + U_n$$

又由欧姆定律可知：

$$U_1 = R_1 I,\ U_2 = R_2 I,\ \dots,\ U_n = R_n I$$

于是，

$$U = R_1 I + R_2 I + \dots + R_n I = (R_1 + R_2 + \dots + R_n)\ I$$

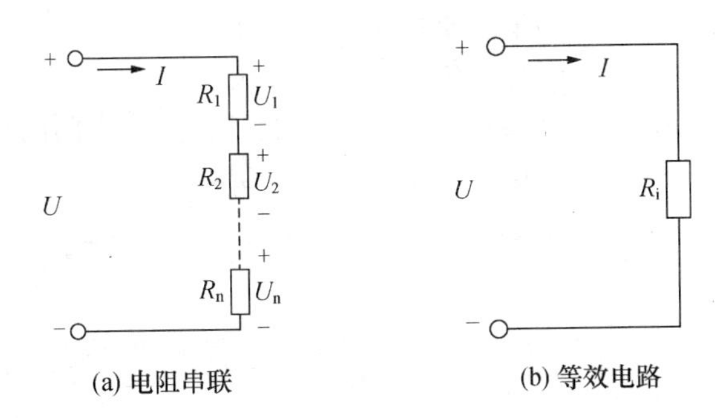

(a) 电阻串联　(b) 等效电路

图 1-35　电阻串联及等效电路

则
$$I=\frac{U}{R_1+R_2+\dots+R_n}$$

各电阻的电压与端电压 U 的关系为：

$$U_1=R_1I=R_1\frac{U}{R_1+R_2+\dots+R_n}=\frac{R_1}{R_1+R_2+\dots+R_n}U$$

同理：
$$U_n=\frac{R_n}{R_1+R_2+\dots+R_n}U \tag{1-12}$$

其中，各电阻与等效电阻的比值称为“分压比”。在端口电压一定时，适当选择串联电阻，可使每个电阻得到所需要的电压，因此串联电阻有“分压”作用。

经常采用串联电阻“分压”作用的原理来扩大电压表的量程，如图 1-36 所示。

电压表的表头所能测量的最大电压就是其量程，通常它都较小。在测量时，通过表头的电流是不能超过其量程的，否则将损坏电压表。而实际用于测量电压的多量程的电压表，是由表头与电阻串联的电路组成，如图 1-36 所示为 C30-V 型磁电系电压表电路图。其中，R_g 为表头的内阻，I_g 为流过表头的电流，U_g 为表头两端的电压，R_1、R_2、R_3、R_4 为电压表各挡的分压电阻。对应一个电阻挡位，电压表有一个量程。

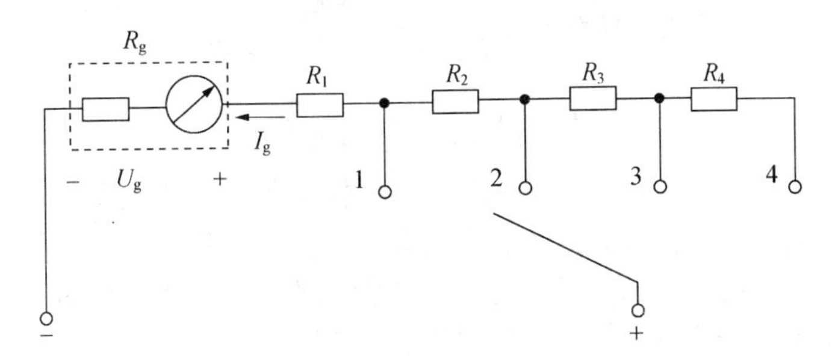

图 1-36　C30-V 型磁电系电压表电路图

2. 电阻并联及其分流公式

（1）电阻并联电路。并联也是连接电路元件的基本方式之一，各电阻元件的两端分别连接起来就构成电阻的并联电路，如图 1-37（a）所示。并联电路各用电器的电压都相等。

图 1-37（b）所示为图 1-37（a）的等效电路，其等效电阻 R_i 的倒数等于各电阻的倒数之和。即

$$\frac{1}{R_i}=\frac{1}{R_1}+\frac{1}{R_2}+\ldots+\frac{1}{R_n}$$

为了书写方便，把电阻的倒数用 G 表示，称为电导，单位为西门子，用 s 表示。则有

$$G_i=G_1+G_2+\ldots+G_n$$

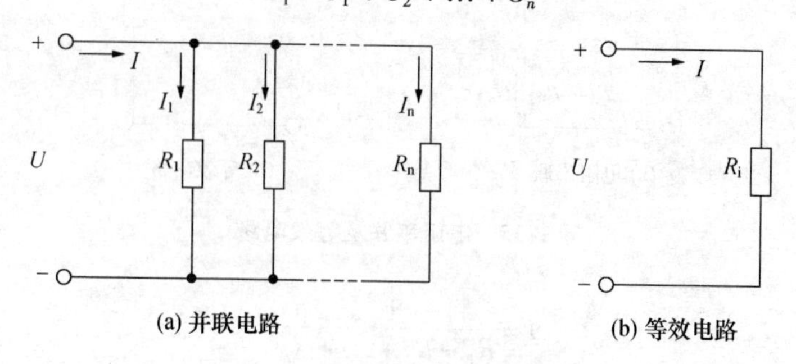

图 1-37　电阻并联电路及等效电路

（2）分流公式。在图 1-37（a）中，由 KCL 可得：

$$I=I_1+I_2+\ldots+I_n$$

又由欧姆定律知：$I_1=\frac{U}{R_1}$，$I_2=\frac{U}{R_2}$，…，$I_n=\frac{U}{R_n}$

于是

$$I=I_1+I_2+\ldots+I_n=\frac{U}{R_1}+\frac{U}{R_2}+\ldots+\frac{U}{R_n}=\frac{1}{R_i}U=G_iU$$

则

$$U=\frac{I}{G_i}$$

其中，

$$\frac{1}{R_i}=\frac{1}{R_1}+\frac{1}{R_2}+\ldots+\frac{1}{R_n}$$

或

$$G_i=G_1+G_2+\ldots+G_n$$

各电阻的电流与端电流 I 的关系为：

$$I_1=G_1U=G_1\frac{I}{G_i}=\frac{G_1}{G_1+G_2+\ldots+G_n}I$$

同理

$$I_n=\frac{G_n}{G_1+G_2+\ldots+G_n}I \tag{1-13}$$

其中，各电导与等效电导之比称为“分流比”。在端电流一定时，适当选择并联电阻，可使每个电阻得到所需要的电流，因此并联电阻有“分流”作用。

经常采用并联电阻的“分流”作用原理来扩大电流表的量程，如图 1-38 所示。

串联电路中实际用于测量电流的多量程的电流表，是由表头与电阻串、并联的电路组成，如图 1-38 所示为 C41-μA 型磁电系电流表电路图。其中，R_g 为表头的内阻，I_g 为流过表头的电流，U_g 为表头两端的电压，R_1、R_2、R_3、R_4 为电流表各挡的分流电阻。对应一个电阻挡位，电流表有一个量程。

若只有 R_1、R_2 两个电阻并联，则如图 1-39 所示。

由

$$\frac{1}{R_i}=\frac{1}{R_1}+\frac{1}{R_2}=\frac{R_1+R_2}{R_1R_2}$$

可得等效电阻 R_i 为：

$$R_i=\frac{R_1R_2}{R_1+R_2}$$

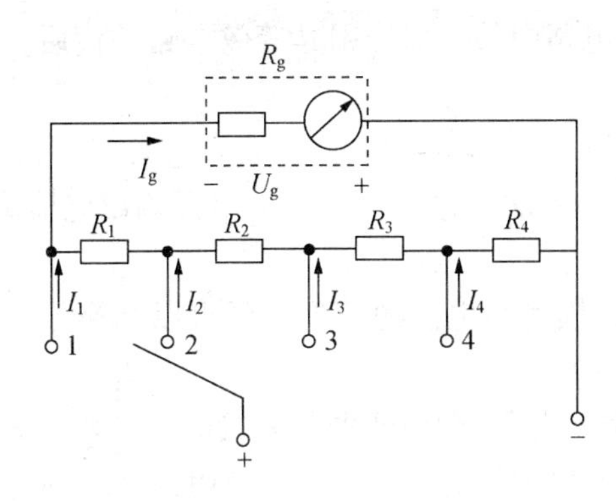

图 1-38　C41-μA 型磁电系电流表电路图

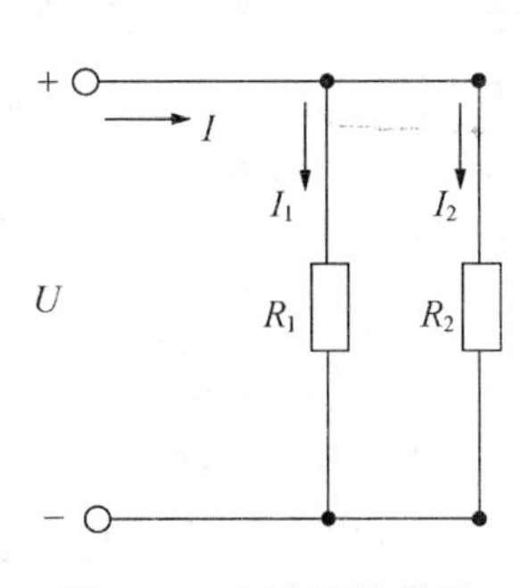

图 1-39　两电阻的并联

两个电阻的电流分别为：

$$I_1=\frac{U}{R_1}=\frac{R_iI}{R_1}=\frac{R_2}{R_1+R_2}I$$
$$I_2=\frac{U}{R_2}=\frac{R_iI}{R_2}=\frac{R_1}{R_1+R_2}I \qquad (1\text{-}14)$$

3. 电源的等效变换

任何一个实际电源本身都具有内阻，因而实际电源的电路模型往往由理想电源元件与其内阻组合而成。理想电源元件有电压源和电流源，因此，实际电源的电路模型也相应地有电压源模型和电流源模型，如图 1-40 所示。

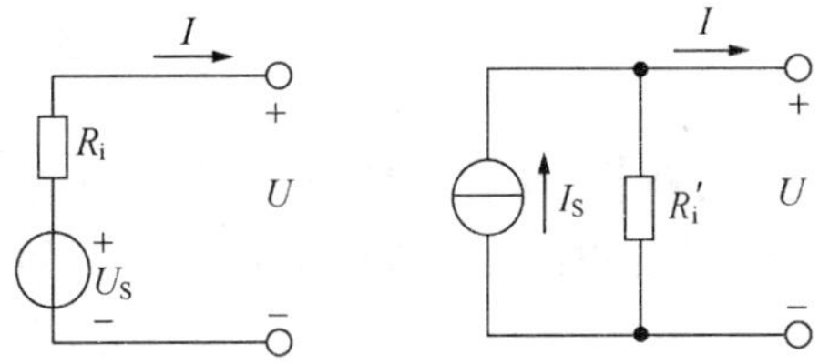

(a) 实际电压源　　(b) 实际电流源

图 1-40　实际电源模型

在图 1-40（a）所示的电路中，由 KVL 可知：

$$U=U_S-IR_i$$

式中，U_S为理想电压源的电压，R_i 为内阻。

在图 1-40（b）所示的电路中，可知：

$$I=I_S-\frac{1}{R_i'}U$$

整理后得：

$$U=I_SR_i'-IR_i'$$

由此可见，实际电压源和实际电流源若要等效互换，其伏安特性方程必相同，则其电路参数必须满足条件：

$$R_i=R_i' \qquad (1\text{-}15)$$
$$U_S=I_SR_i' \qquad (1\text{-}16)$$

即当实际电压源等效变换成实际电流源时，电流源的电流等于电压源的电压与其内阻的比值，电流源的内阻等于电压源的内阻；当实际电流源等效变换成实际电压源时，电压源的电压等于电流源的电流与其内阻的乘积，电压源的内阻等于电流源的内阻。

在进行等效互换时，必须重视电压源的电压极性与电流源的电流方向之间的关系，即两者的参考方向要求一致，也就是说电压源的正极对应着电流源电流的流出端。

实际电源的两种模型的等效互换只能保证其外部电路的电压、电流和功率相同，对其内部电路，并无等效性而言。通俗来讲，当电路中某一部分用其等效电路替代后，未被替代部分的电压、电流应保持不变。

应用电源等效互换分析电路时还应注意以下几点。

（1）电源等效互换是电路等效变换的一种方法。这种等效是对电源输出电流 I、端电压 U 的等效。

（2）有内阻 R_i 的实际电源，它的电压源模型与电流源模型之间可以互换等效；理想的电压源与理想的电流源之间不能互换。

（3）电源等效互换的方法可以推广运用，如果理想电压源与外接电阻串联，则可把外接电阻看做其内阻，可互换为电流源形式；如果理想电流源与外接电阻并联，则可把外接电阻看做其内阻，可互换为电压源形式。

【例 1-7】 已知 $U_{S1}=4\ V$，$I_{S2}=2\ A$，$R_2=1.2\ \Omega$，试等效化简图 1-41 所示的电路。

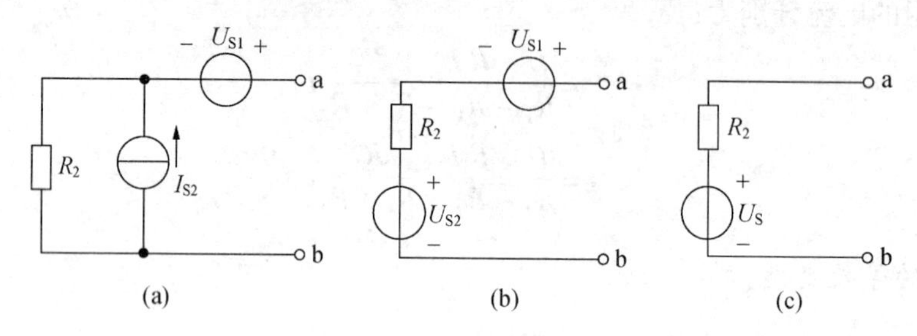

图 1-41　电路等效变换图

【解】 在图 1-41（a）中，把电流源 I_{S2} 与电阻 R_2 的并联变换为电压源 U_{S2} 与电阻 R_2 的串联，电路变换如图 1-41（b）所示，其中

$$U_{S2}=R_2\times I_{S2}=12\times 2=24\ (V)$$

在图 1-41（b）中，将电压源 U_{S2} 与电压源 U_{S1} 的串联变换为电压源 U_S，电路变换如图 1-41（c）所示，其中

$$U_S=U_{S2}+U_{S1}=24+4=28\ (V)$$

【例 1-8】 电路如图 1-42 所示，已知 $U_{S1}=10\ V$，$I_{S1}=15\ A$，$I_{S2}=5\ A$，$R=30\ \Omega$，$R_2=20\ \Omega$，求电流 I。

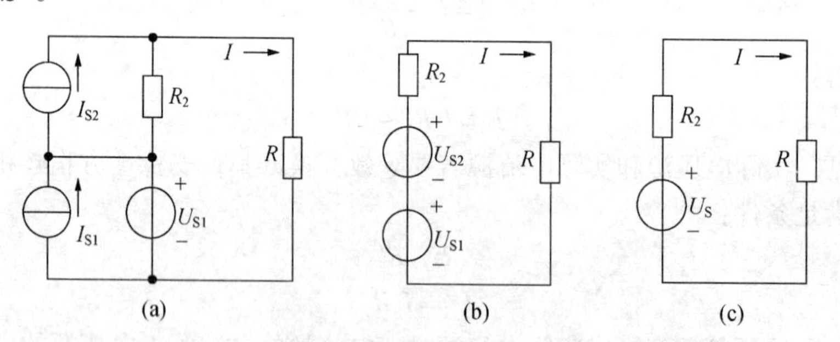

图 1-42　电路等效变换图

【解】 在图 1-42（a）中，理想电压源 U_{S1} 与理想电流源 I_{S1} 并联，等效为该理想电压源 U_{S1}；电流源 I_{S2} 与电阻 R_2 的并联可等效变换为电压源 U_{S2} 与电阻 R_2 的串联，电路变换如图 1-42（b）所示，其中

$$U_{S2}=I_{S2}R_2=5\times20=100\text{ V}$$

在图1-42（b）中，电压源U_{S1}与电压源U_{S2}的串联可等效变换电压源U_S，电路变换如图1-42（c）所示，其中

$$U_S=U_{S2}+U_{S1}=100+10=110\text{（V）}$$

在图1-42（c）中，根据欧姆定律可知：

$$I=\frac{U_S}{R+R_2}=\frac{110}{30+20}=2.2\text{（A）}$$

4. 支路电流法

支路电流法是以支路电流为未知量，直接应用KCL和KVL，分别对节点和回路列出所需的方程式，然后联立求解出各未知电流。

一个具有b条支路、n个节点的电路，根据KCL可列出（$n-1$）个独立的节点电流方程式，根据KVL可列出$b-(n-1)$个独立的回路电压方程式。电路如图1-43所示。

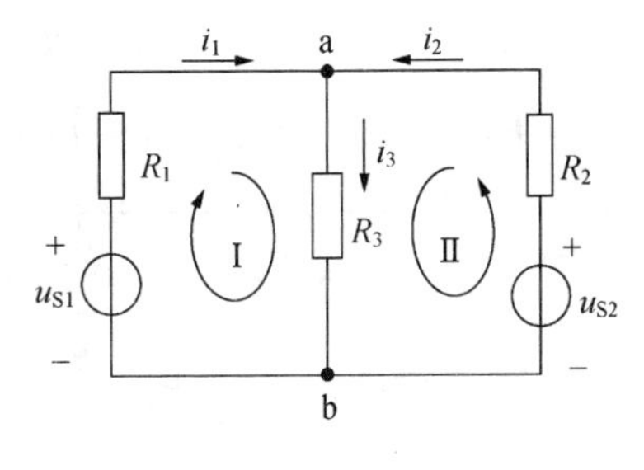

图1-43　电路图

（1）电路的支路数$b=3$，支路电流有i_1、i_2、i_3。

（2）节点数$n=2$，可列出$2-1=1$个独立的KCL方程。

节点a：$-i_1-i_2+i_3=0$

（3）独立的KVL方程数为$3-(2-1)=2$个。

回路Ⅰ：$i_1R_1+i_3R_3=u_{S1}$

回路Ⅱ：$i_2R_2+i_3R_3=u_{S2}$

5. 叠加定理

叠加定理指出：在线性电路中，当有多个电源作用时，任一支路电流或电压，可看做由各个电源单独作用时在该支路中产生的电流或电压的代数和。当某一电源单独作用时，其他不作用的电源应置为零。

当电压源电压为零时，电压源用短路代替；当电流源电流为零时，电流源用开路代替。

【例1-9】　如图1-44（a）所示的电路，试用叠加定理计算电流I。

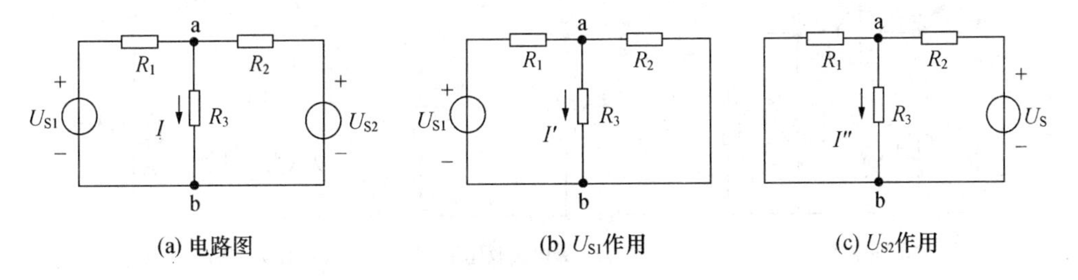

图1-44　电路图

【解】

（1）计算电压源U_{S1}单独作用于电路时产生的电流I'，如图1-44（b）所示。

$$I' = \frac{U_{S1}}{R_1 + \frac{R_2R_3}{R_2+R_3}} \times \frac{R_2}{R_2+R_3}$$

（2）计算电压源 U_{S2} 单独作用于电路时产生的电流 I''，如图 1-44（c）所示。

$$I'' = \frac{U_{S2}}{R_2 + \frac{R_1R_3}{R_1+R_3}} \times \frac{R_1}{R_1+R_3}$$

（3）由叠加定理，计算电压源 U_{S1}、U_{S2} 共同作用于电路时产生的电流 I。

$$I = I' + I'' = \frac{U_{S1}}{R_1 + \frac{R_2R_3}{R_2+R_3}} \times \frac{R_2}{R_2+R_3} + \frac{U_{S2}}{R_2 + \frac{R_1R_3}{R_1+R_3}} \times \frac{R_1}{R_1+R_3}$$

【例 1-10】　如图 1-45（a）所示的电路，试用叠加定理计算电压 U。

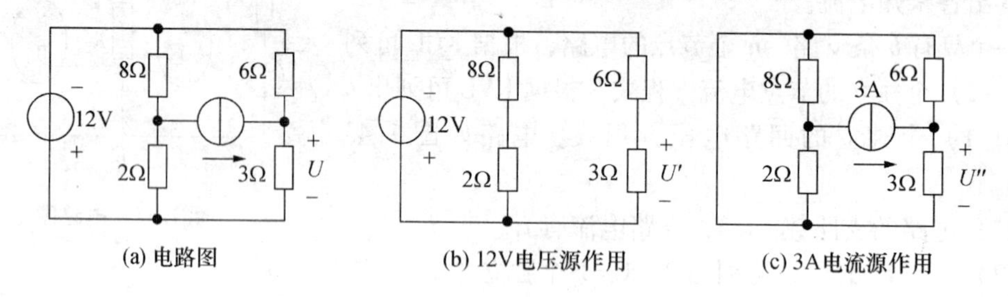

(a) 电路图　(b) 12V电压源作用　(c) 3A电流源作用

图 1-45　电路图

【解】

（1）计算 12 V 电压源单独作用于电路时产生的电压 U'，如图 1-45（b）所示。

$$U' = -\frac{12}{6+3} \times 3 = -4 \text{（V）}$$

（2）计算 3 A 电流源单独作用于电路时产生的电压 U''，如图 1-45（c）所示。

$$U'' = 3 \times \frac{6}{6+3} \times 3 = 6 \text{（V）}$$

（3）由叠加定理，计算 12 V 电压源、3 A 电流源共同作用于电路时产生的电压 U。

$$U = U' + U'' = -4 + 6 = 2 \text{（V）}$$

【例 1-11】　如图 1-46（a）所示的电路，求电压 U_{ab}、电流 I 和 6 Ω 电阻的功率 P。

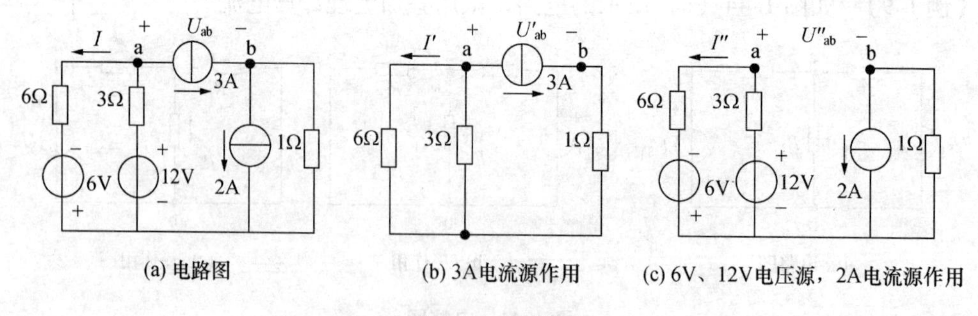

(a) 电路图　(b) 3A电流源作用　(c) 6V、12V电压源，2A电流源作用

图 1-46　电路图

【解】

（1）计算 3 A 电流源单独作用于电路产生的电压 U'_{ab}、电流 I'，如图 1-46（b）所示。

$$U'_{ab}=\left(\frac{6\times3}{6+3}+1\right)\times3=9\ (\mathrm{V})$$

$$I'=-\frac{3}{3+6}\times3=-1\ (\mathrm{A})$$

（2）计算2 A电流源、6 V电压源及12 V电压源共同作用于电路产生的电压U''_{ab}、电流I''，如图1-46（c）所示。

$$I''=\frac{12+6}{6+3}=2\ (\mathrm{A})$$

$$U''_{ab}=-3I''+12+2\times1=-3\times2+12+2=8\ (\mathrm{V})$$

（3）由叠加定理，计算3 A、2 A电流源，6 V、12 V电压源共同作用于电路产生的电压U_{ab}、电流I。

$$U_{ab}=U'_{ab}+U''_{ab}=-9+8=-1\ (\mathrm{V})$$

$$I=I'+I''=-1+2=1\ (\mathrm{A})$$

（4）计算6 Ω电阻的功率。

$$P=6I^2=6\times1^2=6\ (\mathrm{W})$$

6. 戴维南定理

戴维南定理指出：任何一个线性有源二端网络，对于外电路而言，可以用一个电压源和内电阻相串联的电路模型来代替，如图1-47所示。并且理想电压源的电压就是有源二端网络的开路电压U_{OC}，即将负载断开后a、b两端之间的电压。所有电源为零即电压源短路（即其电压为零）、电流源开路（即其电流为零）时的等效电阻R_i。

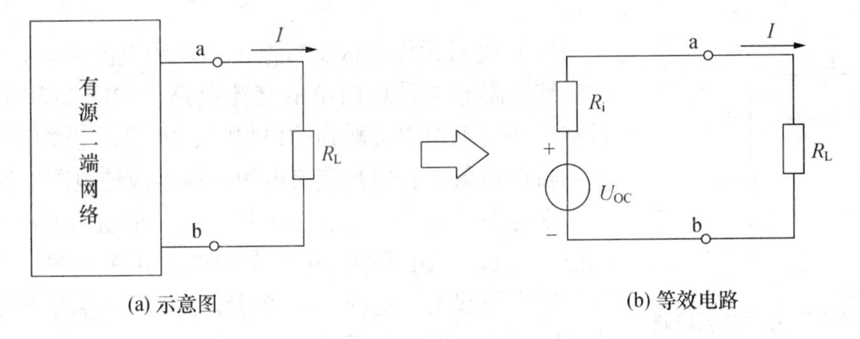

图1-47　戴维南等效电路

因此对一个复杂的线性有源二端网络的计算，关键是求戴维南等效电路。

求戴维南等效电路的步骤如下：

（1）求出有源二端网络的开路电压U_{OC}；

（2）将有源二端网络的所有电压源短路，电流源开路，求出无源二端网络的等效电阻R_i；

（3）画出戴维南等效电路图。

【例1-12】 求如图1-48所示电路的戴维南等效电路。

【解】（1）求有源二端网络的开路电压U_{OC}。

设回路绕行方向是顺时针方向，则

$$I=\frac{12}{4+2}=2\ (\mathrm{A})$$

则
$$U_{oc}=-6+2\times2=-2\ (\mathrm{V})$$

（2）求内电阻 R_i，将电压源短路，得图 1-49（a）所示电路。

$$R_i=\frac{4\times2}{4+2}=1.33\ (\Omega)$$

戴维南等效电路如图 1-49（b）所示，注意电压源的方向。

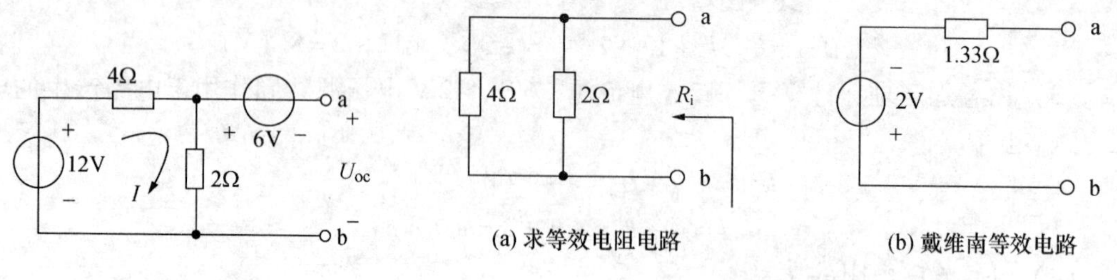

图 1-48　电路图　　　图 1-49　戴维南等效转换电路

1.3.3　正弦交流电路的分析

交流电路中除了电源、电阻外，引入了电感、电容元件，因此弄清电感、电容元件的伏安关系、伏安关系的相量形式以及电压、电流的相位关系，对于分析交流电很重要。

1. 正弦交流电路中的电阻元件

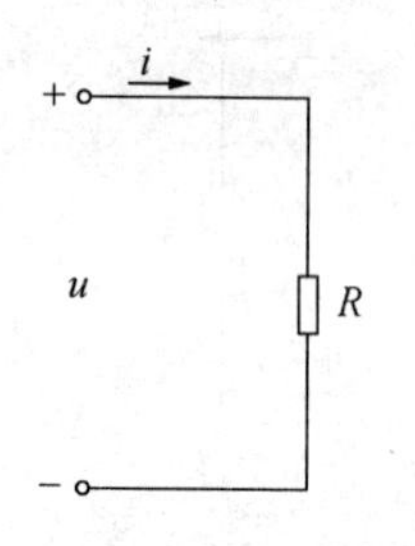

图 1-50　纯电阻元件交流电路

（1）电阻元件的伏安特性（电压和电流关系）

纯电阻电路是最简单的交流电路，如图 1-50 所示。在日常生活和工作中接触到的白炽灯、电炉、电烙铁等，都属于电阻性负载，它们与交流电源连接组成纯电阻电路。

在电阻 R 两端加上正弦电压 u 时，电阻中就有正弦电流 i 通过。假设电阻两端的电压与电流采用关联参考方向。为了分析方便起见，选择电压经过零值将向正值增加的瞬间作为计时起点，即设电阻两端电压为

$$u(t)=U_m\sin\omega t$$

则
$$i(t)=\frac{u(t)}{R}=\frac{U_m}{R}\sin\omega t=I_m\sin\omega t$$

比较电压和电流的关系式可见：电阻两端电压 u 和电流 i 的频率相同，电压与电流的有效值（或最大值）的关系符合欧姆定律，而且电压与电流同相（相位差 $\varphi=0°$）。它们在数值上满足关系式

$$U=RI$$

或
$$I=\frac{U}{R}$$

如用相量表示电压与电流的关系，则

$$\dot{U}=U\angle 0^\circ$$

$$\dot{I}=I\angle 0^\circ$$

$$R=\frac{\dot{U}}{\dot{I}}=\frac{U}{I}$$

或
$$\dot{U}=R\dot{I} \tag{1-17}$$

式（1-17）不仅表明了电压和电流之间的幅值（有效值）关系，而且还包含电压和电流之间的相位关系。电阻元件的电流、电压的相位关系如图 1-51 所示。

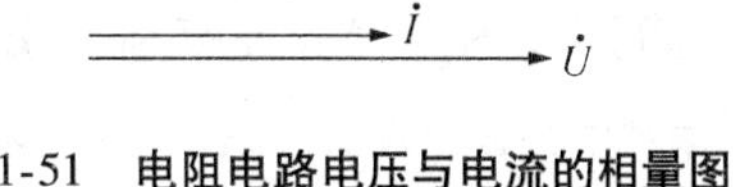

图 1-51　电阻电路电压与电流的相量图

（2）电阻元件的功率

① 瞬时功率

在纯电阻交流电路中，当电流 i 流过电阻 R 时，电阻上要产生热量，把电能转化为热能，电阻上必然有功率消耗。由于流过电阻的电流和电阻两端的电压都是随时间变化的，因此电阻 R 上消耗的功率也是随时间变化的。电阻中某一时刻消耗的电功率叫做瞬时功率，它等于电压 u 与电流 i 瞬时值的乘积，并用小写字母 p 表示，即

$$\begin{aligned}p&=p_R=ui=U_mI_m\sin^2\omega t\\&=U_mI_m\frac{1-\cos2\omega t}{2}\\&=UI(1-\cos2\omega t)\end{aligned} \tag{1-18}$$

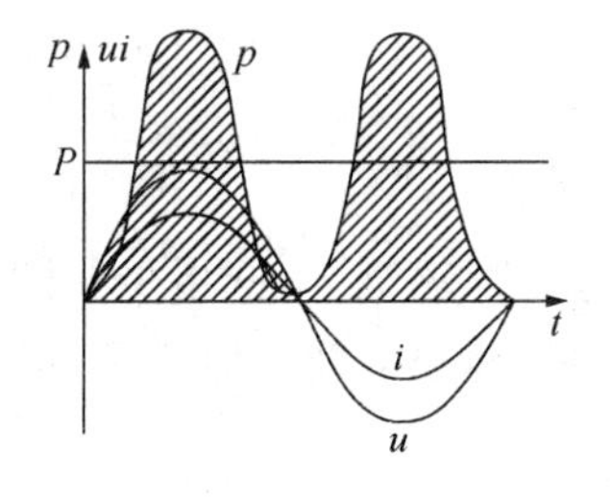

图 1-52　电阻元件瞬时功率的波形图

式（1-18）表明：在任何瞬时，恒有 $p\geqslant 0$，说明电阻上只要有电流通过，就消耗能量，将电能转为热能，它是一种耗能元件。图 1-52 表示了瞬时功率随时间变化的规律。因为电阻电压与电流同相，所以当电压、电流同时为零时，瞬时功率也为零；当电压、电流达到最大值时，瞬时功率达到最大值。

② 平均功率（有功功率）

瞬时功率虽然表明了电阻中消耗功率的瞬时状态，但不便于表示和比较大小，所以工程中常用瞬时功率在一个周期内的平均值表示功率，称为平均功率，用大写字母 P 表示。

$$P=\frac{U_mI_m}{2}=UI=I^2R=\frac{U^2}{R} \tag{1-19}$$

式（1-19）与直流电路中电阻功率的形式相同，但式中的 U、I 不是直流电压、电流，而是正弦交流电的有效值。

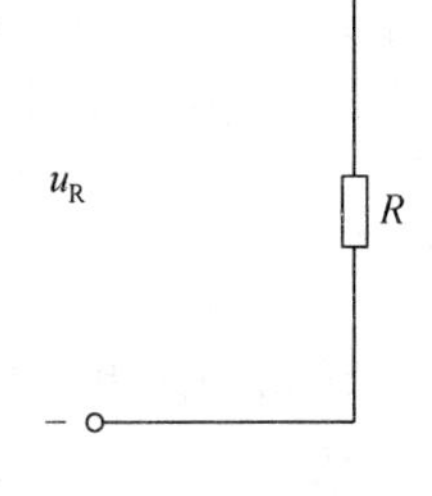

图 1-53　电阻电路

【例 1-13】　图 1-53 电路中，$R=10\Omega$，$u_R=10\sqrt{2}\sin(\omega t+30^\circ)$ V，求电流 i 的瞬时值表达式，相量表达式和平均功率 P。

【解】　由 $u_R=10\sqrt{2}\sin(\omega t+30^\circ)$ V

得　$\dot{U}_R=10\angle 30^\circ$（V）

$$\dot{I}=\frac{\dot{U}_R}{R}=\frac{10\angle 30^\circ}{10}=1\angle 30^\circ\ (\mathrm{A})$$

$$i=\sqrt{2}\sin(\omega t+30^\circ)\ (\mathrm{A})$$

$$P=U_R I=10\times 1=10\ (\mathrm{W})$$

2. 正弦交流电路中的电感元件

电感元件是电感线圈理想化的模型，其电路图形符号如图 1-54 所示，文字符号用大写字母 L 表示，单位是亨利（H）。

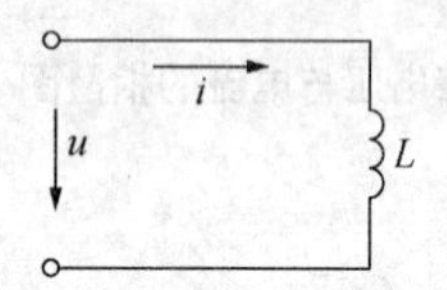

图 1-54　电感电路

(1) 电感元件的伏安关系

由图 1-54 可知，电压 u 和电流 i 为关联参考方向，其伏安关系为

$$u=L\frac{\mathrm{d}i}{\mathrm{d}t} \tag{1-20}$$

设通过电感的电流为：　$i=I_m\sin\omega t$

则　$$u=L\frac{\mathrm{d}i}{\mathrm{d}t}=L\frac{\mathrm{d}(I_m\sin\omega t)}{\mathrm{d}t}=I_m\omega L\cos\omega t=I_m\omega L\sin(\omega t+90^\circ)=U_m\sin(\omega t+90^\circ)$$

比较电压和电流的关系式可见：电感两端电压 u 和电流 i 也是同频率的正弦量，电压的相位超前电流 90°，电压与电流在数值上满足关系式

$$U_m=\omega L I_m$$

$$\frac{U_m}{I_m}=\frac{U}{I}=\omega L$$

或　$$U=I\omega L \tag{1-21}$$

由式（1-21）可见，当电压一定时，ωL 愈大，电路中的电流愈小，ωL 具有阻止电流通过的物理性质，故称之为感抗。感抗用 X_L 表示，即

$$X_L=\omega L=2\pi f L \tag{1-22}$$

若频率 f 的单位用赫兹（Hz），电感 L 的单位用亨利（H），则感抗 X_L 的单位为欧姆（Ω）。式（1-22）表明频率越大，感抗值越大；频率越小，感抗越小。对于直流电而言，感抗值为零，电感相当于导线。

如果电压和电流用相量表示，则有：

$$\dot{U}=U\angle 90^\circ$$

$$\dot{I}=I\angle 0^\circ$$

$$\frac{\dot{U}}{\dot{I}}=\frac{U\angle 90^\circ}{I\angle 0^\circ}=\mathrm{j}\omega L \tag{1-23}$$

或　$$\dot{U}=\mathrm{j}\omega L\dot{I}=\mathrm{j}X_L$$

则　$$U=IX_L\ 或\ I=\frac{U}{X_L} \tag{1-24}$$

注意： 在相位上电压超前电流 90°。

式（1-24）表示电压的有效值等于电流的有效值与感抗的乘积。电感元件的电压、电流相位关系如图 1-55 所示。

（2）电感元件的平均功率

$$P = \frac{1}{T}\int_0^T p\mathrm{d}t = \frac{1}{T}\int_0^T UI\sin 2\omega t\mathrm{d}t = 0$$

可见电感元件是不消耗功率的元件，是储存磁场能量的元件。

电感元件的磁场储能的平均值为

$$W = \frac{1}{2}LI^2$$

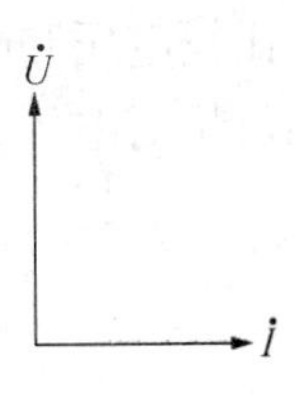

图 1-55　电感元件的电压、电流相量图

（3）无功功率

在正弦交流电路中，电源与储能元件之间存在着能量不断往返的现象，即不断地释放能量和吸收能量，能量交换的最大值用无功功率表示，用大写字母 Q 表示，即

$$Q = UI = I^2 X_L = \frac{U^2}{X_L} \tag{1-25}$$

式（1-25）表明，电感元件的无功功率等于电压与电流有效值的乘积，也就是电感元件与电源之间的能量交换规模大小。无功功率虽然量纲与有功功率相同，但表达的意思不同，因此其单位不用瓦，而用无功伏安，简称乏（var）。

【例 1-14】　一个线圈的电感 $L = 10$ mH，电阻可以略去不计。把它接到 $u = 100\sin\omega t$ V 的电源上，试分别求出电源频率为 50 Hz 与 50 kHz 时线圈中通过的电流。

【解】　当电源频率为 50 Hz 时

$$X_L = 2\pi fL = 2\pi \times 50 \times 10 \times 10^{-3} = 3.14\ (\Omega)$$

通过线圈的电流为

$$I = \frac{U}{X_L} = \frac{100/\sqrt{2}}{3.14} = 22.5\ (\mathrm{A})$$

当电源频率为 50 kHz 时

$$X_L = 2\pi fL = 2\pi \times 50 \times 10^3 \times 10 \times 10^{-3} = 3\,140\ (\Omega)$$

通过线圈的电流为

$$I = \frac{U}{X_L} = \frac{100/\sqrt{2}}{3\,140} = 22.5\ (\mathrm{mA})$$

可见，电感线圈能有效地阻止高频电流通过。

3. 正弦交流电路中的电容元件

电容元件是电容器的理想化模型，其电路图形符号如图 1-56 所示，文字符号用大写字母 C 表示，单位是法拉（F），经常用的单位是微法（μF）。

（1）电容元件的伏安关系

由图 1-56 所示可知，电压与电流为关联参考方向，电压与电流的伏安关系为：

$$i = \frac{\mathrm{d}q}{\mathrm{d}t} = C\frac{\mathrm{d}u}{\mathrm{d}t} \tag{1-26}$$

如果在电容 C 两端加一正弦电压

$$u = U_m \sin\omega t$$

则

$$\begin{aligned} i &= C\frac{\mathrm{d}u}{\mathrm{d}t} = CU_m\frac{\mathrm{d}}{\mathrm{d}t}(\sin\omega t) \\ &= \omega CU_m\cos\omega t \\ &= \omega CU_m\sin(\omega t + 90°) \\ &= I_m\sin(\omega t + 90°) \end{aligned}$$

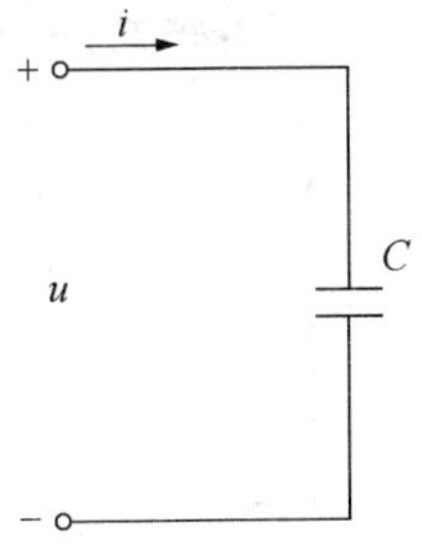

图 1-56　电容电路

比较电压和电流的关系式可见：电容两端电压 u 和电流 i 也是同频率的正弦量，电流的相位超前电压90°，电压与电流在数值上满足关系式

$$I_{\mathrm{m}} = \omega C U_{\mathrm{m}}$$

或

$$\frac{U_{\mathrm{m}}}{I_{\mathrm{m}}} = \frac{U}{I} = \frac{1}{\omega C} \tag{1-27}$$

$$U = \frac{1}{\omega C} I$$

$$I = \omega C U$$

式（1-27）表示电容电压有效值（或最大值）与电流有效值（或最大值）的比值为 $\frac{1}{\omega C}$，它的单位也是欧姆。当电压 U 一定时，$\frac{1}{\omega C}$越大，则电流 I 越小。可见电容具有对交流电流起阻碍作用的物理性质，所以称为容抗，用 X_{C} 表示，即

$$X_{\mathrm{C}} = \frac{1}{\omega C} = \frac{1}{2\pi f C} \tag{1-28}$$

容抗 X_{C} 与电容 C、频率 f 成反比。当电容越大时，在同样电压下，电容器所容纳的电荷量就越大，因而电流越大。当频率越高时，电容器的充电与放电就进行得越快，在同样电压下，单位时间内电荷的移动量就越多，因而电流越大。所以电容器对高频电流所呈现的容抗很小，相当于短路；而当频率 f 很低或 $f = 0$（直流）时，电容就相当于开路。这就是电容的“隔直通交”作用，电容这一特性在电子技术中被广泛应用。

如果电压与电流用相量表示，则有：

$$\dot{U} = \mathrm{U} \angle 0°$$

$$\dot{I} = \mathrm{I} \angle 90°$$

$$\frac{\dot{U}}{\dot{I}} = \frac{U \angle 0°}{I \angle 90°} = \frac{1}{j\omega C} = -j\frac{1}{\omega C} \tag{1-29}$$

或

$$\dot{U} = \frac{1}{j\omega C}\dot{I} = -jX_{\mathrm{C}}\ \dot{I}$$

则

$$U = X_{\mathrm{C}} I \tag{1-30}$$

式（1-30）表示电压的有效值等于电流的有效值与容抗的乘积。

电容元件的电压、电流相位关系如图 1-57 所示。

（2）电容元件的平均功率

与电感元件一样，电容元件的平均功率

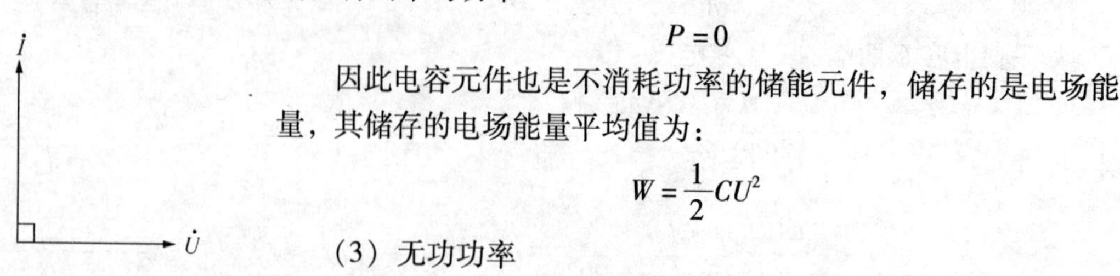

$$P = 0$$

因此电容元件也是不消耗功率的储能元件，储存的是电场能量，其储存的电场能量平均值为：

$$W = \frac{1}{2} C U^2$$

（3）无功功率

图 1-57　电容电路相量图

$$Q_C = UI = I^2 X_C = \frac{U^2}{X_C} \tag{1-31}$$

式（1-31）表明电容元件的无功功率等于电压与电流有效值的乘积，即电容元件与电源之间能量交换的规模大小，单位是乏（var）。

【例 1-15】 把电容量为 40 μF 的电容器接到交流电源上，通过电容器的电流为 $i = 2.75\times\sqrt{2}\sin(314t+30°)$ A，试求电容器两端的电压瞬时值表达式。

【解】 由通过电容器的电流解析式

$$i = 2.75\times\sqrt{2}\sin(314t+30°)\ (\mathrm{A})$$

可以得到

$$I = 2.75\ \mathrm{A},\ \omega = 314\ \mathrm{rad/s},\ \varphi = 30°$$

电流所对应的相量为

$$\dot{I} = 2.75\angle 30°\ (\mathrm{A})$$

电容器的容抗为

$$X_C = \frac{1}{\omega C} = \frac{1}{314\times 40\times 10^{-6}} \approx 80\ (\Omega)$$

因此

$$\dot{U} = -jX_C\dot{I} = 1\angle(-90°)\times 80\times 2.75\angle 30°\ \mathrm{V} = 220\angle(-60°)\ (\mathrm{V})$$

电容器两端电压瞬时表达式为

$$u = 220\sqrt{2}\sin(314t-60°)\ (\mathrm{V})$$

我们分别介绍了交流电路中的电阻、电感、电容元件，已经知道在纯电阻、纯电感、纯电容电路中，电压相量与电流相量之比分别为 R、$j\omega L$、$1/j\omega L$。在实际的交流电路中，用电设备的电路模型也都可以用这 3 个元件通过串、并联连接方式来表示。

一般地说，电压相量与电流相量的比值是一个复数，这个比值称为复阻抗，用 Z 表示，单位为欧姆（Ω），其表达式为

$$Z = \frac{\dot{U}}{\dot{I}} \tag{1-32}$$

式（1-32）也称为相量形式的欧姆定律。因此直流电的分析方法完全可以用来分析交流电路，只不过均要换成相量的形式表示，最后再还原成正弦量。

4. 正弦交流电路的功率

电气设备及其负载都要提供或吸收一定的功率。如某台变压器提供的容量为 250 kVA，某台电动机的额定功率为 2.5 kW，一盏白炽灯的功率为 60 W 等。由于电路中负载性质的不同，它们的功率性质及大小也各自不一样。前面所提到的感性负载就不一定全部都吸收或消耗能量，所以我们要对电路中的不同功率进行分析。

（1）平均功率（有功功率）

负载是要消耗电能的，其所消耗的能量可以用平均功率来表示。将一个周期内瞬时功率的平均值称为平均功率，也称有功功率。有功功率表达式为

$$P = UI\cos\varphi \tag{1-33}$$

在式（1-33）中，U、I 分别为元件的电压和电流的有效值，φ 为电压与电流的相位差角，或称为负载的阻抗角。

由式（1-33）可见，对交流电路而言，其平均功率等于负载上的电压与电流有效值和 $\cos\varphi$ 的乘积。无论电路的连接形式如何，φ 角均为电路负载的阻抗角，也就是电路中电压与电流的相位差角。

当负载一定时，$\cos\varphi$ 是一个常数，称之为负载的功率因数，用 λ 表示，φ 角则称为功率因数角。

当电路为纯电阻电路时，电压与电流同相，即 $\varphi=0$，$\cos\varphi=1$，$P=UI\cos\varphi=UI$。

当电路为纯电感或纯电容电路时，电压与电流的相位角 $\varphi=\pm 90°$，$\cos\varphi=0$，所以 $P=UI\cos\varphi=0$，与前面的讨论完全一致。

当电路中有电阻、电感、电容元件时，由于电感和电容元件不消耗功率，所以，总的有功功率等于所有电阻元件所消耗功率之和。

（2）无功功率

无功功率是表示储能元件与电源之间进行能量交换规模大小的物理量，并不是元件消耗的功率，因此称为无功功率。无功功率表达式为

$$Q = UI\sin\varphi \tag{1-34}$$

在式（1-34）中，U、I 分别为元件的电压和电流的有效值，φ 为电压与电流的相位差角，或称为负载的阻抗角。

当电路中既有电感又有电容元件时，总的无功功率为 Q_L 与 Q_C 的代数和。根据电感元件、电容元件的无功功率，考虑到 U_L 与 U_C 相位相反，于是

$$Q = Q_L - Q_C$$

（3）视在功率

在实际交流电路中，电器设备所消耗的有功功率是由电压、电流和功率因数决定的。但在制造变压器等电器设备时，用电设备（即负载）的功率因数是不知道的。因此，这些设备的额定功率不能用有功功率来表示，而是用额定电压与额定电流的乘积来表示，我们把它称为视在功率，即

$$S = UI \tag{1-35}$$

视在功率常用来表示电器设备的容量，其单位为伏安，用大写字母 VA 表示。视在功率不是表示交流电路实际消耗的功率，而只能表示电源可能提供的最大功率，或指某设备的容量。

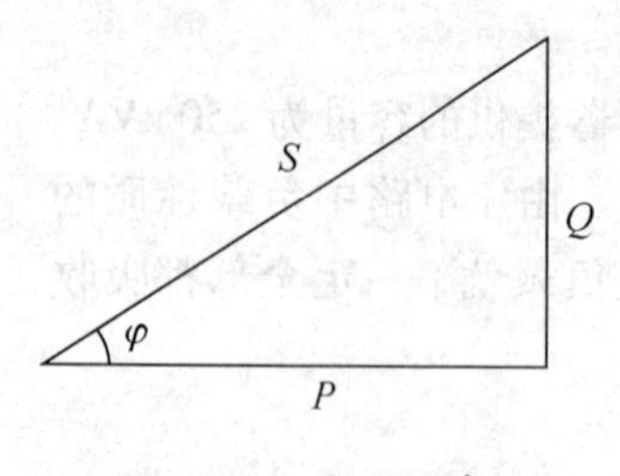

图 1-58　功率三角形

通过有功功率、无功功率和视在功率的表达式发现，它们之间形成了一个三角形的关系，称为功率三角形，如图 1-58 所示。

由功率三角形可得到 P、Q、S 三者之间的关系

$$P = UI\cos\varphi$$

$$Q = UI\sin\varphi$$

$$S = \sqrt{P^2 + Q^2} \tag{1-36}$$

$$\varphi = \arctan\frac{Q}{P} \tag{1-37}$$

【例 1-16】　已知电阻 $R=30\ \Omega$，电感 $L=382\ \text{mH}$，电容 $C=40\ \mu\text{F}$，串联后接到电压 $u=220\sqrt{2}\sin(314t+30°)$ V 的电源上。试求电路的 P、Q 和 S。

【解】　电路的阻抗

$$Z=R+j(X_L-X_C)=30+j\left(314\times382\times10^{-3}-\frac{1}{314\times40\times10^{-6}}\right)$$

$$\approx30+j(120-80)\approx30+j40\approx50\angle53.1°\ (\Omega)$$

根据 $u=220\sqrt{2}\sin(314t+30°)$ V，可知电压相量

$$\dot{U}=220\angle30°\ (\text{V})$$

因此，电流相量为

$$\dot{I}=\frac{\dot{U}}{Z}=\frac{220\angle30°}{50\angle53.1°}=4.4\angle-23.1°\ (\text{A})$$

电路的平均功率

$$P=UI\cos\varphi=220\times4.4\cos53.1°=580.8\ (\text{W})$$

电路的无功功率

$$Q=UI\sin\varphi=220\times4.4\sin53.1°=774\ (\text{var})$$

电路的视在功率

$$S=UI=220\times4.4=968\ (\text{VA})$$

由上可见，$\varphi>0$，电压超前电流，因此电路为感性的。

（4）功率因数的提高

功率因数的大小体现了用电设备的容量转化成有功功率的能力，希望其值越大越好。当负载为纯电阻负载时，$\cos\varphi=1$，说明设备的容量全部转化成了有功功率，用在设备的消耗上。例如，变压器容量 1 000 kVA，当 $\cos\varphi=1$ 时能提供 1 000 kW 的有功功率；而在 $\cos\varphi=0.7$ 时，只能提供 700 kW 的有功功率。

但对大部分负载而言，功率因数一般在 0～1 之间；如计算机的功率因数一般为 0.6 左右，异步电动机在额定情况下工作时为 0.6～0.9，工频感应加热炉为 0.1～0.3，日光灯为 0.5～0.6。

在生产和生活中使用的电气设备大多属于感性负载，它们的功率因数都较低，经常采用并联电容的方法来提高功率因数，以满足工作需要。

1.3.4　对称三相电路的分析

1. 三相电路连接

三相电路的连接方法有星形（Y）连接和三角形（△）连接方式。一般电源采用星形连接方式，负载根据需要采用星形（Y）连接和三角形（△）连接方式。

（1）Y-Y 连接方式：对称的三相四线制电路如图 1-59 所示，左边电源是 Y 形连接，右边负载也是 Y 形连接。

相电流：是指通过每相负载中的电流，分别为 i_U、i_V、i_W，其有效值用 I_p 表示。

线电流：火线中的电流，其有效值用 I_l 表示。

由图 1-59 中可知：相电流 = 线电流

$$I_p = I_l \tag{1-38}$$

相电压：每相端点到中点之间的电压，其相量分别为 $\dot{U}_U$、$\dot{U}_V$、$\dot{U}_W$，其有效值用 U_P 表示。

线电压：各项端点之间的电压，其相量分别为 $\dot{U}_{UV}$、$\dot{U}_{VW}$、$\dot{U}_{WU}$，其有效值用 U_l 表示。

用相量分析，有：

$$\dot{U}_{UV} = \dot{U}_U - \dot{U}_V$$

$$\dot{U}_{VW} = \dot{U}_V - \dot{U}_W$$

$$\dot{U}_{WU} = \dot{U}_W - \dot{U}_U$$

设 U 相电压相位为 0°，则各电压的相位关系如图 1-60 所示。

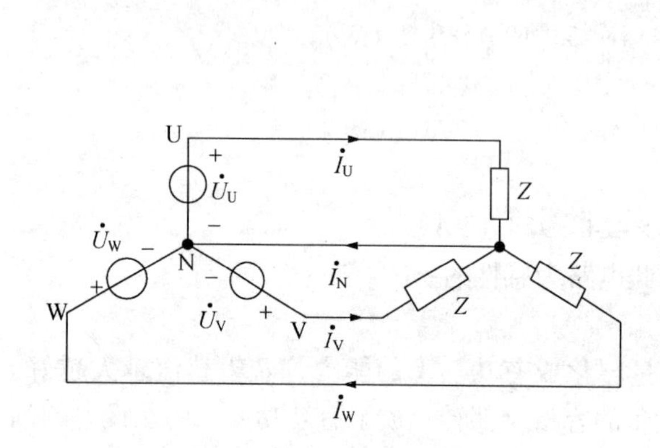

图 1-59　电路三相四线制

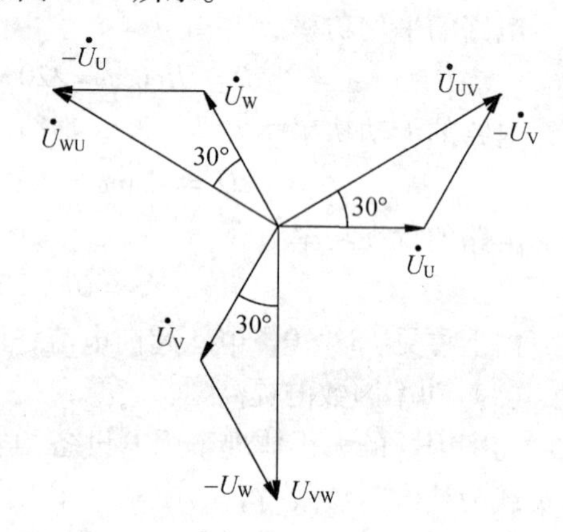

图 1-60　Y-Y 连接方式的相电压与线电压相位关系图

由图 1-60 可知：

$$\begin{aligned}
\dot{U}_{UV} &= \sqrt{3}\dot{U}_U \angle 30° = \sqrt{3}U_p \angle 30° \text{ V} \\
\dot{U}_{VW} &= \sqrt{3}\dot{U}_V \angle 30° = \sqrt{3}U_p \angle -90° \text{ V} \\
\dot{U}_{WU} &= \sqrt{3}\dot{U}_W \angle 30° = \sqrt{3}U_p \angle 150° \text{ V}
\end{aligned} \tag{1-39}$$

由式（1-39）可见，3 个线电压是对称的。线电压与相电压有效值关系为

$$U_l = \sqrt{3}U_p \tag{1-40}$$

在三相电路中，每相负载中的电流应该一相一相地计算。在忽略导线阻抗的情况下，各相负载承受的电压就是电源对称的相电压，因此各相电流为：

$$\dot{I}_U = \frac{\dot{U}_U}{Z_U},\quad \dot{I}_V = \frac{\dot{U}_V}{Z_V},\quad \dot{I}_W = \frac{\dot{U}_W}{Z_W}$$

如果三相负载是对称的，即

$$Z_U = Z_V = Z_W = Z = |Z| \angle \varphi_Z$$

则

$$\dot{I}_U = \frac{\dot{U}_U}{Z} = \frac{U_p \angle 0°}{|Z| \angle \varphi_Z} = \frac{U_p}{|Z|} \angle -\varphi_Z$$

$$\dot{I}_V = \frac{\dot{U}_V}{Z} = \frac{U_p \angle -120°}{|Z| \angle \varphi_Z} = \frac{U_p}{|Z|} \angle (-120° - \varphi_Z)$$

$$\dot{I}_W = \frac{\dot{U}_W}{Z} = \frac{U_p \angle 120°}{|Z| \angle \varphi_Z} = \frac{U_p}{|Z|} \angle (120° - \varphi_Z)$$

可见3个相电流也是对称的，因此中线中没有电流，即

$$\dot{I}_N = \dot{I}_U + \dot{I}_V + \dot{I}_W = 0$$

（2）Y-△连接方式

如图1-61所示为Y-△连接方式电路图。由图1-61可知，负载各相电压 u_{UV}、u_{VW}、u_{WU}就是各端线之间的电压（线电压），也就是说△形连接方式下，相电压=线电压。

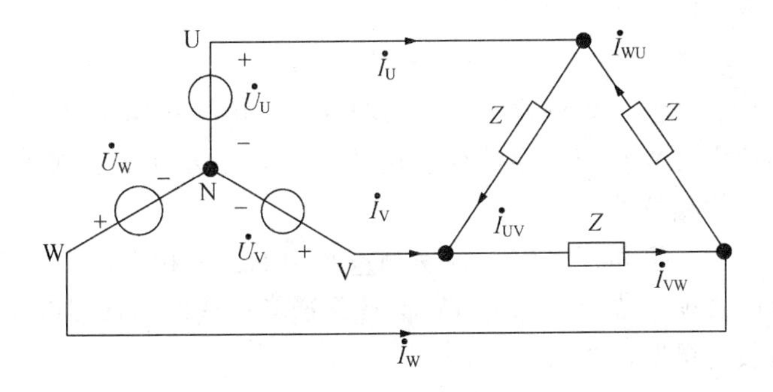

图1-61　Y-△连接电路图

相电流：即通过每相负载的电流，其相量分别为 $\dot{I}_{UV}$、$\dot{I}_{VW}$、$\dot{I}_{WU}$，其有效值用 I_p 表示。

线电流：即火线上的电流，其相量分别为 $\dot{I}_U$、$\dot{I}_V$、$\dot{I}_W$，其有效值用 I_l 表示。

根据基尔霍夫定律分析有：

$$\begin{aligned} \dot{I}_U &= \dot{I}_{UV} - \dot{I}_{WU} = \sqrt{3} I_{UV} \angle -30° \\ \dot{I}_V &= \dot{I}_{VW} - \dot{I}_{UV} = \sqrt{3} I_{VW} \angle -30° \\ \dot{I}_W &= \dot{I}_{WU} - \dot{I}_{VW} = \sqrt{3} I_{WU} \angle -30° \end{aligned} \quad (1\text{-}41)$$

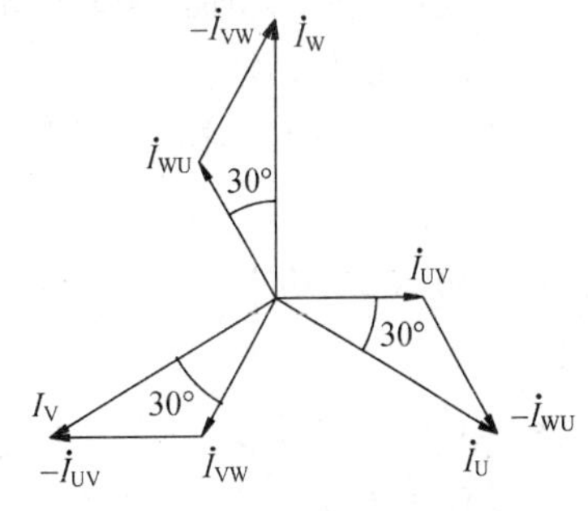

图1-62　Y-△连接方式的相电流与线电流的相量关系图

设 $\dot{I}_{UV}$相位为0°，则各相电流、线电流的相量关系如图1-62所示。

由图1-62可知，

$$\dot{I}_U = \sqrt{3} \dot{I}_{UV} \angle -30° = \sqrt{3} I_p \angle -30° \text{ V}$$

$$\dot{I}_{\mathrm{V}} = \sqrt{3}\,\dot{I}_{\mathrm{VW}}\angle -30^{\circ} = \sqrt{3}I_{\mathrm{p}}\angle -150^{\circ}\ \mathrm{V} \tag{1-42}$$

$$\dot{I}_{\mathrm{W}} = \sqrt{3}\,\dot{I}_{\mathrm{W}}\angle 30^{\circ} = \sqrt{3}I_{\mathrm{p}}\angle 90^{\circ}\ \mathrm{V}$$

由式（1-42）可见，三相线电流是对称的。线电流与相电流的有效值关系为

$$I_{\mathrm{l}} = \sqrt{3}I_{\mathrm{p}} \tag{1-43}$$

2. 三相电路的功率

（1）有功功率

我们知道，计算单相电路中的有功功率的公式是

$$P = UI\cos\varphi$$

式中，U、I 分别表示单相电压和单相电流的有效值，φ 是电压和电流之间的相位差。

在三相交流电路中，三相负载消耗的总电功率为各相负载消耗功率之和，即

$$\begin{aligned} P &= P_1 + P_2 + P_3 \\ &= U_{1\mathrm{P}}I_{1\mathrm{P}}\cos\varphi_1 + U_{2\mathrm{P}}I_{2\mathrm{P}}\cos\varphi_2 + U_{3\mathrm{P}}I_{3\mathrm{P}}\cos\varphi_3 \end{aligned}$$

当三相电路对称时，由于每一相的电压和电流都相等，阻抗角 φ 也相同，所以各相电路的功率必定相等，可以把它看成是 3 个单相交流电路的组合，因此三相交流电路的功率等于 3 倍的单相功率，即

$$P = 3P_{\mathrm{P}} = 3U_{\mathrm{P}}I_{\mathrm{P}}\cos\varphi \tag{1-44}$$

在式（1-44）中，P 为三相负载的总有功功率，简称三相功率（W）；P_{P} 为对称三相负载每一相的有功功率（W）；U_{P} 为负载的相电压（V）；I_{P} 为负载的相电流（A）；φ 为相电压与相电流之间的相位差。

在一般情况下，相电压和相电流不容易测量。例如，三相电动机绕组接成三角形时，要测量它的相电流就必须把绕组端部拆开。因此，通常用线电压和线电流来计算功率。

当三相对称负载是星形连接时：

$$U_{\mathrm{l}} = \sqrt{3}U_{\mathrm{p}},\ I_{\mathrm{l}} = I_{\mathrm{p}}$$

如果三相对称负载是三角形连接，则

$$U_{\mathrm{l}} = U_{\mathrm{p}},\ I_{\mathrm{l}} = \sqrt{3}I_{\mathrm{p}}$$

因此，对称负载不论是星形连接还是三角形连接，总有功功率均为

$$P = \sqrt{3}U_{\mathrm{l}}I_{\mathrm{l}}\cos\varphi \tag{1-45}$$

必须注意，φ 仍是相电压与相电流之间的相位差，而不是线电压与线电流间的相位差。

（2）无功功率

同样的道理，对称三相负载的无功功率也一样，即

$$Q = \sqrt{3}U_{\mathrm{l}}I_{\mathrm{l}}\sin\varphi \tag{1-46}$$

（3）视在功率

$$S = \sqrt{3}U_{\mathrm{l}}I_{\mathrm{l}} = \sqrt{P^2 + Q^2} \tag{1-47}$$

如果三相负载不对称，则应分别计算各相功率，三相的总功率等于 3 个单相功率之和。

【例 1-17】 已知某三相对称负载接在线电压为 380 V 的三相电源中，其中每一相负载的阻值 $R_{\mathrm{P}} = 6\ \Omega$，感抗 $X_{\mathrm{P}} = 8\ \Omega$。试分别计算该负载是星形连接和三角形连接时的相电流、线电流以及有功功率。

【解】

(1) 负载是星形连接

每一相的阻抗　$Z_P = \sqrt{R_P^2 + X_P^2} = \sqrt{6^2 + 8^2} = 10$ (Ω)

而当负载是星形连接时

$$U_1 = \sqrt{3}U_p$$

所以　$$U_P = \frac{U_1}{\sqrt{3}} = \frac{380}{\sqrt{3}} \approx 220 \text{ (V)}$$

则　$$I_1 = I_p = \frac{U_p}{R_p} = \frac{220}{10} = 22 \text{ (A)}$$

又　$$\cos\varphi = \frac{R_p}{Z_p} = \frac{6}{10} = 0.6$$

所以　$P = \sqrt{3}U_1 I_1 \cos\varphi = \sqrt{3} \times 380 \times 22 \times 0.6 \approx 8.7$ (kW)

(2) 负载是三角形连接

线电压等于相电压　$U_1 = U_p = 380$ (V)

每相负载电流为　$$I_p = \frac{U_p}{Z_p} = \frac{380}{10} = 38 \text{ (A)}$$

而　$I_1 = \sqrt{3}I_p = \sqrt{3} \times 38 \approx 66$ (A)

所以　$P = \sqrt{3}U_1 I_1 \cos\varphi = \sqrt{3} \times 380 \times 66 \times 0.6 \approx 26$ (kW)

由以上计算我们可以知道，当负载是三角形连接时的相电流、线电流及三相功率均为星形连接时的3倍。

1.4　常用电工仪表的使用实训

【实训目标】

1. 了解常用电工仪表的类型和用途；
2. 会用常用电工仪表测量电压、电流等电路中的数据，并学会仪表的维护与保养。

【实训内容】

1. 电压表的使用与训练

电压表又称伏特表，如图1-63所示，用于测量电路中的电压。量程的选择应遵循“由大到小，以指针居中或偏右为准”的原则。电压表应与被测电路并联，注意其极性。

电压表使用时应注意以下几点。

(1) 电压表与被测电路并联，要测哪部分电路的电压，电压表就和哪部分电路并联。

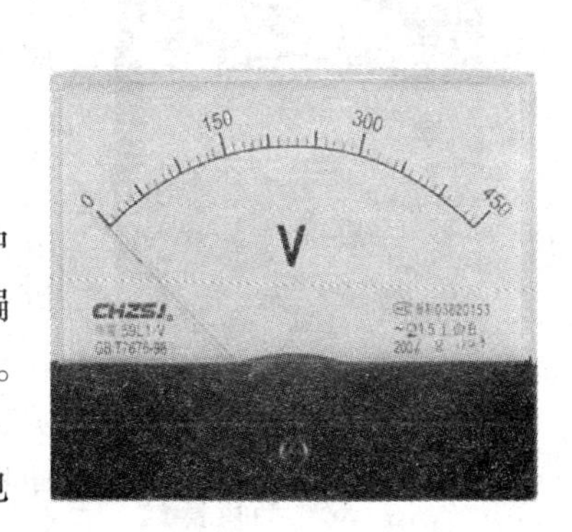

图1-63　电压表

（2）电压表接进电路时，应当使电流从其“+”接线柱流入，从“-”接线柱流出。

（3）注意观察电压表的量程，被测电压不要超过电压表的量程。

2. 电流表的使用与训练

电流表应与被测电路串联（一般要先将电路断开，然后将电流表串入电路中），切不可与被测电路并联！电流表又称安培表，如图1-64所示，用于测量电路中的电流。

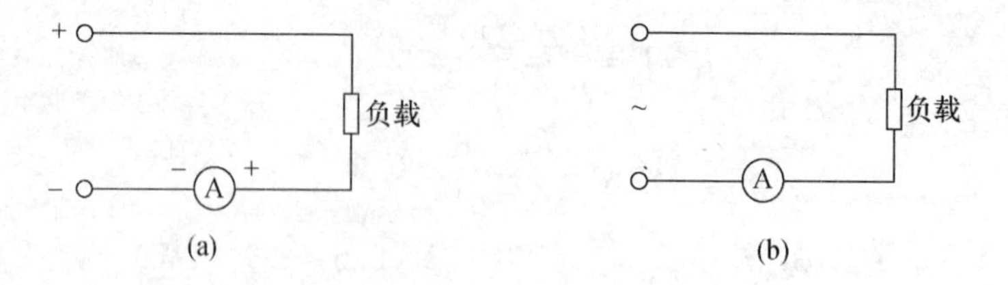

图1-64　电路图

电流表使用时应注意以下几点。

（1）电流表要与用电器串联在电路中（否则短路，烧毁电流表）。

（2）电流要从“+”接线柱入，从“-”接线柱出（否则指针反转，容易把针打弯）。

（3）被测电流不要超过电流表的量程（可以采用试触的方法来看是否超过量程）。

（4）绝对不允许不经过用电器而把电流表连到电源的两极上（电流表内阻很小，相当于一根导线。若将电流表连到电源的两极上，轻则指针打歪，重则烧坏电流表、电源、导线）。

3. 万用表的使用与训练

万用表又称三用表、复用表。是一种多功能、多量程的便携式电测仪表。常用的万用表有模拟式万用表和数字万用表。万用表一般都能测直流电流、直流电压、电阻、交流电压等电量。有的万用表还能测交流电流、电容、电感及晶体三极管的共发射极直流放大系数等。万用表外形如图1-65所示。

图1-65　万用表

（1）使用前的检查调整

① 检查万用表的外观应完好无破损，轻轻摇晃时，指针应摆动自如。

② 转动转换开关，应切换灵活，指示量程挡位应准确。

③ 水平放置万用表，进行机械调零，即转动表盘指针下面的机械调零螺丝，使指针对准标度尺左边的0位线，以减小测量误差。

④ 测电阻前应进行欧姆调零（电气调零），即将挡位开关置于欧姆挡，两支表笔短接，调整零欧姆调整器旋钮，使指针对准欧姆标度尺右边的0位线，以检查万用表内电池电压。如调整时指针不能指0，则应更换电池。

⑤ 检查测试表笔插接是否正确。黑表笔应接负极，即“－”或公用端“＊”的插孔（或接线钮）上，红表笔应接正极，即“＋”或相应测量电阻的插孔（或接线钮）上。

⑥ 为防止测量中失误，使用前应用欧姆挡检查表笔线是否完好，即用欧姆挡检查表的笔线通不通。

（2）测量直流电阻

① 首先应断开被测电阻的电源及连接导线，否则，将烧坏仪表或影响测量结果。

② 应根据被测电阻值选择量程合适的挡位，指针应指标度尺中心的两侧，不宜偏向两端。被测电阻值无法估计时，应选择“中”挡（如500型万用表应选R×100挡）。

③ 测量中每调换一次挡位，应重新进行欧姆调零。

④ 测量中表笔应与被测电阻接触良好，以减少接触电阻；手不得触及表笔的金属部分，以防止将人体电阻与被测电阻并联。

⑤ 正确读取测量结果，指示数应乘以倍率为实测值。

⑥ 测量完毕，应将转换开关旋至空挡或交流电压最大挡。这样可以防止在欧姆挡上表笔短接消耗电池，更重要的是防止下次使用时忘记换挡，而直接用欧姆挡去测量电压或电流引起万用表烧毁。

⑦ 不准用欧姆挡直接测量微安表头、检流计、标准电池的直流电阻。

（3）测量电压

① 测量电压时，表笔应与被测电路并联连接。

② 在测量直流电压时，应分清极性，即红表笔接正极，黑表笔接负极。如果无法区分正、负极，则应先将一支表笔触牢，另一支表笔轻轻碰触，若指针反向偏转，则应调换表笔。

③ 应根据被测电压值选择合适的量程挡位，如测量380 V时应选500 V挡，测量220 V时应选250 V挡。当被测电压值无法估计时，应选择最大量程挡。

④ 测量时应与带电体保持安全距离，手不得触及表笔的金属部分，防止触电。同时，还要防止短路和表笔脱落。当测量高电压时（500～2 500 V），应戴绝缘手套，站在绝缘垫上进行，并使用高压测试表笔。测量过程中不得换挡。

⑤ 对于被测电压的测量结果，指针应指在标度尺满刻度的2/3附近为宜，即指示数越接近满刻度，测量结果越准确。指示数应乘以倍率为实测值。

⑥ 用毕应置于空挡或OFF或电压最高挡。

（4）测量电流

① 测量电流时，仪表必须串接在被测电路中，严禁并联连接，以防止仪表损坏。

② 测量直流电流时，应分清极性。

③ 应根据被测电流值，选择合适的量程挡位；当被测电流值无法估计时，应选择最大量程挡。

④ 测量中不准带电流换挡，当测量较大电流时，应断开电源后再撤表笔。

⑤ 对于被测电流的测量结果，指针应指在标度尺满刻度的2/3附近，即指示数越接近满刻度，测量结果越准确。指示数乘以倍率为实测值。

⑥ 用毕应置于空挡或OFF或电压最高挡。

4. 钳形表的使用与训练

钳形电流表简称钳形表，其外形结构如图 1-66 所示。用普通电流表测量电流，必须将被测电路断开，把电流表串入被测电路，操作很不方便。采用钳形表，不需要断开电路，就可直接测量交流电路的电流，使用非常方便。

图 1-66 钳形表

钳形表准确度较低，通常为 2.5 级或 5 级，但它不需切断电路就能测量，因而得到广泛应用。测量时应根据所要测量对象的不同，使用不同类型的钳形表。例如，测量交流电流时应使用交流钳形表；测量直流电流时，应使用交、直流两用钳形表。

使用钳形表时应注意以下几点。

(1) 测量时被测载流导线应放在钳口内的中心位置，以免增大误差。

(2) 为了使读数准确，钳口的结合面应保持良好的接触。当被测量的导线被卡入钳形表的钳口后，若发现有明显噪声或表针振动厉害时，应将钳形表的手柄转动几次或重新开合几次，若噪声依然存在，应检查钳口处有无污垢，若有可用汽油清洗干净。

(3) 为了消除钳形表铁芯中剩磁对测量结果的影响，在测量较大的电流之后，若立即测量较小的电流时，应该把钳形电流表的铁芯开、合数次，以消除铁芯中的剩磁。

(4) 测量前应先估计被测电流的大小，选择合适的量程。钳形表所选择测量电参数的种类要与实测的电参数种类相符，且量程由高到低。

(5) 在变、配电所或动力配电箱内要测量母排的电流时，为了防止钳形表钳口张开而引起相间短路，最好在母排之间用绝缘隔板隔开。

5. 功率表的使用与训练

功率表接线必须把握的两条原则是：电压线圈与被测电路并联，电流线圈与被测电路串联（切不可与负载并联）；带有“*”标号的电压、电流接线柱必须同为进线。功率表如图 1-67 所示。

(1) 功率表的选择

功率表量程的选择，就是要正确选择功率表的电流量程和电压量程，使电流量程能与负载电流、电压量程与负载电压相匹配。

(2) 功率表的接线方法

功率表表面各有一个电流、电压接线柱并标有“*”符号。接线时，有“*”符号的电流接线柱应接电源一端；另一接线柱接在负载端。有“*”符号的电压接线柱一定要接在带“*”符号的电流接线柱所接的那条电线上，无符号的接线柱要接在电源的另一端。

图 1-67 功率表

【考核标准】

实训考核课题　　常用电工仪表的使用

姓　名		班　级		考件号	总得分	
额定工时	90 min	起止时间	时　分至　　时　分		实用工时	
序　号	考核内容	考核要求	配　分	评分标准	扣　分	得　分
1	电压表的使用	正确使用电压表来测量电压	10	不能测量有关电压	10	
2	电流表的使用	正确使用电流表来测量电流	10	不能测量有关电流	10	
3	万用表的使用	正确使用万用表来测量电流、电压、电阻	25	不能测量有关电压、电流、电阻，三极管放大系数、电容	每一个扣5分	
4	钳形表的使用	正确使用钳形表来测量相关数据	12	不能测量有关数据	12	
5	功率表的使用	正确使用功率表来测量相关数据	23	不能测量有关数据	23	
6	安全文明操作	符合有关规定	10	违反规定，扣2～10分		
7	操作时间	在规定时间内完成	10	每超时10 min（不足10 min以10 min计），扣5分		

监考：

年　　月　　日

【实训思考】

1. 电压表如何测量电压？
2. 万用表在使用前如何进行调整？
3. 如何使钳形表的读数更准确？
4. 功率表如何接线？

项目小结

本项目从常用电工工具和仪表的使用出发，介绍了电路的基本概念和基本分析方法，这些基本概念和基本分析方法为今后各项目的学习打下基础。通过介绍常用电工工具的用途和使用方法，加强技能训练，掌握电工基本技能。

电路的基本概念

1. 电路中的物理量

（1）电压、电流的参考方向

在计算和分析电路时，必须任意选定某一方向为电压、电流的参考方向，或称正方向。当选择的正方向与其实际方向一致时，则电压或电流为正值；反之，为负值。注意：

参考方向选定之后，电压和电流的正、负才有意义；在讨论某个元件的电压、电流关系时，常采用关联参考方向。

（2）电路中电位的概念

由于电路中某一点的电位是指由这一点到参考点的电压，因此电路电位的计算与电压的计算并无本质的区别。但要注意电路中某一点的电位与参考点的选取有关，而电路中某两点之间的电压则与参考点无关。

（3）电功率与电能量

电功率的计算重点在于分析元件或设备是产生功率还是消耗功率。分析时要注意电压、电流的参考方向是否一致，如果是关联参考方向，则公式中无符号；否则公式中应加负号，之后再计算。若 $P>0$，则消耗功率；若 $P<0$，则产生功率。一般来说，电源是产生功率的设备，负载是消耗功率的元件。

电能量就是要求能理解生产、生活中用电的计算即可。

2. 交流电的概念

（1）正弦交流电的三要素

最大值（幅值 U_m、I_m）、角频率（ω）、初相位（ψ）称为正弦交流电的三要素，已知三要素，就能够表达一个正弦量。

有效值是表示交流电大小的物理量，与最大值的关系是 $I=\frac{I_m}{\sqrt{2}}$、$U=\frac{U_m}{\sqrt{2}}$，各种设备铭牌上电压、电流的额定值都是指有效值。

角频率是表示正弦量变化快慢的物理量，与频率 f、周期 T 之间的关系为

$$\omega=2\pi f=\frac{2\pi}{T}$$

初相位表示正弦量计时起点的位置。两个同频率正弦量的初相位之差称为相位差，相位差表明交流电路中同频率的各电压、电流的相位关系。

注意： 正弦交流电分析中所涉及的任何角度表示均要求绝对值在180°以内。

（2）正弦交流电的相量表示法

为了简化正弦量的计算，引入了相量的概念来表示一个正弦量，正弦量与相量之间具有一一对应的关系，例如，电压正弦量 $u=U_m\sin(\omega t+\varphi)$ 用相量表示为 $\dot{U}_m=U_m\angle\varphi$ 或 $\dot{U}=U\angle\varphi$。

但要注意，相量并不等于正弦量。可以用相量图表示各物理量的相位关系。

3. 三相电路

由三相电源供电的电路称为三相电路。三相电源是由三相交流发电机产生的。在三相交流发电机中有互成120°角度的3个相同的绕组，这3个绕组在磁场中旋转就产生了对称的三相交流电。

（1）对称三相电源的特点：等幅值、同频率、相位互差120°。对称的三相电压（电流）瞬时值之和为零。

（2）相序：三相绕组分别为U相、V相、W相。3个电压达最大值的先后次序叫相

序，一般正序是指相序为 U→V→W。

（3）三相四线制：三相电源经常用星形三相四线制接法，中点引出的线叫做中线或零线，三相端子引出的线叫做火线或端线。

常用电工工具

常用电工工具介绍了验电器、电工刀、钢丝钳、剥线钳的结构和用途。重点是要学会这些常用电工工具的使用。

电路基本分析方法

1. 基尔霍夫定律

基尔霍夫定律是电路分析的最基本的依据，是所有分析方法的基础。基尔霍夫定律适用于由各种不同元件构成的电路中任一瞬时、任何波形的电压和电流。

（1）基尔霍夫电流定律（KCL）：即 $\sum I = 0$，它反映了电路中某一节点各支路电流间互相制约的关系。KCL 通常应用于节点，也可以推广应用到假设的封闭面。

（2）基尔霍夫电压定律（KVL）：即 $\sum U = 0$，它反映了某一回路中各段电压间互相制约的关系。

2. 电路基本分析方法

（1）分压和分流公式

分压公式：对于电阻串联电路，如果总电压不变，则串联电路各电阻上的电压对于总电压的分压比例等于该电阻占总电阻比例。

分流公式：对于并联电路，如果总电流不变，则并联电路各电阻上的电流对于总电流的分流比例等于该电阻的倒数，即电导占总电导的比例。

（2）电源等效变化

理想电源是不考虑电源内阻的，而实际电源肯定有内阻存在。理想电压源与理想电流源不能等效变换，而实际电压源与实际电流源之间是可以等效变换的，这里说的等效是指对电源的外部电路而言是等效的。

当实际电压源等效变换成实际电流源时，电流源的电流等于电压源的电压与其内阻的比值，电流源的内阻等于电压源的内阻；当实际电流源等效变换成实际电压源时，电压源的电压等于电流源的电流与其内阻的乘积，电压源的内阻等于电流源的内阻。

（3）支路电流法

支路电流法是以支路电流为未知量，直接应用 KCL 和 KVL，分别对节点和回路列出所需的方程式，然后联立求解出各未知电流，进而利用元件的伏安关系求出电压。

（4）叠加原理

叠加原理指出：在线性电路中，当有多个电源作用时，任一支路电流或电压，可看成由各个电源单独作用时在该支路中产生的电流或电压的代数和。当某一电源单独作用时，其他不作用的电源应置为零。

当电压源电压为 0 时，电压源用短路代替；当电流源电流为 0 时，电流源用开路代替。

一般电源不超过 3 个，可以常用此方法。

（5）戴维南定理

戴维南定律指出：任何一个线性有源二端网络，对于外电路而言，可以用一个理想电压源和内电阻相串联的电路模型来代替。同时，理想电压源的电压就是有源二端网络的开路电压 U_{OC}，内电阻等于有源二端网络中所有电源为 0 时的等效电阻 R_i。

一般分析复杂电路用戴维南定理。

3. 交流电路的分析

（1）交流电路中的电阻、电感、电容元件

交流电路中除了电源、电阻外，引入了电感、电容元件，因此弄清电感、电容元件的伏安关系、伏安关系的相量形式以及电压、电流的相位关系，对于分析交流电很重要。

电感元件：电压相量与电流相量的比值等于电感元件的感抗值。用 $X_L = j\omega L$ 表示，单位是欧姆。电感元件的电压超前电流 90°。

电容元件：电压相量与电流相量的比值等于电容元件的容抗值。用 $X_C = 1/j\omega C$ 表示，单位是欧姆。电容元件的电压滞后电流 90°。

电感和电容元件都是不消耗功率的，是储能元件，电感储存磁场能量，电容储存电场能量。

（2）电流电路中的功率

有功功率（平均功率）：$P = UI\cos\varphi$，表明元件消耗的功率，单位用瓦（W）。

无功功率：$Q = UI\sin\varphi$，表明储能元件与电源之间的能量交换规模，单位用乏（var）。

视在功率：$S = UI$，表明设备的容量，单位用伏安（VA）。

可见，它们存在三角形关系。

功率因数 $\lambda = \cos\varphi$，表明设备容量的有效利用率。最大值是 1，说明利用率为 100%。一般情况达不到，甚至有些设备的功率因数很低，需要想办法提高功率因数。

4. 三相电路的分析

（1）三相电路的连接

三相电路的连接方法有星形（Y）连接和三角形（△）连接方式。一般电源采用星形接法，负载根据需要采用星形（Y）连接和三角形（△）连接方式。

Y-Y 连接方式：相电流等于线电流。

线电压超前相电压 30°，$U_l = \sqrt{3}U_p$。

Y-△连接方式：相电压等于线电压。

相电流超前线电流 30°，$I_l = \sqrt{3}I_p$。

（2）三相电路的功率

有功功率：$P = \sqrt{3}U_l I_l \cos\varphi$。

无功功率：$Q = \sqrt{3}U_l I_l \sin\varphi$。

视在功率：$S = \sqrt{3}U_l I_l = \sqrt{P^2 + Q^2}$。

常用电工仪表

介绍了电压表、电流表、万用表、钳形表、功率表的使用方法和注意事项，重点是学会使用仪表进行电路测量与分析。

思考与练习 1

1.1　在4盏灯泡串联的电路中，除2号灯不亮外其他3盏灯都亮。当把2号灯从灯座上取下后，剩下3盏灯仍亮，问电路中出现了何故障？为什么？

1.2　两个数值不同的理想电压源能否并联后“合成”一个向外供电的电压源？两个数值不同的理想电流源能否串联后“合成”一个向外电路供电的电流源？为什么？

1.3　将一个内阻为0.5 Ω，量程为1 A的安培表误认为成伏特表，接到电压源为10 V，内阻为0.5 Ω的电源上，试问此时安培表中通过的电流有多大？会发生什么情况？能说说使用安培表应注意哪些问题吗？

1.4　现有“110 V、100 W”和“110 V、40 W”两盏白炽灯，能否将它们串联后接在220伏的工频交流电源上使用？为什么？

1.5　对称三相负载做△连接，在火线上串入3个电流表来测量线电流的数值，在线电压380 V下，测得各电流表读数均为26 A，若uv之间的负载发生断路时，3个电流表的读数各变为多少？当发生u火线断开故障时，各电流表的读数又是多少？

1.6　手持电钻、手提电动砂轮机都要采用380 V交流供电方式。使用时要穿绝缘胶鞋、戴绝缘手套工作。为什么不用安全低压36 V供电？

1.7　在图1-68所示的电路中，已知电流 $I=10$ mA，$I_1=6$ mA，$R_1=3$ kΩ，$R_2=1$ kΩ，$R_3=2$ kΩ。求电流表 A_4 和 A_5 的读数是多少？

1.8　在图1-69所示的电路中，有几条支路和节点？U_{ab}和 I 各等于多少？

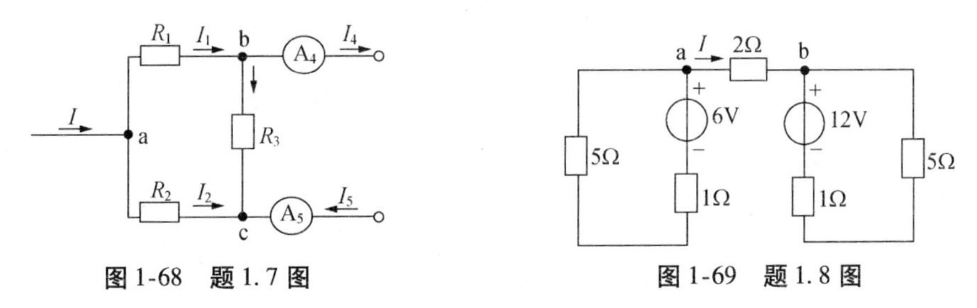

图1-68　题1.7图　　　图1-69　题1.8图

1.9　分别用叠加定理和戴维南定理求解图1-70所示的电路中的电流 I_3。设 $U_{S1}=30$ V，$U_{S2}=40$ V，$R_1=4$ Ω，$R_2=5$ Ω，$R_3=2$ Ω。

1.10　试求下列各正弦量的周期、频率和初相，两者的相位差如何？

（1）$3\sin314t$；　　　（2）$8\sin(5t+17°)$。

1.11　某线圈的电感量为0.1 H，电阻可忽略不计，接在 $u=220\sqrt{2}\sin314t$ V 的交流电源上。试求电路中的电流及无功功率；若电源频率为100 Hz，则电压有效值不变又如何？写出电流的瞬时值表达式。

1.12　利用交流电流表、交流电压表和交流单相功率表可以测量实际线圈的电感量。设加在线圈两端的电压为工频110 V，测得流过线圈的电流为5 A，功率表读数为400 W。则该线圈的电感量为多大？

1.13　如图1-71所示的电路中，已知电阻 $R=6$ Ω，感抗 $X_L=8$ Ω，电源端电压的有效

值 $U_S = 220$ V。试求电路中电流的有效值 I。

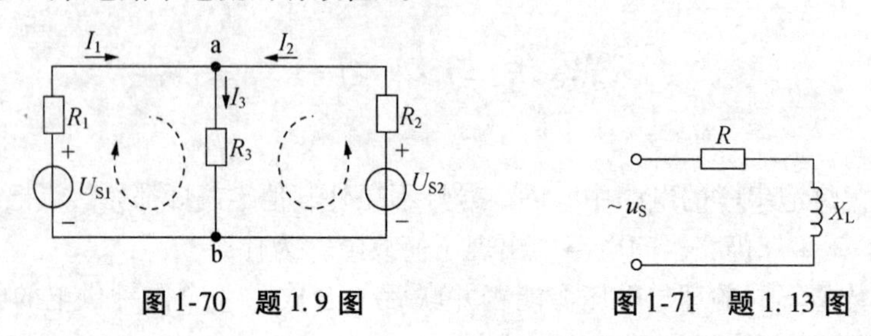

图 1-70　题 1.9 图　　　　图 1-71　题 1.13 图

1.14　一台三相异步电动机，定子绕组按星形连接方式与线电压为 380 V 的三相交流电源相连。测得线电流为 6 A，总有功功率为 3 kW。试计算各相绕组的等效电阻 R 和等效感抗 X_L 的数值。

1.15　已知三相对称负载连接成三角形，接在线电压为 220 V 的三相电源上，火线上通过的电流均为 17.3 A，三相功率为 4.5 kW。试求各相负载的电阻和感抗。

1.16　三相对称负载，已知 $Z = 3 + j4\ \Omega$，接于线电压等于 380 V 的三相四线制电源上，试分别计算用星形连接和三角形连接时的相电流、线电流、有功功率、无功功率、视在功率各是多少？

项目二　认识常用的电气设备

学习目标

能力目标

1. 认识变压器、电动机以及常用低压电气设备，能识别变压器、电动机以及常用低压电气设备的图形符号；
2. 能看懂变压器、电机以及常用低压电气设备的铭牌数据；
3. 能正确连接变压器、电动机及常用低压电气设备接线线路；
4. 会简单的维护与检修。

知识目标

1. 了解变压器的用途、构造；
2. 理解变压器的工作原理；
3. 了解三相异步电动机的结构、工作原理；
4. 熟悉常用低压电器的种类及其用途。

本项目内容简述

本项目主要介绍了变压器、电机、常用低压电器等设备的用途、结构、工作原理以及电气符号铭牌数据等。通过设备拆装实训，进一步强化了学生对设备的识别与理解，同时介绍了设备的电路连接。

2.1　变 压 器

变压器（文字符号用T表示）是根据电磁感应原理制成的一种静止的电气设备，它具有变换电压、电流、阻抗等作用，被广泛应用于电力系统、测量系统、电子线路和电子设备中。可以说，只要有交流电的地方就有变压器。

2.1.1　变压器的用途、分类和基本结构

1. 变压器的用途

变压器的用途很广泛，在电力系统中做电压等级变换，在通信系统中做信号传输和实现阻抗匹配变换，在自动控制系统中做电源隔离。下面以电力系统输配电为例，介绍变压器的作用。从发电厂发出来的交流电，经过电力系统传输和分配到用户（负载），图2-1为一个简单的电力系统示意图。为了减少输电时线路上的电能和电压损失，采用

高压输电，比如110 kV、220 kV、330 kV、500 kV 等。比如，发电机发出的电压为10 kV，首先经过变压器升高电压后再经输电系统送到用户地区；到了用户地区后，还需要先把高电压降到35 kV 以下，再按用户的具体需要进行配电，用户需要的电压等级一般为3 kV、6 kV、380/220 V 等。在输配电中会升压和降压多次，因此变压器的安装容量是发电机容量的5～8 倍。这种用于电力系统中的变压器称为电力变压器，它是电力系统中的重要设备。

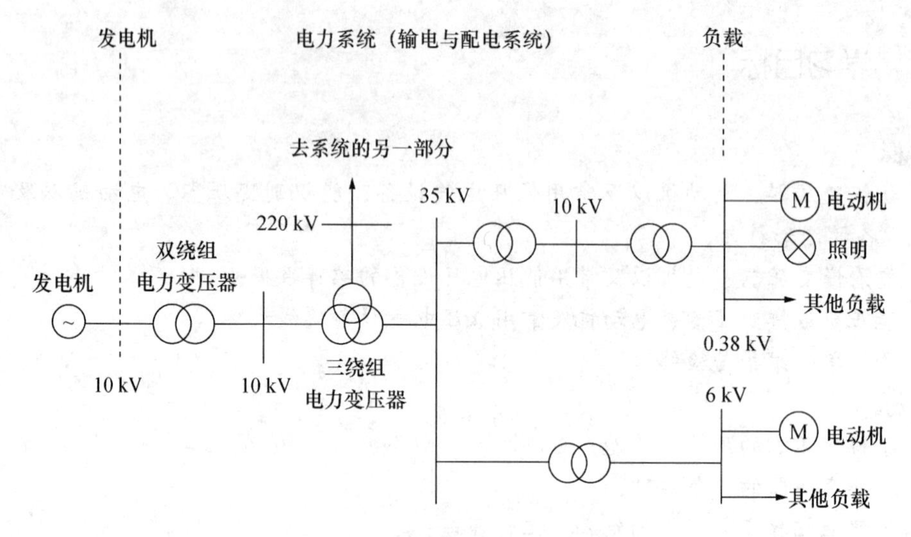

图 2-1 简单的电力系统示意图

2. 变压器的分类

变压器的种类很多，按交流电的相数不同，一般分为单相变压器和三相变压器；按用途可分为输配电用的电力变压器，局部照明和控制用的控制变压器，用于平滑调压用的自耦变压器，电加工用的电焊变压器和电炉变压器，测量用的仪用互感器以及电子线路和电子设备中常用的电源变压器、耦合变压器、输入/输出变压器、脉冲变压器等。

3. 变压器的基本结构

变压器的种类很多，结构形状各异，用途也各不相同，但其基本结构和工作原理却是相同的。变压器的主要结构是铁芯、绕组、箱体及其他零部件，图 2-2 是目前普遍使用的油浸式电力变压器的外形图，现简述如下。

（1）铁芯

铁芯是变压器的主磁路，又作为绕组的支撑骨架。为了减少铁芯内的磁滞和涡流损耗，铁芯通常采用含硅量为5%、厚度为0.35 mm 或0.5 mm 两平面涂绝缘漆或经氧化膜处理的硅钢片叠装而成。

按绕组套入铁芯的形式，变压器分为心式和壳式两种，如图 2-3 所示。

心式变压器的绕组套在铁芯的两个铁芯柱上，如图 2-3(a) 所示。此种结构比较简单，有足够的空间装设绝缘材料，装配容易，适用于容量大、电压高的变压器，一般的电力变压器均采用心式结构。

壳式变压器的铁芯包围着绕组的上下和两个侧面，如图 2-3（b）所示。这种结构的机械强度好，铁芯容易散热，但外层绕组的铜线用量较多，制造也较为复杂，小型干式变压器多采用这种结构形式。

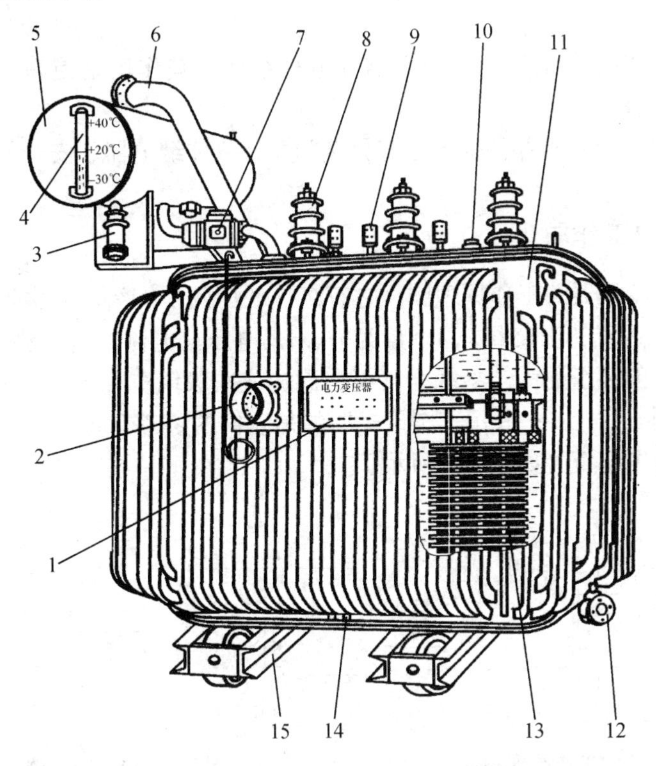

图 2-2　油浸式电力变压器外形示意图

1—铭牌；2—信号式温度计；3—吸湿器；4—油表；5—储油柜；6—安全继电器；7—气体继电器；8—高压导管；9—低压导管；10—分接开关；11—油箱；12—放油阀门；13—器身；14—接地板；15—小车

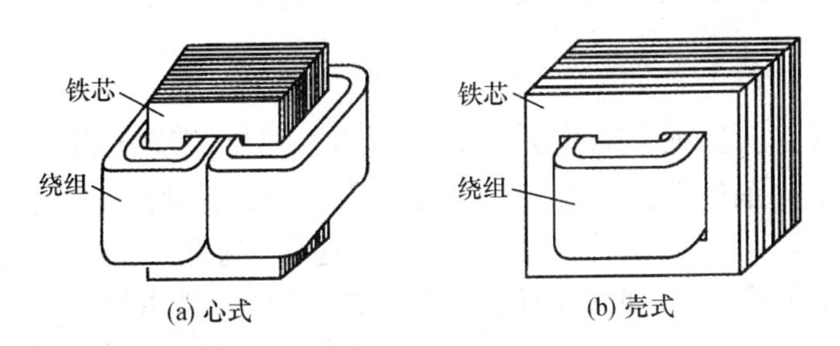

图 2-3　心式和壳式变压器结构示意图

（2）绕组

绕组是变压器的电路部分，一般用高强度漆包铜线（也可用铝线）绕制而成。

接高压电网的绕组称高压绕组，接低压电网的绕组称低压绕组。根据高、低压绕组的相对位置，可分为同心式和交叠式两种不同的排列方法。

（3）油箱及其他零部件

① 油箱。油浸式变压器的外壳就是油箱，箱内盛有用来绝缘的变压器油，它在绝缘的同时还保护了铁芯和绕组不受外力和潮湿的浸蚀。此外，通过油的对流作用，将铁芯和绕组产生的热量传递到油箱壁而散到周围介质中去。

② 储油柜。又称油枕，是一个圆筒形容器，装在油箱上，用管道与油箱相连，使油刚好充满到油枕的一半。油面的高度被限制在油枕中，通过外部的玻璃油表可以看到油面的高低。

③ 绝缘导管。由外部的瓷套与中心的导电杆组成，其作用是使高、低压绕组的引出线与变压器箱体绝缘。

变压器除上述几种基本部件外，还有分接开关、气体继电器、安全气道、测温器等。

2.1.2　变压器的工作原理

图2-4是单相变压器的工作原理图。它有高、低压两个绕组，其中接电源的绕组称为一次绕组（又称原边或初级绕组），匝数为 N_1，其电压、电流、电动势分别用 u_1、i_1、e_1 表示；与负载相接的绕组称为二次绕组（又称副边或次级绕组），匝数为 N_2，其电压、电流、电动势分别用 u_2、i_2、e_2 表示，图中标明的是它们的参考方向。

单相变压器的图形符号如图2-5所示。

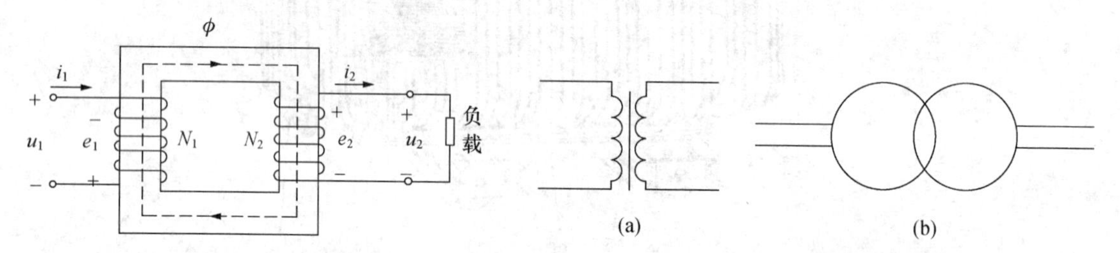

图2-4　单相变压器的工作原理图　　　图2-5　单相变压器图形符号

由于变压器的工作原理涉及电路、磁路以及它们的相互联系等方面的问题，比较复杂。为了便于分析，在此把它们分为变压、变流、变阻抗三种情况来讨论。

1. 变压器的变压原理（变压器的空载运行）

变压器的空载运行是指原绕组接在正弦交流电源 u_1 上，副绕组开路不接负载（$i_2=0$），如图2-6所示。在 u_1 的作用下，原绕组中有电流 i_1 通过，此时，$i_1=i_0$ 称为空载电流。它在原边建立磁动势 i_0N_1，在铁芯中产生交变磁通，这些磁通称为主磁通 Φ，如图2-6所示，主磁通穿过原、副绕组，主磁通 Φ 的存在是变压器运行的必要条件。

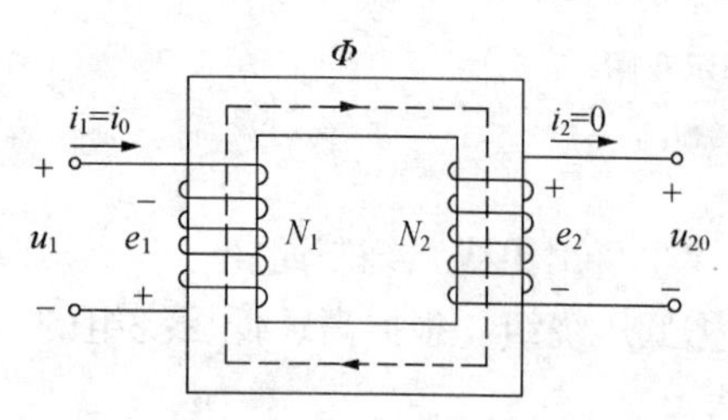

图2-6　变压器的空载运行

根据电磁感应原理，主磁通会在原、副绕组中分别产生频率相同的感应电动势 e_1 和 e_2，即

$$e_1 = -N_1\frac{\mathrm{d}\Phi}{\mathrm{d}t}$$

$$e_2 = -N_2\frac{\mathrm{d}\Phi}{\mathrm{d}t}$$

由于 u_1 是按正弦规律变化的，所以主磁通 Φ 也会按正弦规律变化。设 $\Phi=\Phi_m\sin\omega t$，则有

$$e_1 = -N_1\frac{\mathrm{d}\Phi}{\mathrm{d}t} = -N_1\frac{\mathrm{d}}{\mathrm{d}t}\Phi_m\sin\omega t = -N_1\omega\Phi_m\cos\omega t = E_{m1}\sin\left(\omega t-\frac{\pi}{2}\right)$$

$$e_2 = -N_2 \frac{\mathrm{d}\Phi}{\mathrm{d}t} = -N_2 \frac{\mathrm{d}}{\mathrm{d}t}\Phi_{\mathrm{m}} \sin\omega t = -N_2 \omega \Phi_{\mathrm{m}} \cos\omega t = E_{\mathrm{m}2} \sin\left(\omega t - \frac{\pi}{2}\right)$$

感应电动势的有效值分别为

$$E_1 = \frac{E_{1\mathrm{m}}}{\sqrt{2}} = \frac{N_1 \omega \Phi_{\mathrm{m}}}{\sqrt{2}} = \frac{2\pi f}{\sqrt{2}} N_1 \Phi_{\mathrm{m}} = 4.44 f N_1 \Phi_{\mathrm{m}}$$

$$E_2 = \frac{E_{2\mathrm{m}}}{\sqrt{2}} = \frac{N_2 \omega \Phi_{\mathrm{m}}}{\sqrt{2}} = \frac{2\pi f}{\sqrt{2}} N_2 \Phi_{\mathrm{m}} = 4.44 f N_2 \Phi_{\mathrm{m}}$$

由于原、副绕组本身阻抗压降很小，可以近似认为

$$U_1 \approx E_1 = 4.44 f N_1 \Phi_{\mathrm{m}}$$

$$U_{20} = E_2 = 4.44 f N_2 \Phi_{\mathrm{m}}$$

由此可以得出，原边电压 U_1 与副边电压 U_{20} 之间的关系为

$$\frac{U_1}{U_{20}} \approx \frac{E_1}{E_2} = \frac{N_1}{N_2} = k \tag{2-1}$$

在式（2-1）中，k 称为变压器的变压比（简称为变比），该式表明变压器原、副绕组的电压与原副绕组的匝数成正比。当 $k>1$ 时，为降压变压器；当 $k<1$ 时，为升压变压器。对于已经制成的变压器而言，k 值一定，故副绕组电压随原绕组电压的变化而变化。

【例 2-1】 某单相变压器接到 $U_1 = 220\ \mathrm{V}$ 的正弦交流电源上，已知副边空载电压 $U_{20} = 20\ \mathrm{V}$，副绕组匝数 $N_2 = 50$ 匝。试求变压器的变压比 k 及原边匝数 N_1。

【解】 变压比

$$k = \frac{U_1}{U_{20}} = \frac{220}{20} = 11$$

原边匝数

$$N_1 = 11 \times 50 = 550\ (\text{匝})$$

2. 变压器的变流原理

变压器的原绕组接在正弦交流电源 u_1 上，副绕组接上负载的运行情况，称为变压器的负载运行，如图 2-7 所示。

接上负载后，副绕组中便有电流 i_2 通过，建立副边磁动势 i_2N_2，根据楞次定律，i_2N_2 将有改变铁芯中原有主磁通 Φ 的趋势。但是，在电源电压 u_1 及其频率 f 一定时，铁芯具有恒磁通特性，即主磁通 Φ 将基本保持不变。因此，原绕组中的电流由 i_0（空载时原边电流）变到 i_1，使原边的磁动势由 i_0N_1 变成 i_1N_1，以抵消副边磁动势 i_2N_2 的作用。

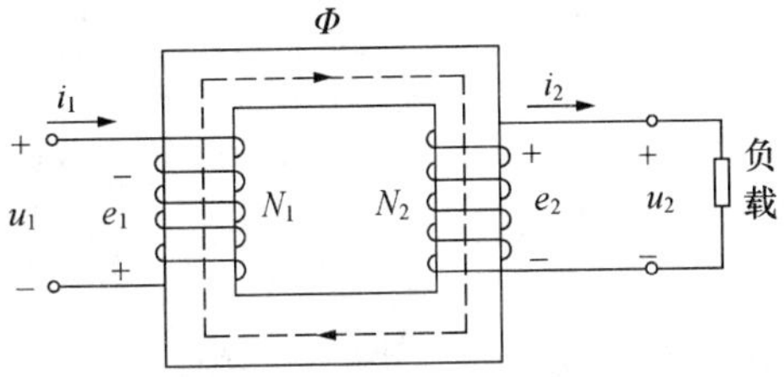

图 2-7　变压器的负载运行

也就是说变压器负载时的总磁动势应该与变压器空载时的磁动势基本相等，其磁动势平衡方程为

$$i_1 N_1 + i_2 N_2 = i_0 N_1$$

可写成相量形式

$$\dot{I}_1 N_1 + \dot{I}_2 N_2 = \dot{I}_0 N_1$$

则

$$\dot{I}_1 = \dot{I}_0 + \left(-\frac{N_2}{N_1}\dot{I}_2\right) = \dot{I}_0 + \dot{I}_1' \tag{2-2}$$

式（2-2）表明，原边电流 $\dot{I}_1$ 由两部分组成：其中 $\dot{I}_0$ 用以产生主磁通 Φ，称为励磁分量（即空载电流）；而 $\dot{I}_1'$ 用以抵消副边电流 $\dot{I}_2$ 的去磁作用，称为负载分量。当变压器的负载电流 $\dot{I}_2$ 变化时，原边电流 $\dot{I}_1$ 会有一个相应的变化 $\dot{I}_1'$，以补偿副边电流的影响，使铁芯中的磁通 Φ 基本保持不变。正是由于负载的去磁作用和原边电流所作的相应变化以维持主磁通不变的这种特性，使得变压器可以通过电与磁的联系，将输入到原边的功率传递到副边电路中去。

当变压器在额定负载下运行时，励磁分量 I_0 很小，约为原边额定电流 I_{1N} 的 2%～10%，在分析原、副边电流的数量关系时，可将 I_0 忽略不计。于是有

$$\dot{I}_1 = -\frac{N_2}{N_1}\dot{I}_2 \tag{2-3}$$

式（2-3）中的负号说明 $\dot{I}_1$ 和 $\dot{I}_2$ 的相位相反，即 $\dot{I}_2N_2$ 对 $\dot{I}_1N_1$ 有去磁作用。

写成有效值关系为

$$I_1 = \frac{N_2}{N_1}I_2$$

或

$$\frac{I_1}{I_2} = \frac{N_2}{N_1} = \frac{1}{k} \tag{2-4}$$

式（2-4）说明，变压器负载运行时，其原绕组和副绕组电流有效值之比，等于它们匝数比的倒数，即变压比 k 的倒数。这也就是变压器的电流变换原理。

3. 变压器的变阻抗原理

在图 2-8（a）中，变压器的原边接上电源电压 U_1，副边接入负载阻抗 Z_L，从原边看进去，可用一个阻抗 Z' 来等效，图（b）是其等效电路。

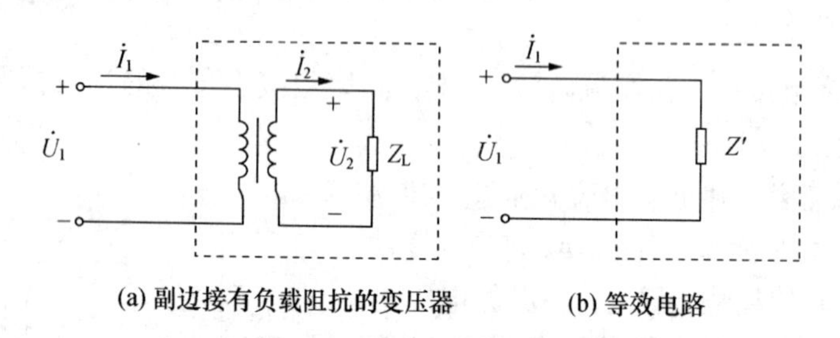

(a) 副边接有负载阻抗的变压器　　(b) 等效电路

图 2-8　变压器的阻抗变换

由图 2-8（b）可得出

$$|Z'| = \frac{U_1}{I_1} = \frac{kU_2}{\frac{1}{k}I_2} = k^2\frac{U_2}{I_2} = k^2|Z_L| \tag{2-5}$$

式（2-5）说明以下两点。

（1）当变压器的副边接入负载阻抗 $|Z_L|$ 时，反映到变压器原边的等效阻抗是 $|Z'| = k^2|Z_L|$，即增大 k^2 倍，这就是变压器的阻抗变换作用。

（2）当副边的负载阻抗 $|Z_L|$ 一定时，通过选取不同的匝数比的变压器，在原边可得到不同的等效阻抗 $|Z'|$。因此，在一些电子设备中，为了获得最大的功率输出，可以

利用变压器将负载的阻抗变换到正好等于电源的内阻抗，即“阻抗匹配”。

【例2-2】 一个 $R_L=10\,\Omega$ 的负载电阻，接在电压有效值 $U=12$ V，内阻 $R_0=250\,\Omega$ 的交流信号源上。试求：① R_L 上获得的功率 P_L；② 若在负载 R_L 与信号源之间接入一个变压器进行阻抗变换，为了使该负载获得最大功率，需选择多大变压比的变压器；③ R_L 上获得的最大功率 P_{Lmax}。

【解】 ① R_L 直接接到信号源上时，R_L 上获得的功率 P_L 为

$$P=\left(\frac{U}{R_0+R_L}\right)^2\times R_L=\left(\frac{12}{250+10}\right)^2\times 10\ (\mathrm{W})\ =21.3\ (\mathrm{mW})$$

② 阻抗匹配时变压器的变压比为

$$k=\sqrt{\frac{R'}{R_L}}=\sqrt{\frac{R_0}{R_L}}=\sqrt{\frac{250}{10}}=5$$

③ R_L 上获得的最大功率 P_{Lmax} 为

$$P_{Lmax}=\left(\frac{U}{R_0+R'}\right)^2\times R'=\left(\frac{12}{250+250}\right)^2\times 250\ (\mathrm{W})\ =144\ (\mathrm{mW})$$

显然，利用变压器使其负载阻抗与电源内阻抗相匹配，可以获得较高的功率输出。

2.1.3 变压器的额定值

额定值是变压器制造厂家根据国家技术标准，对变压器正常可靠工作所做的使用规定，由于额定值通常是标注在铭牌上，故又称为铭牌值。

1. 额定电压 U_{1N}、U_{2N}

变压器在额定运行情况下，根据变压器的绝缘等级和允许温升所规定的原绕组的电压值，称为原绕组额定电压 U_{1N}。副绕组的额定电压 U_{2N} 是指变压器空载、原绕组加上额定电压 U_{1N} 时，副绕组两端的空载电压 U_{20}，三相变压器的额定电压是指其线电压。

2. 额定电流 I_{1N}、I_{2N}

变压器在额定运行情况下，根据绝缘材料所允许的温升而规定的原、副绕组中允许长期通过的最大电流值。三相变压器的额定电流是指其线电流。

3. 额定容量 S_N

额定容量是指变压器副边输出的视在功率，单位是 V·A 或 kV·A。

单相变压器　$S_N=U_{2N}I_{2N}$；

三相变压器　$S_N=\sqrt{3}U_{2N}I_{2N}$。

4. 额定频率 f

我国规定标准工业频率为 50 Hz。

2.1.4 特殊变压器

变压器的种类很多，除大量采用前面讨论过的双绕组结构的电力变压器以外，在实际

应用中，还有许多其他类型的特殊用途的变压器。本节将对自耦调压器、仪用互感器和电焊变压器等作简单的介绍。

1. 自耦调压器

在实验室中，为了能平滑地变换交流电压，经常会采用自耦调压器。图 2-9 是自耦调压器的外形和原理电路图。从原理图中看出它只有一个绕组，该绕组既是原绕组又是副绕组，即副绕组是原绕组的一部分，因而原、副绕组之间不仅有磁的耦合，而且还有电的直接联系。

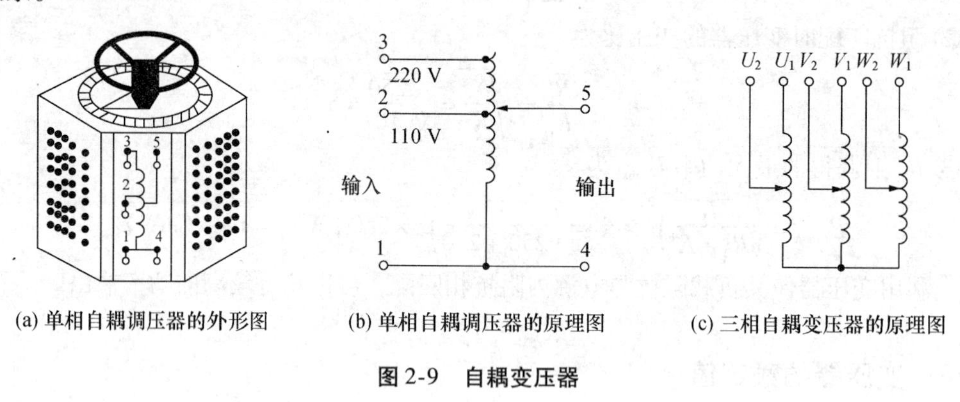

(a) 单相自耦调压器的外形图　(b) 单相自耦调压器的原理图　(c) 三相自耦变压器的原理图

图 2-9　自耦变压器

自耦调压器的工作原理与普通双绕组变压器基本相同。双绕组变压器的变压、变流关系等都适用于自耦变压器，即原、副边的电压和电流关系如下

$$\frac{U_1}{U_2}=\frac{N_1}{N_2}=k$$

$$\frac{I_1}{I_2}=\frac{N_2}{N_1}=\frac{1}{k}$$

自耦调压器的图形符号如图 2-10 所示。

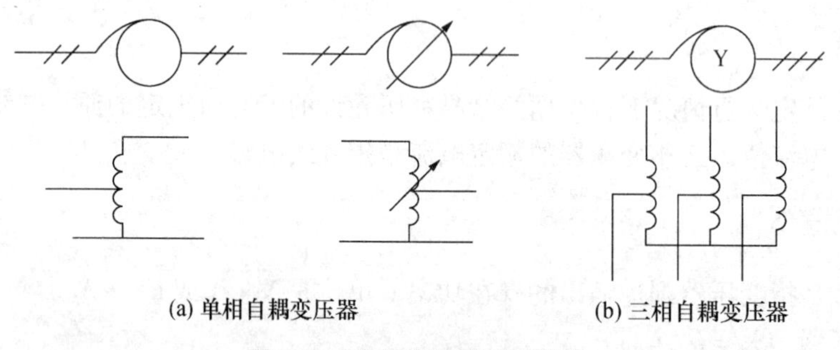

(a) 单相自耦变压器　(b) 三相自耦变压器

图 2-10　自耦变压器图形符号

由于自耦变压器的原、副边共用一套绕组，原、副边之间有直接的电的联系，故高压侧的电气故障可以波及到低压侧，已不具备电气隔离作用。因此，接在低压侧的电气设备必须按高压侧电压绝缘。

使用自耦调压器时还应注意以下两点。

（1）原绕组接交流电源，副绕组接负载，不能接错；否则，可能会发生触电事故或烧毁变压器。因此，自耦变压器不允许作为安全变压器使用。

（2）接通电源前，应将调压器上的手柄（滑动触头）旋至零位，通电后再逐渐将输出电压调到所需数值。使用完毕后，手柄应退回到零位。

2. 仪用互感器

配合测量仪表专用的变压器称为仪用互感器，简称互感器。使用互感器的主要目的是：扩大测量仪表的量程，便于仪表的标准化；使测量仪表与高电压或大电流电路隔离，保证测量仪表和人身的安全；大大减少测量中的能量损耗，提高测量的准确度。

根据用途的不同，互感器有电压互感器和电流互感器两种。电压互感器可扩大交流电压表的量程，电流互感器可扩大交流电流表的量程。

3. 电焊变压器

交流电焊机在工程技术上应用很广泛，其主要部分是一台特殊的降压变压器即电焊变压器。

电弧焊是靠电弧放电的热量来熔化金属的，焊接时的起弧电压为60～75 V，起弧后（即焊接时）电压降至为30～35 V的维弧电压，当焊条碰到工件但不引弧时，短路电流不应过大。另外，为了适应不同的焊接要求，焊接电流应能够在较大范围内进行调节。

为此，对电焊变压器的要求是：空载时，应具有60～75 V的引弧电压；负载时，要求电压随负载的增大而急剧下降，通常在额定负载时的电压为30～35 V；在焊条碰到工件（副绕组短路）时，短路电流不应过大，也即是电焊变压器必须具有陡降的外特性；为了适应不同焊件和不同规格的焊条，焊接电流的大小要能调节。因此，电焊变压器必须有大的漏抗，且漏抗的大小（焊接电流的大小）可以调节。

2.1.5　小型变压器的拆卸与绕制实训

变压器被广泛地应用于电力、电子、通信等领域，其种类繁多、大小各异。但不论何种变压器，其主要组成部分是铁芯和套在铁芯上的绕组。图2-11所示为小型变压器的外形。

当小型变压器（小于等于2 kVA）发生绕组内部匝间短路，或内部断线而又无法找到断头，或绕组间短路，或绕组烧毁时，均需拆除旧绕组重绕。

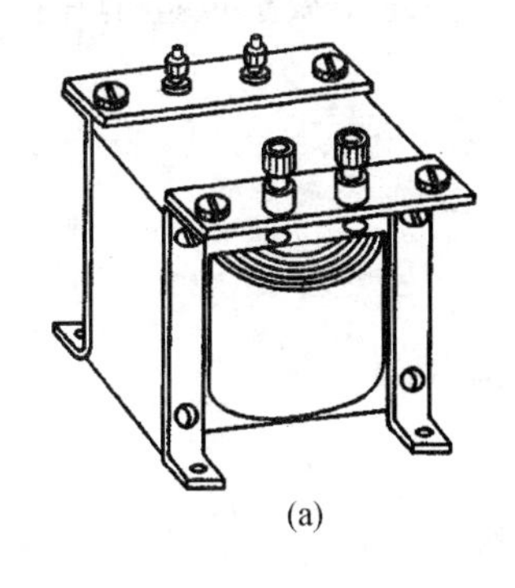

(a)

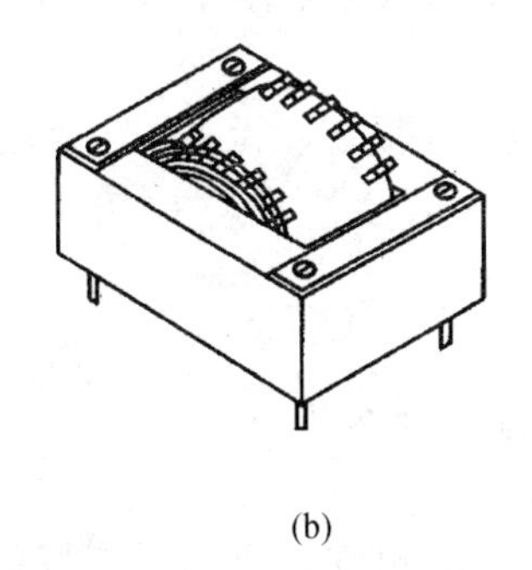

(b)

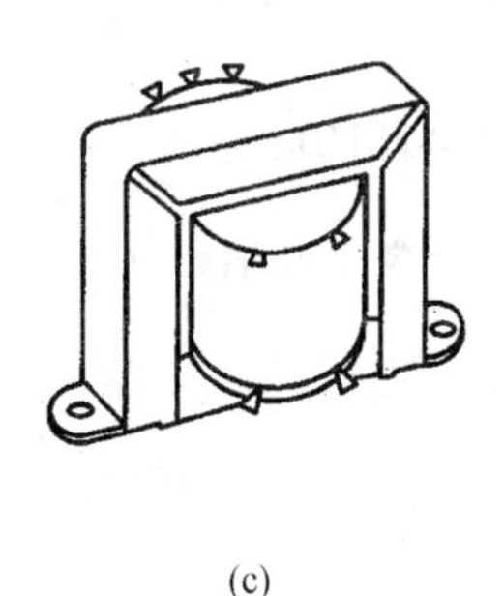

(c)

图2-11　小型变压器外形

【实训目标】

1. 了解小型变压器绕组的基本结构和特点；
2. 掌握小型变压器绕组的基本制作工艺和方法；
3. 了解绕制小型变压器绕组的常用材料。

【实训内容】

1. 小型变压器的拆卸

(1) 拆卸前的准备

在拆除变压器铁芯前，必须记录原始数据，作为重绕变压器的依据。所需记录的数据包括如下。

① 铭牌数据：型号、相数、容量、主副边电压、连接组、绝缘等级等。

② 绕组数据：导线规格、匝数、尺寸、引出线规格与长度等。

③ 铁芯数据：形状、尺寸、厚度、叠压顺序、叠压方式等。

(2) 拆卸铁芯的步骤

① 拆除外壳与接线柱。

② 拆除铁芯夹板或铁轭。

③ 用螺丝刀把黏合在一起的硅钢片撬松。

④ 用钢丝钳将硅钢片一一拉出。

⑤ 对硅钢片进行表面处理。

⑥ 将硅钢片依次叠放并妥善保管。

(3) 拆卸的方法

拆卸时，可将铁芯夹持在台虎钳上。在卸掉铁芯夹板后，先用螺丝刀（平口）从芯片的叠缝中切入，沿铁芯四周切割一圈，切开头几片硅钢片间的黏连物，然后用钢丝钳夹住硅钢片的中间位置并稍加左右摆动，即可将硅钢片一一钳出。

(4) 拆卸注意事项

① 在拆卸铁芯的过程中，当用螺丝刀撬松硅钢片时，动作要轻，用力要均匀，入刀位置要常换。

② 当用钢丝钳抽拉硅钢片时，要多次试拉，不能硬抽，注意不要造成硅钢片损坏或变形。

③ 拆卸的硅钢片要保持完整、无损伤、无丢失，摆放整齐。

2. 小型变压器的绕制

(1) 绕制前的准备

在进行绕组绕制前，必须先做好下列准备。

① 选择导线

导线的选择要考虑匝数和导线的粗细，要确保绕好的线包能够装进铁芯。一般情况下，500 V 以下的变压器，一两次侧导线的截面积乘以相对应的匝数所得的总面积，不应超过铁芯窗口面积的30%，否则将可能造成绕好的线包因装不进铁芯而返工。

② 选择绝缘材料

绝缘材料的选用受耐压要求和允许厚度的限制，层间绝缘按两倍层间电压的绝缘强度选用，常采用电话纸、电缆纸、电容器纸等，在要求较高处可采用聚酯薄膜、聚四氟乙烯或玻璃漆布。铁芯绝缘及绕组间绝缘按对地电压的两倍选用，一般采用绝缘纸板、玻璃漆布等，要求较高的则采用层压板或云母制品。小型变压器常用的绝缘材料有青壳纸（厚0.25 mm、耐压强度1500 V），电容器纸（厚0.03 mm、耐压强度475 V）及电缆纸等。一般来说，层间绝缘可用厚度为0.5 mm牛皮纸，线圈间的绝缘可采用2～3层牛皮纸或0.12 mm青壳纸。

③ 制作木芯

在绕制变压器线圈时，将漆包线绕在预先做好的线圈骨架上。但骨架本身不能直接套在绕线机轴上绕线，它需要一个塞在骨架内腔中的木质芯子，木质芯的正中心要钻有供绕线机轴穿过的Φ10 mm孔，孔不能偏斜，否则由于偏心造成绕组不平稳而影响线包的质量，如图2-12所示。

木芯的截面尺寸应比铁芯柱截面稍大些，其高度h应比铁芯窗口高度大些，中心孔（Φ10）应钻平直，边角四周应用砂纸磨去棱角，以方便绕制、套进或抽出骨架。

④ 制作骨架

骨架主要起支撑绕组和对铁芯绝缘的作用，因而要求具有一定的机械强度和绝缘性能，其尺寸应与铁芯、绕组相符合。

骨架分为无框骨架（也称绕线芯子），如图2-13（a)所示，有框骨架，如图2-13（b）所示。无框骨架一般用弹性纸制成，其厚度由变压器容量决定（300 VA以下可选用0.5～1.0 mm，容量越大，弹性纸应越厚）。有框骨架可采用红钢纸、玻璃纤维板、塑料或尼龙等绝缘材料制成。

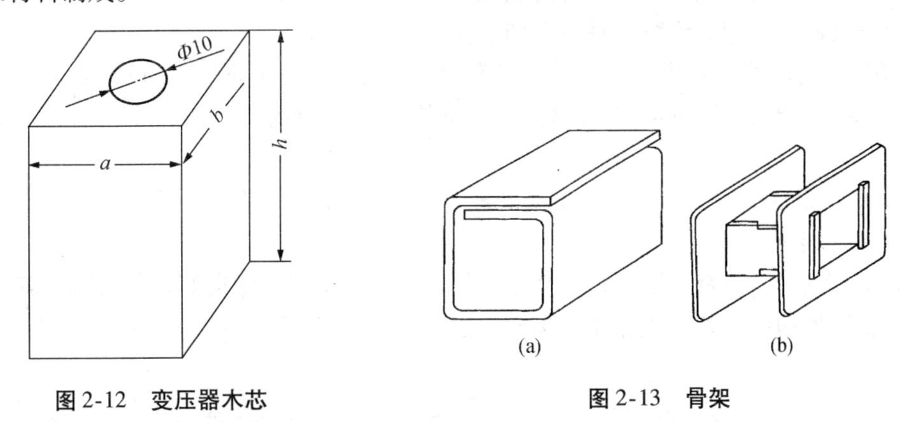

图2-12　变压器木芯　　图2-13　骨架

（2）绕线

绕线前，应先裁剪好各种绝缘纸。绝缘纸的宽度应稍大于骨架的长度，其长度除应稍大于骨架的周长外，还应考虑到绕组绕大后所需的余量。先在套好木芯的骨架上垫好对铁芯的绝缘，然后将木芯中心孔穿入绕线机紧固。当线径不小于0.35 mm时，绕组的引出线可用原线；当线径小于0.35 mm时，应另用多股软线作为引出线，如图2-14所示。引出线焊接时，应采

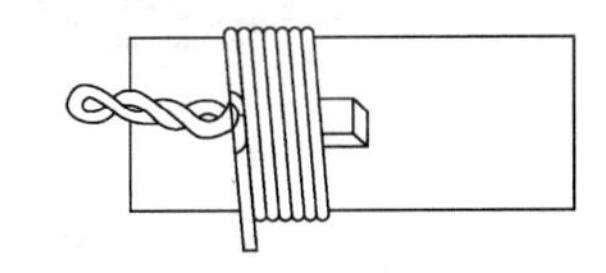

图2-14　利用多股导线作为引出线

用松香焊剂，套管应按耐压等级选用。绕制步骤如下。

① 起绕时，在导线引线头上压入一条用青壳纸或牛皮纸片做成的长绝缘折条，待绕几匝后抽紧起始头，如图 2-15（a）所示。

② 绕线时，通常按照一次侧绕组→静电屏蔽→二次侧高压绕组→二次侧低压绕组的顺序，依次叠绕。当二次侧绕组的组数较多时，每绕制一组用万用表检查测量是否通路。

③ 每绕完一层导线，应安放一层层间绝缘，并处理好中间抽头，导线自左向右排列整齐、紧密，不得有交叉或叠线现象，绕到规定匝数为止。

④ 当绕组绕至近末端时，先垫入固定出线用的绝缘带折条，待绕至末端时，把线头穿入折条内，然后抽紧末端线头，线尾便固定了，如图 2-15（b）所示。

⑤ 取下绕组，抽出木质芯，包扎绝缘，并用胶水粘牢。

绕线时，要求绕得紧密、整齐，不得有叠线情况；将导线稍微拉向绕线前进的相反方向 5°左右，如图 2-16 所示。

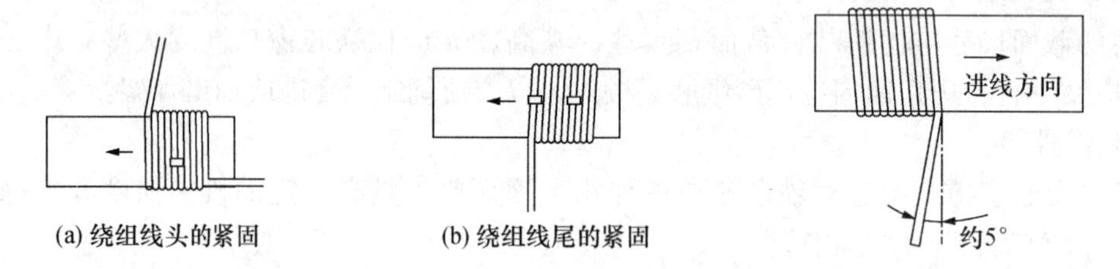

图 2-15　绕组的绕制　　图 2-16　绕线过程中的持线方法

（3）绝缘处理

变压器绕组绕制完成后，为了提高绕组的绝缘强度、耐潮性、耐热性及导热能力，必须对绕组进行浸漆处理。绝缘处理步骤如下。

① 预烘。先将线包在烘箱内预烘，温度为 110℃左右，时间为 3～4 h。

② 浸漆。将预烘干燥的绕组赶出，放入绝缘漆中浸泡约半小时，取出后在通风处滴干余漆。

③ 烘干。最后放入烘箱内进行干燥处理，温度为 120℃左右，时间为 8～9 h。

（4）铁芯装配

铁芯叠片前，应检查硅钢片是否平整、是否锈蚀、是否绝缘良好，并去除毛刺。

小型变压器的铁芯装配通常用交叉插片法，如图 2-17 所示。

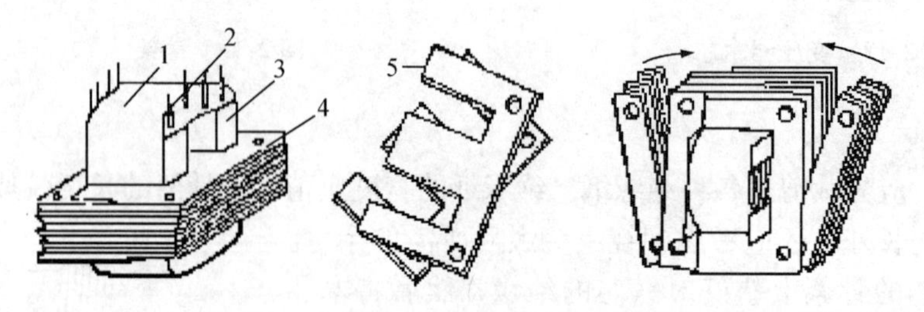

图 2-17　交叉插片法

1—线包；2—引出线；3—绝缘衬片；4、5—E 型硅钢片

先在线圈骨架左侧插入E型硅钢片，根据情况可插1～4片，接着在骨架右侧也插入相应的片数，这样左右两侧交替对插，直到插满。最后，将I型硅钢片（横条）按铁芯剩余空隙厚度叠好插进去即可。插片的关键是插紧，最后几片不容易插进，这时可将已插进的硅钢片中容易分开的两片间撬开一条缝隙，嵌入一至两片硅钢片，用木锤慢慢敲进去，同时，在另一侧与此相对应的缝隙中加入片数相同的横条。嵌完铁芯后在铁芯螺孔中穿入螺栓固定即可。

叠片完毕后，将变压器放在平板上，两头用木槌敲打平整，然后用螺钉或夹板固定铁芯，并将引出线连到焊片或接线柱上。

（5）检查与测试

重新绕制的变压器，在使用前还须进行以下检查和测试。

① 外观质量检查。即检查有无毛刺、是否平整、接头有无松脱等。

② 绕组的通断检查。即用万用表或电桥检查各绕组的通断与直流电阻。

③ 绝缘电阻的测定。即用兆欧表测量各绕组间、绕组与铁芯间、绕组与屏蔽层间的绝缘电阻。对于400 V以下的变压器，其绝缘电阻不应小于90 MΩ。

④ 空载电压的测试。即当一次侧加额定电压时，测量二次侧各绕组的空载电压。各绕组的空载电压允许误差为±5%，中心抽头电压的允许误差为12%。

⑤ 空载电流的测试。即当一次侧加额定电压、二次侧各绕组开路时，测量一次侧的电流，即为变压器的空载电流。空载电流一般为额定电流的8%左右，若大于10%而小于20%，则表明变压器的损耗较大；若大于20%，则因损耗而产生的温升将超过允许值，该变压器不可使用。

【考核标准】

实训考核课题　　小型变压器的绕制

<table>
<tr><td colspan="2">姓　名</td><td></td><td>班　级</td><td></td><td>考件号</td><td></td><td>总得分</td><td></td></tr>
<tr><td colspan="2">额定工时</td><td>300 min</td><td>起止时间</td><td colspan="3">时　分至　　时　分</td><td>实用工时</td><td></td></tr>
<tr><td>序　号</td><td colspan="2">考核内容</td><td>考核要求</td><td>配　分</td><td colspan="2">评分标准</td><td>扣　分</td><td>得　分</td></tr>
<tr><td>1</td><td colspan="2">制作线芯与骨架</td><td>① 尺寸正确；
② 表面光滑，无毛刺</td><td>10</td><td colspan="2">① 尺寸不正确，扣4分；
② 表面粗糙或有毛刺，每处扣3分</td><td></td><td></td></tr>
<tr><td>2</td><td colspan="2">绕线</td><td>① 匝数正确；
② 线圈整齐、紧密，绝缘结构合理，符合工艺要求；
③ 线尾的紧固符合要求</td><td>50</td><td colspan="2">① 匝数不正确，扣10～20分；
② 线圈松散凌乱，扣20分；
③ 绝缘不符合要求，扣10分；
④ 线尾松动，扣10分；
⑤ 绕制过程中出现断线、绝缘损伤，扣5～20分</td><td></td><td></td></tr>
<tr><td>3</td><td colspan="2">引出线</td><td>正确、可靠</td><td>10</td><td colspan="2">① 连线不正确，扣10分；
② 引出线不牢固，扣5分</td><td></td><td></td></tr>
</table>

续表

序　号	考核内容	考核要求	配　分	评分标准	扣　分	得　分
4	通电测试	绝缘电阻、空载电压、空载电流达到技术要求	25	① 绝缘电阻不符合要求，扣10分； ② 空载电压不符合要求，扣10分； ③ 空载电流不符合要求，扣10分		
5	安全文明操作	符合有关规定	5	违反规定，扣2～5分		
6	操作时间	在规定时间内完成		每超时10 min（不足10 min以10 min计），扣5分		

监考：

年　月　日

【实训思考】

1. 维修变压器时应做好哪些记录？为什么？
2. 维修变压器时拆卸铁芯应注意哪些事项？
3. 变压器线圈绕制时应注意些什么问题？
4. 变压器线圈绕完后应检查什么内容？

2.2　三相交流异步电动机

电机是发电机和电动机的统称，是一种实现机械能和电能相互转换的电磁装置。将机械能转变为电能的装置称为发电机（文字符号G），将电能转变为机械能的装置称为电动机（文字符号M）。

原动机带动生产机械运转叫拖动，电动机带动生产机械运转的拖动方式叫电力拖动，电动机是原动机，生产机械是负载。在现代化生产中，各种生产机床、家用电器等广泛采用电力拖动。电动机的种类和规格很多，具有各种各样的特性，能很好地满足各种生产机械的要求。异步电机因其构造简单、价格便宜、工作可靠、坚固耐用、使用和维护方便等优点，得到了极为广泛的使用。

本节主要介绍在交流拖动系统中被广泛使用的三相异步电动机，重点分析三相交流异步电动机的结构、工作原理和运行状态等。

2.2.1　三相交流异步电动机的基本结构及铭牌数据

1. 三相交流异步电动机的基本结构

三相交流异步电动机由两个基本部分组成：固定不动的部分称为定子，转动的部分称为转子。为了保证转子能在定子腔内自由地转动，定子与转子之间需要留有0.2～2 mm的空气隙，如图2-18所示。

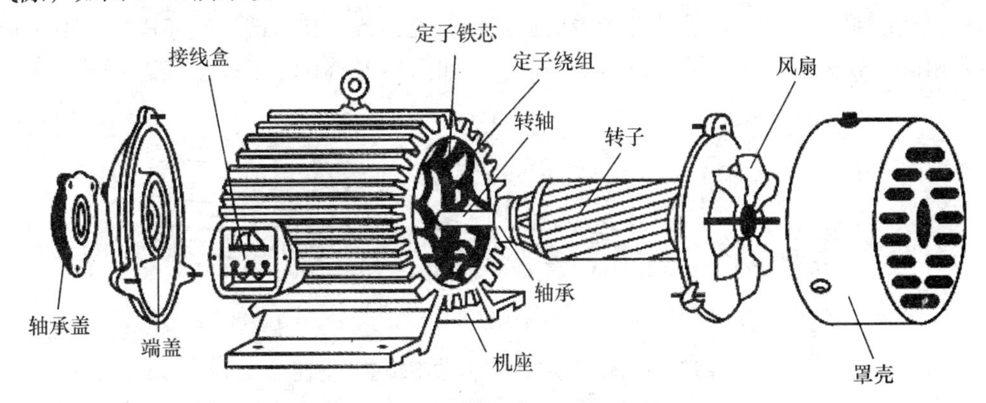

图2-18　三相异步电动机的结构

(1) 定子

定子由机座、定子铁芯和定子绕组三部分组成。

① 机座。主要是用来固定定子铁芯和定子绕组，并以前后两个端盖支承转子的转动，其外表还有散热作用。中、小型机一般用铸铁制造，大型机的定子多采用钢板焊接而成。为了搬运方便，常在机座上装有吊环。

② 定子铁芯。它是电机磁路的一部分。为了减少磁滞和涡流损耗，它常用0.35 mm或0.5 mm厚的硅钢片叠装而成，铁芯内圆上冲有均匀分布的槽，以便嵌放定子绕组，如图2-19所示。

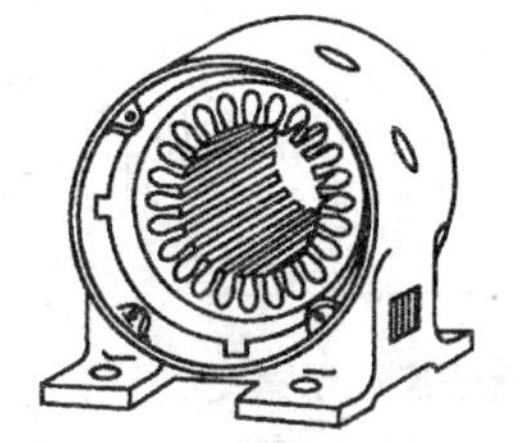

(a) 安装在机座内的定子铁芯

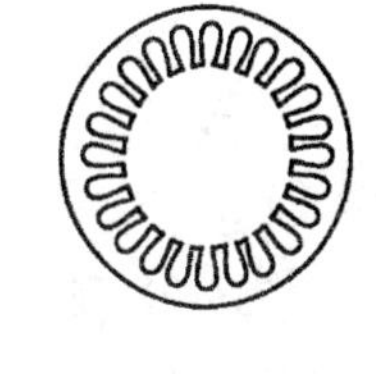

(b) 定子铁芯冲片

图2-19　定子铁芯

③ 定子绕组。它是电机的电路部分，一般采用高强度聚酯漆包铜线或铝线绕制而成。三相定子绕组对称分布在定子铁芯槽中，每一相绕组的两端分别用U_1-U_2，V_1-V_2，W_1-W_2表示，可根据需要接成星形（Y）或三角形（△），如图2-20所示。

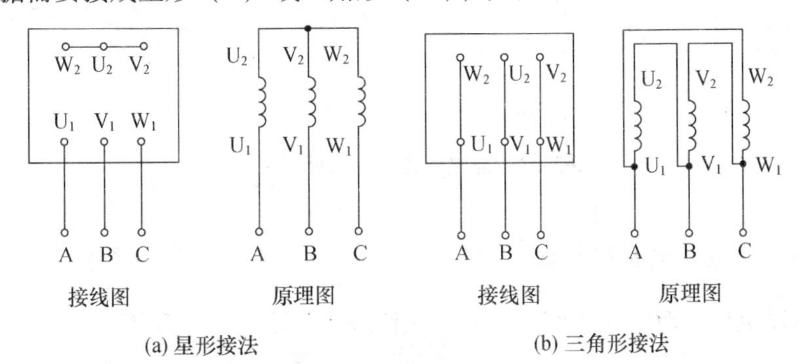

(a) 星形接法　　(b) 三角形接法

图2-20　三相定子绕组的连接方式

(2) 转子

转子由转子铁芯、转子绕组和转轴三部分组成。

① 转子铁芯。它是电机磁路的一部分。常用0.5 mm厚的硅钢片叠装成圆柱体，并紧固在转轴上。铁芯外圆上冲有均匀分布的槽，以便嵌放转子绕组，如图2-21（a）所示。

转子绕组分为笼型和绕线型两种。

● 笼型绕组。它是在转子铁芯槽中嵌放裸铜条或铝条，其两端用端环连接。由于形状与鼠笼相似，故称为鼠笼转子，简称笼型转子，如图 2-21（b）、（c）所示。

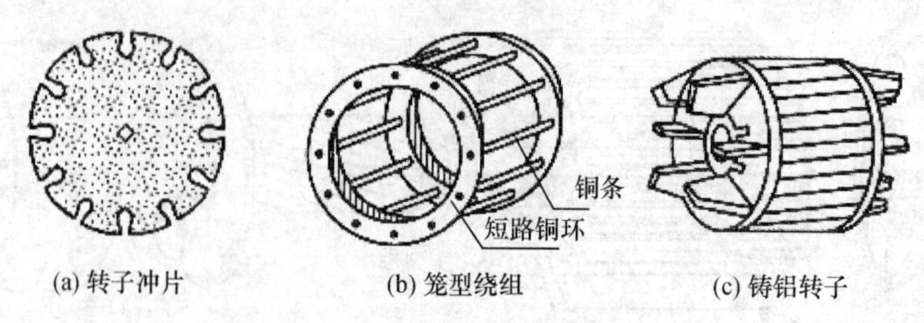

图 2-21　转子铁芯冲片及笼型转子示意图

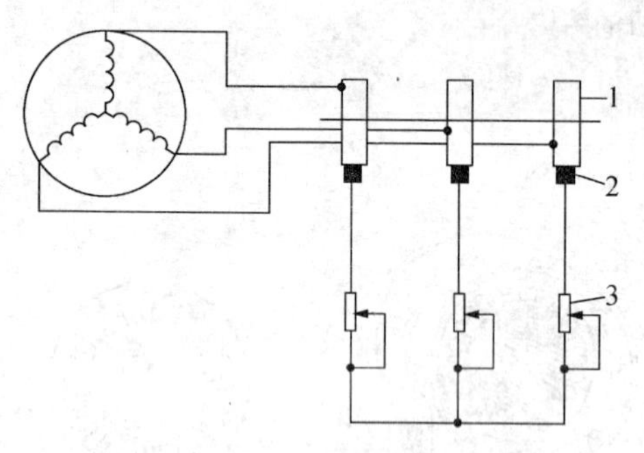

图 2-22　绕线式转子连线示意图

1—集电环；2—电刷；3—变阻器

● 绕线式转子绕组。它与定子绕组相似，也是由绝缘的导线绕制而成的三相对称绕组，其极数与定子绕组相同。转子绕组一般接成星形，3 个首端分别接到固定在转轴上的 3 个滑环（也称集电环）上，由滑环上的电刷引出与外加变阻器连接，构成转子的闭合回路，如图 2-22 所示。

② 转轴。转轴的作用是支撑转子，传递和输出转矩，并保证转子与定子之间的圆周有均匀的空气隙。转轴一般用中碳钢棒料经车削加工而成。

（3）空气隙

空气隙也是电机磁路的一部分。气隙越小，磁阻越小，功率因数越高，空载电流也就越小，中小型电动机的气隙一般为 0. 2～2 mm。

三相异步电动机图形符号如图 2-23 所示，其中图（a）为三相笼型异步电动机；图（b）为图（a）的单线的表示形式；图（c）、（d）为三相绕线式异步电动机。

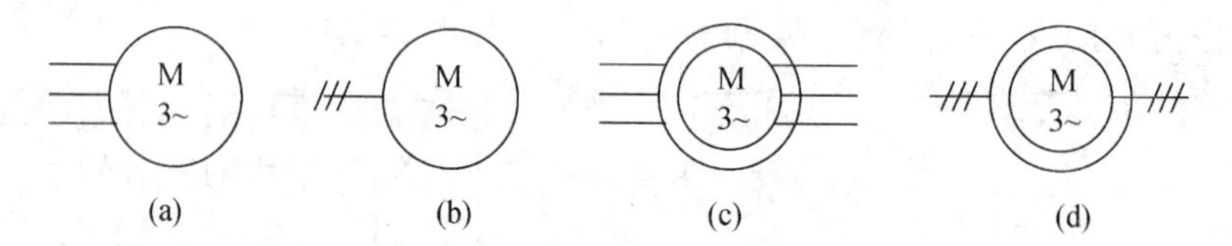

图 2-23　交流异步电动机图形符号

2. 三相异步电动机的铭牌数据

每一台电动机出厂时，在机座上都有一块铭牌，上面标有电动机的型号、规格和有关技术数据。

（1）型号

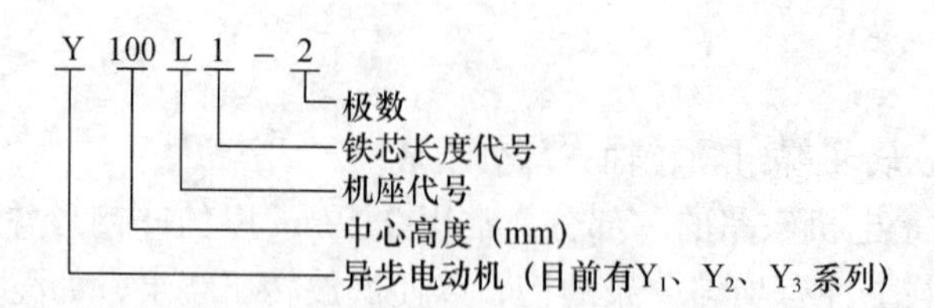

（2）额定数据

① 额定功率 P_N。也称额定容量，是指电动机在额定工作状态下运行时，转轴上输出的机械功率，单位为瓦［特］（W）或千瓦［特］（kW）。

② 额定电压 U_N。电动机定子绕组规定使用的线电压，单位为伏［特］（V）。

③ 额定电流 I_N。是指电动机在额定电压下，输出额定功率时，流过定子绕组的线电流，单位为安［培］（A）。

④ 额定频率 f_N。是指电动机所接交流电源的频率，单位为赫［兹］（Hz）。我国规定电力网的频率为 50 Hz。

⑤ 额定转速 n_N。是指电动机在额定电压、额定频率及额定输出功率的情况下，转子的转速，单位为转/分（r/min）。

⑥ 接法。是指电动机定子绕组的连接方式，常用的接法为星形（Y）和三角形（△）两种。

⑦ 绝缘等级。是指电动机绕组所采用的绝缘材料的耐热等级，它表明了电动机所允许的最高工作温度。

⑧ 定额。是指电动机在额定条件下，允许运行的时间长短。一般有连续、短时和周期性断续三种工作制。

2.2.2　异步电动机的工作原理

在三相异步电动机的对称三相定子绕组中通入三相电源后，会在其铁芯中产生一个旋转磁场，通过电磁感应在转子绕组中产生感应电流，该感应电流与旋转磁场相互作用产生电磁转矩，从而驱动转子旋转。

1. *旋转磁场的产生*

图 2-24 为三相定子绕组接线示意图（Y 形连接），三相定子绕组 U_1U_2、V_1V_2 和 W_1W_2 对称分布（互差 120°电角度）在定子铁芯槽内。当接入对称三相交流电源后，则有对称的三相电流通过绕组。设每相电流的瞬时值表达式为

$$i_U = I_m \sin\omega t$$
$$i_V = I_m \sin(\omega t - 120°)$$
$$i_W = I_m \sin(\omega t + 120°)$$

其波形图如图 2-25 所示。

为了研究方便，规定电流从绕组的首端流入时取正，从尾端流入时取负。下面从几个不同的瞬间来分析三相交流电流流入定子绕组后形成合成磁场的情况。

① 当 $\omega t = 0$ 时：$i_U = 0$，U 相绕组内没有电流；i_V 为负，V 相绕组中的电流是从末端 V_2 流入，首端 V_1 流出；i_W 为正，W 相绕组中的电流是从首端 W_1 流入，尾端 W_2 流出，根据右手螺旋法则，可确定合成磁场的方向及 N、S 极，如图 2-26（a）所示。

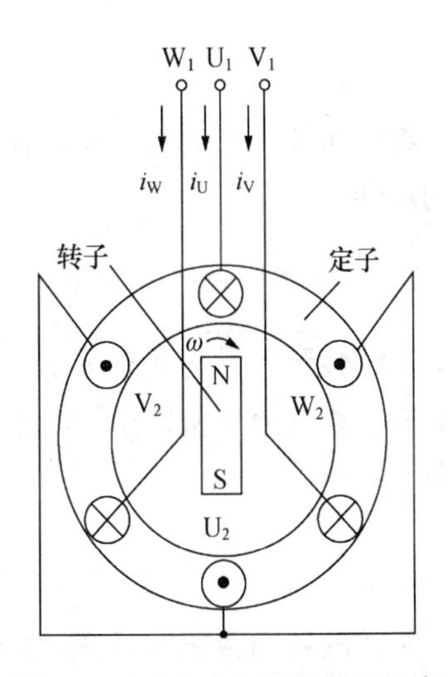

图 2-24　三相定子绕组接线示意图

② 当 $\omega t = \frac{\pi}{2}$ 时：i_U 为正，电流从 U_1 流入，U_2 流

出；i_V 为负，电流从 V_2 流入，V_1 流出；i_W 也为负，电流从 W_2 流入，W_1 流出，如图 2-26（b）所示。合成磁场在空间顺相序旋转了 90°。

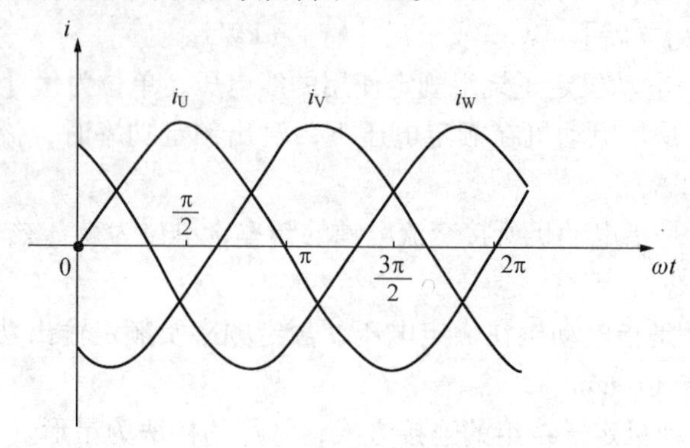

图 2-25　三相对称电流波形图

③ 当 $\omega t=\pi$ 时：$i_U=0$，i_V 为正，i_W 为负，如图 2-26（c）所示。合成磁场在空间顺相序旋转了 180°。

④ 当 $\omega t=\frac{3\pi}{2}$时：i_U 为负，i_V 为正，i_W 为正，如图 2-26（d）所示。此时与 $\omega t=0$ 时相比，合成磁场在空间顺相序旋转了 270°。

⑤ 当 $\omega t=2\pi$ 时：$i_U=0$，i_V 为负，i_W 为正，如图 2-26（e）所示。合成磁场在空间顺相序旋转了 360°。

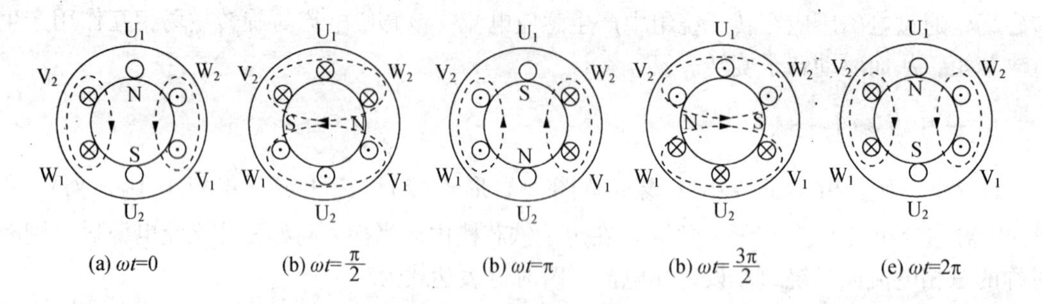

图 2-26　旋转磁场的产生

综上所述，当对称三相电流通入对称三相绕组时，必然会产生一个大小不变，转速一定的旋转磁场。

2. 旋转磁场的转速和转向

当旋转磁场具有 p 对磁极时，交流电每变化一周，其旋转磁场就在空间转动 $1/p$ 周。因此，三相交流电机定子旋转磁场每分钟的转速 n_1、定子电流频率 f_1 及磁极对数 p 之间的关系是

$$n_1=\frac{60f_1}{p} \tag{2-6}$$

旋转磁场的转速 n_1 又称为同步转速。我国三相电源的频率规定为 50 Hz，于是，由式（2-6）可得出不同磁极对数 p 的旋转磁场转速 n_1，见表 2-1。

表 2-1　磁极对数与转速对照表

p	1	2	3	4	5	6
n_1/（r·min^{-1}）	3000	1500	1000	750	600	500

旋转磁场的转向由定子绕组中通入的电流的相序来决定，欲改变旋转磁场的转向，只需要改变通入三相定子绕组中电流的相序，即将三相定子绕组首端（U_1、V_1、W_1）的任意两根与电源相连的线对调，就改变了定子绕组中电流的相序，旋转磁场的转向也就改变了，如图 2-27 所示。

3. 异步电动机的工作原理

以两极三相异步电动机为例，如图 2-28 所示。三相对称定子绕组中通入三相对称交流电，电机气隙中产生一个转速为 n_1 的旋转磁场，该磁场将切割转子绕组，在转子绕组中产生感应电动势。由于转子绕组是闭合的，则会在转子绕组中产生感应电流，转子中的感应电流又处于定子旋转磁场中，与磁场相互作用而产生电磁转矩，从而使转子沿着旋转磁场的方向旋转起来。但转子的转速 n 永远小于旋转磁场的转速 n_1，只有保持一定的转速差，才能使转子导体相对磁场产生切割运动而产生感应电流。如果没有切割运动，就不会产生感应电流，也就不会产生电磁转矩，当然转子就无法旋转起来。异步电动机的名称就是由此而得来的，又由于这种电机是借助于电磁感应来传递能量的，故又称为感应式异步电动机。

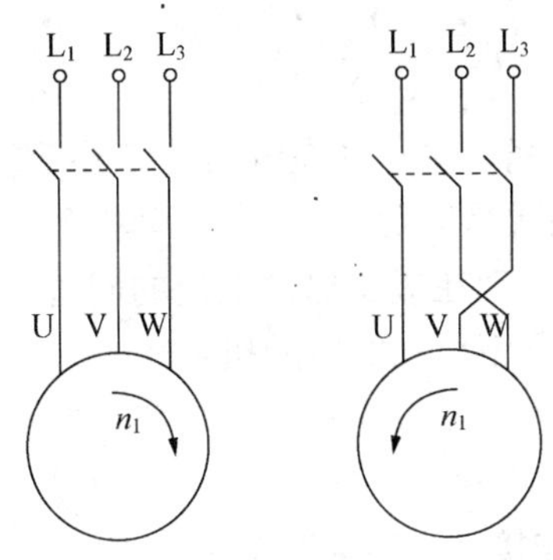

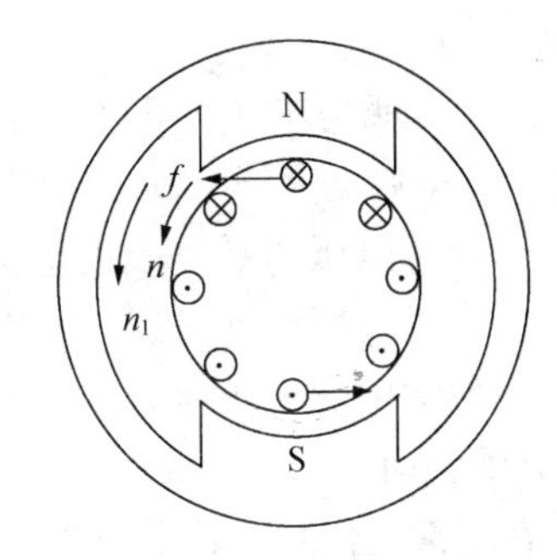

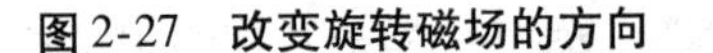
图 2-27　改变旋转磁场的方向

图 2-28　异步电动机的工作原理示意图

由于转子的转速 n 和定子旋转磁场的同步转速 n_1 之间存在着差异，我们引进转差率的概念。转差率 s 就是指同步转速 n_1 和转子转速 n 之差与同步转速 n_1 的比值，用公式表示

$$s=\frac{n_1-n}{n_1}\times 100\% \tag{2-7}$$

这是异步电动机中的一个很重要的参数，亦可写成：$n=(1-s)n_1$。一般正常运行的异步电动机的转差率 s 约在 0.02～0.08 之间，而在启动的最初，旋转磁场已产生，但转子没动，即 $n=0$，此时 $s=1$。

2.2.3　三相交流异步电动机的工作状态

三相交流异步电动机的工作状态主要包括电机的启动、调速和制动等内容。

1. 交流异步电动机的启动

异步电动机接入三相电源后，转子从静止状态过渡到稳定运行状态的中间过程称为启动。异步电动机在启动瞬时，因为转子是静止不动的，所以旋转磁场与转子的相对切割速度最大，故会在转子绕组中产生很大的感应电动势和感应电流，电动机直接启动时的定子电流一般约为其额定电流的4～7倍。过大的启动电流不但会使电动机出现过热现象，而且还会在线路上产生较大的电压降，影响接在同一线路上的其他负载的正常运行。

异步电动机在启动时，虽然启动电流很大，但因其功率因数甚低，所以启动转矩较小，将使启动速度变慢，启动时间延长，甚至不能启动。

由此可知，异步电动机的启动电流大与启动转矩小是启动时存在的主要问题。为此，需要在启动时限制启动电流，以获得适当的启动转矩，根据不同类型与不同容量的异步电动机采取不同的启动方式。下面对笼型异步电动机常用的几种启动方式进行讨论。

（1）直接启动

所谓直接启动，就是将电动机的定子绕组直接接到具有额定电压的三相电源上，故又称全压启动。直接启动的优点是启动设备和操作都比较简单，缺点就是启动电流大，启动转矩小。一台电动机能否直接启动，各地供电部门有不同的规定，一般规定如下。

如果用电单位有独立的变压器供电，若电动机启动频繁，当电动机容量小于变压器容量的20%时，允许直接启动；若电动机不是频繁启动，则其容量小于变压器容量的30%时，允许直接启动。如果没有独立的供电变压器，以电动机启动时电源电压的降低量不超过额定电压的5%为准则。

凡不符合上述规定者只能采用降压启动。

（2）降压启动

所谓降压启动，就是在电动机启动时采用启动设备，降低加在电动机定子绕组上的电压来限制启动电流，待启动完毕电动机达到额定转速时再恢复至全压，使电动机正常运行。

因为启动转矩与电压的平方成正比，所以降压启动在减少启动电流的同时，也会使启动转矩下降较多，故降压启动只适用于在空载或轻载下启动的电动机。

下面介绍几种常用的降压启动方法。

① Y-△降压启动

若电动机在正常工作时，其定子绕组是三角形连接，则启动时就可以把它改接成星形，待启动完成后再换接成三角形。这样，在启动时就把电动机每相定子绕组上的电压降低到正常工作电压的$1/\sqrt{3}$，可使启动电流减少到直接启动时的1/3，其原理图如图2-29所示。

Y-△降压启动具有设备简单、体积小、成本低、使用寿命长、操作可靠等优点，因此得到了广泛的应用。

② 自耦变压器降压启动

自耦变压器降压启动，是利用三相自耦变压器将电动机启动时的端电压降低，以减小启动电流，图2-30是其启动原理图。启动程序是：先合上电源开关QS_1，然后将启动器上的手柄开关QS_2扳到“启动”位置，电网电压经自耦变压器降压后送到电动机定子绕组上，实现降压启动；待电动机转速上升到接近额定转速时，再将QS_2迅速扳至“运行”位置，切除自耦变压器，电动机定子绕组直接接通三相电源，在额定电压下正常运行。

自耦变压器常有多个抽头，使其输出电压分别为电源电压的40%、60%、80%（或55%、64%、73%），可供用户根据对启动转矩的要求不同而选择。

若自耦变压器的变比为k，则启动时的启动电流和启动转矩均减小为直接启动时的$1/k^2$，这种启动方式不宜用于频繁启动的场合。

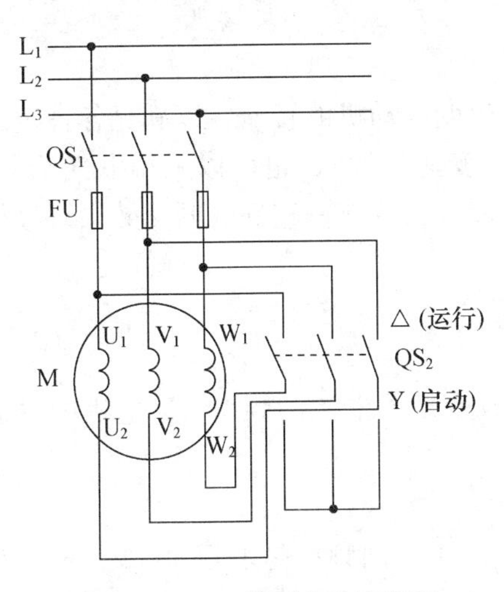

图 2-29　Y-△降压启动原理图

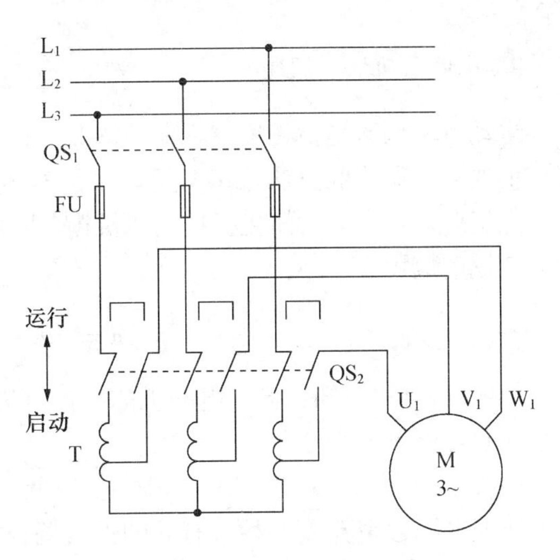

图 2-30　自耦变压器降压启动

总之，上述降压启动以减小启动电流为目的，但启动转矩也随之而被减小了，故降压启动一般是用于笼型异步电动机在轻载或空载下的启动。

③ 电子软启动器

近年来，随着电力电子技术以及智能控制技术的不断发展，电子软启动器已经逐步取代了传统的启动方法，例如，前已述及的 Y-△降压启动、自耦变压器降压启动等。所谓的电子软启动器，就是使用晶闸管调压技术，采用单片机控制的启动器，在用户规定的启动时间内，自动地将启动电压平滑地上升到额定电压，从而达到有效控制启动电流的目的。

软启动器的控制原理如图 2-31 所示，它采用三相平衡调压式主电路，将三对反向并联的大功率晶闸管串接于电动机的定子绕组上，通过控制其触发角的大小来改变晶闸管的导通程度，由此控制电动机输入电压的大小，以达到实现电动机软启动的过程。当电动机启动完成并达到额定电压时，闭合三相旁路接触器 KM，短接晶闸管，使电动机直接投入电网运行，以避免晶闸管元件的持续损耗。其中，主回路的晶闸管和接触器随系统容量不同可以选择不同的器件。RC 串联支路是用做晶闸管的过压保护。

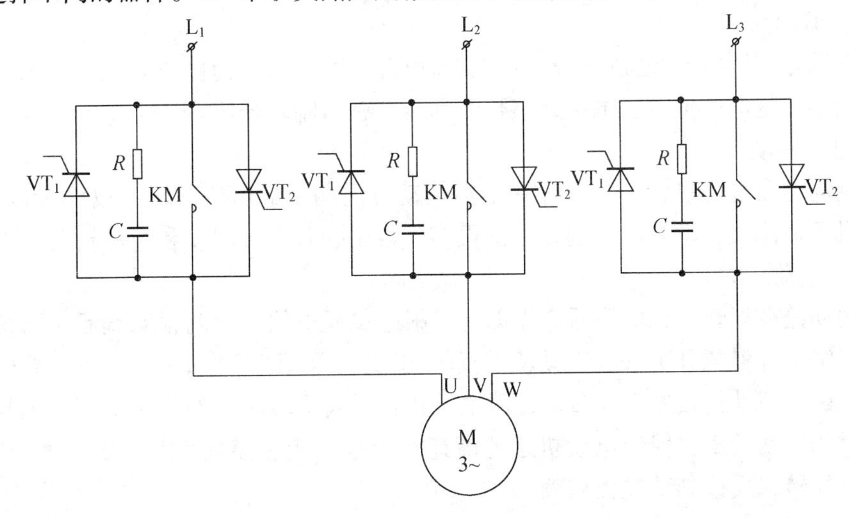

图 2-31　软启动器主回路示意图

2. 异步电动机的调速

电动机的调速是指在负载不变的情况下，人为地改变电动机的转速，以满足各种生产机械的要求。调速的方法很多，可以采用机械调速（变速机构），也可以采用电气调速。由于电气调速可以大大简化机械变速机构，降低调速成本，并获得较好的调速效果，故得到了广泛的应用。

$$n = (1-s)\frac{60f_1}{p} \tag{2-8}$$

由式（2-8）可知：异步电动机的转速可以通过改变定子电源的频率 f_1、电机的磁极对数 p 和转差率 s 来调节。

（1）变频调速

改变电源频率 f_1 是一种很有效的无级调速方法，由于电网频率是工频 50 Hz，若要改变，必须配备较为复杂的变频设备，目前采用变频器调速已非常普遍，它不仅可用于调速，还可用于电动机的软启动和软制动。

（2）变极调速

变极调速是通过改变电动机磁极对数 p 的一种调速方法，由于磁极对数 p 只能成对地改变，所以它属于有级调速。

（3）变转差率调速

改变转差率 s 的调速方法有：改变电源电压、改变绕线式转子的转子回路电阻等。

3. 异步电动机的制动

所谓制动，就是刹车。当切断电动机的交流电源后，由于电动机转动部分的惯性作用，它将继续转动一定时间后才能慢慢地停下来。为了提高生产效率，或从工作的安全、可靠角度考虑，就要求电动机能既快而又准确地停车，为此，必须对电动机进行制动控制。即当电动机断开交流电源后，给它施加一个与转动方向相反的转矩，使电动机很快停转的方法称为制动。

三相异步电动机的制动可分为机械制动和电气制动两大类。

（1）机械制动

机械制动是利用机械装置使电动机在交流电源切断之后迅速停止转动的方法。比较常见的机械制动器是电磁抱闸、电磁摩擦片制动器，磁粉制动器等。

（2）电气制动

电气制动是在电动机转子上产生一个与转动方向相反的电磁转矩，以作为制动力矩，迫使电动机迅速停止转动。电气制动方法很多，常用的有反接制动和能耗制动。

① 反接制动

反接制动是在切断三相电源后，立即将三根电源线中的任意两根对调后，再接入电动机的定子绕组上（其操作方法与电动机的反转相同），如图 2-32 所示。此时，旋转磁场反向，而转子由于惯性仍按原方向转动，故电动机在反向旋转磁场的作用下，产生与转子转动方向相反的制动转矩，促使电动机迅速减速。当电机转速接近零时，应立即切断电源，防止电动机反转，反接制动过程结束。

制动时由于转子与旋转磁场的相对转速为 $n+n_0$ 很大，因此会产生很大的制动电流和制动转矩。反接制动的优点是：制动方法简单，制动过程迅速，制动效果好。反接制动的缺点是：制动时有机械冲击，能量损耗较大。

② 能耗制动

能耗制动是在切断三相电源后，立即在其定子绕组中通入直流电，如图 2-33 所示。此时，电动机内将产生一个稳恒直流磁场，转子由于惯性仍按原方向转动而切割静止磁场，在转子绕组中产生感应电动势和感应电流，转子感应电流与静止磁场相互作用，产生与转子转动方向相反的制动转矩，使电动机迅速停转。

在制动过程中，将转子的动能转换为电能，并以热能的形式消耗在转子电阻上，故称为能耗制动。能耗制动方式的优点是制动平稳，制动时能量损耗较小；缺点是需要外接直流电源，而且在低速时制动效果不太好。

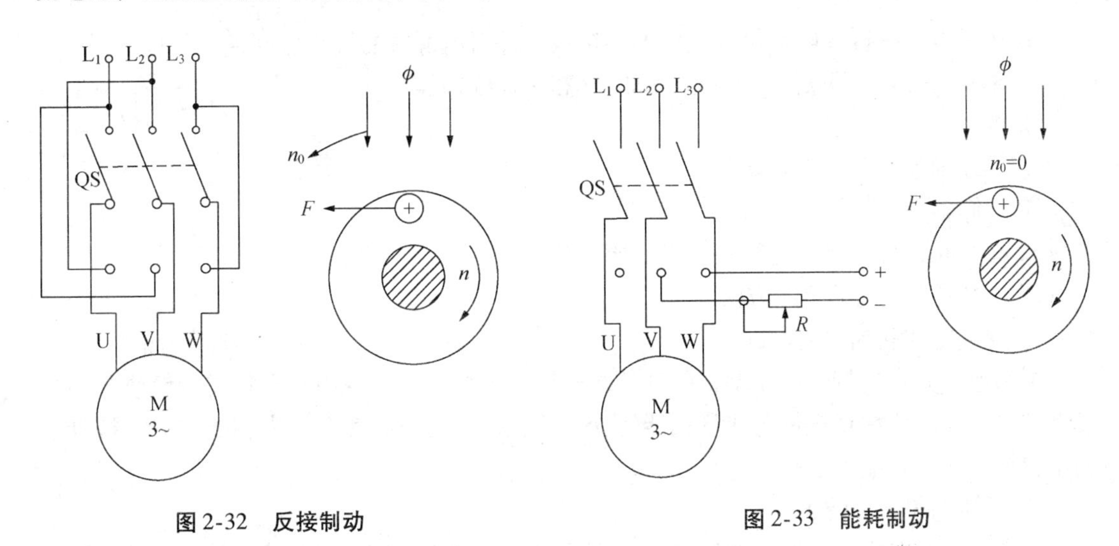

图 2-32　反接制动　　　　图 2-33　能耗制动

2.2.4　电动机的拆装实训

为保证电动机安全、可靠地运行，必须定期对其进行检查与维护，因此经常要进行拆卸和装配。

【实训目标】

1. 通过对电动机的拆装练习，加深认识电动机的基本结构；
2. 能识别电动机的类型，掌握电动机的检测方法；
3. 进一步熟练使用电工测量仪表。

【实训内容】

1. 电动机的拆卸

拆卸电动机之前，必须拆除电动机与外部电气连接的连线，并在线头、端盖等处做好标记，以便于装配。

（1）拆卸步骤

小型电动机的拆卸步骤如图 2-34 所示，具体操作如下。

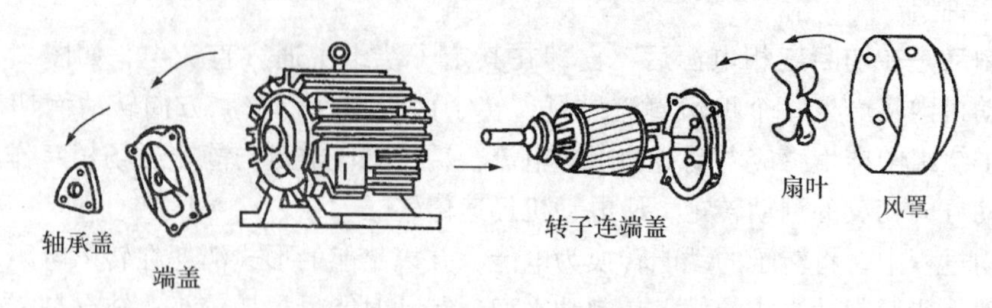

图 2-34 小型电动机的拆卸步骤

① 切断电源，拆开电动机与电源的连接线，并对电源线的线头做好绝缘处理。

② 脱开皮带轮或联轴器，旋起地脚螺栓和接地线螺栓。

③ 拆卸风罩、风扇。

④ 拆卸轴承盖和前、后端盖。

⑤ 拆卸轴承并将转子取出。

⑥ 必要时，拆除定子绕组并进行清槽、整角。

（2）主要零部件的拆卸方法

① 皮带轮或联轴器的拆卸

拆卸前，先在皮带轮或联轴器的轴伸端做好定位标记，用专用拉具将皮带轮或联轴器慢慢拉出。拉时要注意皮带轮或联轴器的受力情况，并且务必使合力沿轴线方向，拉具顶端不得损坏转子轴端中心孔。

② 拆卸端盖、抽转子

拆卸前，先在机壳与端盖的接缝处（即止口处）做好标记以便复位。均匀拆除轴承盖及端盖螺栓，拿下轴承盖，再用两个螺栓旋于端盖上的两个项丝孔中，两个螺栓均匀用力向里转（较大端盖要用吊绳将端盖先挂上）将端盖拿下。（无顶丝孔时，可用铜棒对称敲打，卸下端盖，但要避免过重敲击，以免损坏端盖）对于小型电动机抽出转子是人工进行的，为防手滑或用力不均碰伤绕组，应用纸板垫在绕组端部进行。

③ 轴承的拆卸、清洗

拆卸轴承应先用适宜的专用拉具。拉力应着力于轴承内圈，不能拉外圈，拉具顶端不得损坏转子轴端中心孔（可加些润滑油脂）。在轴承拆卸前，应将轴承用清洗剂洗干净，检查它是否损坏，有无必要更换。

④ 旧绕组的拆除

拆除旧绕组前，应记录绕组的有关数据。为便于取出线圈，可将旧绕组加热至一定温度再从槽中拉出。其中，加热的方法有电热鼓风加热、通电加热、用木材直接燃烧等。

⑤ 清槽与整角

清槽即清除槽内残余的杂质，整角即用硬质木块对定子铁芯的齿部进行修整。清槽时，不准使用锯条、凿子等；整角时，不允许使用锉刀，可用扁铲轻轻打下凸出部分，然后用皮老虎或压缩空气吹出铁末，再涂上一层绝缘漆。

2. 电动机的安装

（1）电动机的装配

电动机的装配顺序按拆卸时的逆顺序进行。装配前，各配合处要先清理除锈。装配时，应将各部件按拆卸时所做标记复位。

① 滚动轴承的安装

安装前，将轴承和轴承盖先用煤油清洗。清洗后，检查轴承有无裂纹、内外轴承环有无裂缝等。之后，再用手旋转轴承外圈，观察其转动是否灵活、均匀，如遇卡阻或过松，应予更换或修整。将轴承装套到轴颈上有冷套和热套两种方法。套装完毕，要加装润滑脂；润滑脂的塞装要均匀，且不得完全装满。

② 后端盖的安装

将轴伸端朝下垂直放置，在其端面上垫上木板，将后端盖套在后轴承上，用木槌敲打，将其敲进去后，装轴承外盖。旋紧内外轴承盖的螺栓时，要先紧对角，且应逐步拧紧，不可一次性一个个地拧紧。

③ 转子的安装

把转子对准定子孔中心，小心地往里放送，后端盖要对准与机座的标记，旋上后端盖螺栓，但不要拧紧。

④ 前端盖的安装

将前端盖对准与机座的标记，用木槌均匀敲击端盖四周，不可单边着力，按对角线方向逐步拧紧螺栓。

⑤ 风扇叶和风罩的安装

在相应位置安装完风扇叶和风罩后，用手转动转轴，转子应转动灵活，无停滞、偏心现象。

⑥ 皮带轮的安装

安装时，要对准键槽或止紧螺钉孔。中小型电动机的皮带轮一般采用敲打法将其打入。

（2）电动机装配后的检验

电动机装配完毕，还须进行使用前的检验。

① 一般检查

检查所有固定螺栓是否拧紧，转子是否灵活，轴伸端有无径向偏摆等。

② 测定绝缘电阻

用兆欧表检测电动机定子绕组相与相、相对地的绝缘电阻，其值不应小于0.5 MΩ。

经上述检查合格后，先将电动机外壳接好地线，并按规定接法将电动机接至电源，用钳形表检查各相电流，应在规定的数值之内；用转速表测量电动机的转速，应符合要求；检查铁芯（外壳）是否过热，轴承温度是否过高，轴承在转动时是否有异常声音，若有问题，应及时查明原因并排除故障。

3. 注意事项

（1）拆移电机后，电机底座垫片要按原位摆放固定好，以免增加钳工对中（即将两个要装配的部件中心对正）的工作量。

（2）拆、装转子时，一定要遵守要点的要求，不得损伤绕组，拆前、装后均应测试绕组绝缘及绕组通路。

（3）拆、装时不能用手锤直接敲击零件，应垫铜、铝棒或硬木，对称敲。

（4）装端盖前应用粗铜丝，从轴承装配孔伸入钩住内轴承盖，以便于装配外轴承盖。

（5）用热套法装轴承时，只要温度超过 100 度，应停止加热，工作现场应放置 1211 灭火器。

（6）清洗电机及轴承的清洗剂（汽、煤油）不准随便乱倒，必须倒入污油井。

（7）检修场地需要打扫干净。

【考核标准】

实训考核课题　　三相鼠笼式异步电动机的检修

姓　名		班　级		考件号	总得分	
额定工时	180 min	起止时间	时　分　至　时　分		实用工时	
序　号	考核内容	考核要求	配　分	评分标准	扣　分	得　分
1	准备工作	① 工具、仪表、材料准备齐全； ② 正确标记各拆卸部位	5	① 准备不齐全，扣 3 分； ② 不做标记或标记不正确，扣 2 分		
2	解体与组装	① 拆、装步骤符合工艺； ② 正确使用工具； ③ 不损坏电动机	35	① 步骤、方法不正确，扣 10 分； ② 工具使用不熟练，扣 5 分； ③ 损坏电动机，扣 10～30 分； ④ 每返工 1 次，扣 10 分		
3	检修	① 按检修要求进行清洗、检查； ② 正确使用仪表	50	① 绕组、铁芯清扫不干净，扣 5 分； ② 轴承检修不符合要求，扣 5 分； ③ 不会使用电桥、兆欧表，扣 10 分； ④ 绕组直流电阻、绝缘电阻测量不准确，扣 10 分； ⑤ 检修组装后外观不整洁、有油污等，扣 10 分		
4	安全文明操作	符合有关规定	10	发生安全事故或违反有关规定，扣 2～10 分		
5	操作时间	在规定时间内完成		每超时 10 min（不足 10 min 以 10 min 计），扣 5 分		

监考：

年　月　日

【实训思考】

1. 电动机的拆装步骤是什么？
2. 电动机在安装完后需要做哪些检验与检查？
3. 电动机在选配、安装与校正时，应考虑哪些因素？

2.3　常用低压电器

低压电器是现代工业过程自动化的重要部件，它们是组成电气设备的基础配套元件。低压电器包括了配电电器和控制电器，前者用于低压供配电系统，后者用于电力拖动控制系统。

低压电器，通常是指工作在交流电压 1 200 V 及其以下或直流电压 1 500 V 及其以下的电路中，起通断、控制、检测、保护和调节作用的电气设备。

低压电器的种类很多，就其用途或控制的对象不同，主要可分为两大类，即低压配电电器（如：刀开关、转换开关、低压断路器、熔断器等）和低压控制电器（如：接触器、继电器、主令电器等）。

2.3.1　配电电器

1. 低压刀开关（文字符号 Q）

刀开关是一种非自动切换的配电电器，主要用于低压电源（电压在 500 V 以下）的引入开关，使用时为确保维修人员的安全，由其将负载电路和电源隔开。

刀开关的结构简单，其极数有单极、两极和三极三种，每种又有单投与双投之分。应当注意的是，在安装刀开关时，电源进线应接在静触头（刀座）上，负载则接在可动刀片一端。这样，当断开电源的时候，裸露在外的触刀就不会带电。

目前常用的刀开关产品有两大类：一类能切断额定电流值以下的负载电流，主要用于低压配电装置中的开关板或动力箱等产品，属于这类产品的有 HD12、HD13、HD14 系列的单投刀开关，HS12、HS13 系列的双投刀开关，HK 系列开启式负载开关和 HH 系列封闭式负载开关；另一类是不能带负载做分断操作，只能作为隔离电源用的隔离器，一般安装于控制屏的电源进线侧，这类产品有 HD11 系列单投或 HS11 系列双投刀开关。

HK2 系列开启式负载开关（瓷底胶盖刀开关），它的闸刀装在瓷制底座上，每相还附有熔体，主要用于照明电路和功率小于 5.5 kW 电动机的主电路中不频繁通断的控制开关。HK2 系列开关的外形结构和符号如图 2-35 所示。

2. 低压熔断器（文字符号 FU）

熔断器是利用物质过热熔化的性质制成的保护电器。熔断器主要由熔体和安装熔体的熔管或熔座两部分组成，熔体主要是用高电阻率低熔点的铅锡合金或低电阻率高熔点的银铜合金制成的，使用时将其串接在被保护的电路中。熔管是熔体的保护外壳，由陶瓷、绝缘钢纸或玻璃纤维制成，有的里面还装有填充料（如石英砂），在熔体熔断时兼起灭弧的作用。熔断器的结构及符号如图 2-36 所示。

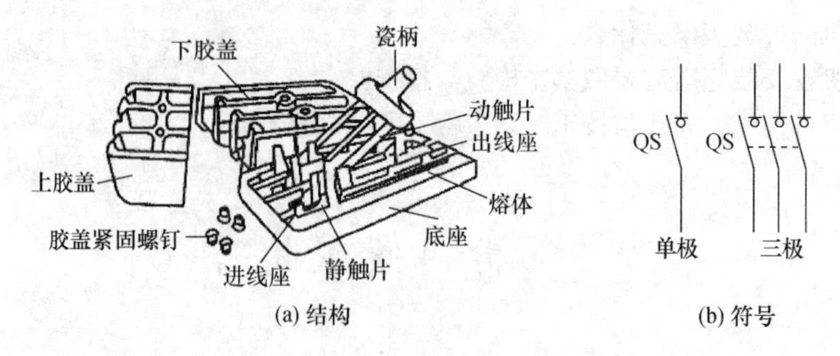

(a) 结构　(b) 符号

图 2-35　开启式负载开关的结构与符号

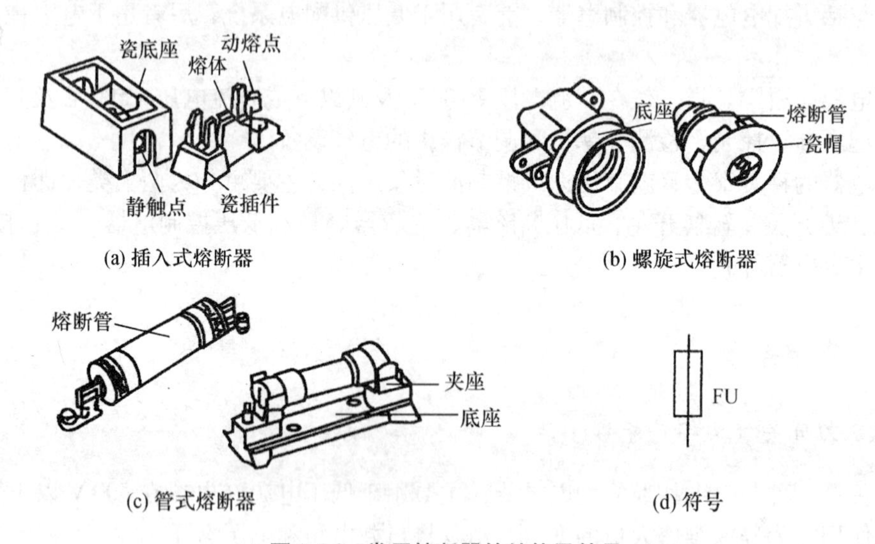

(a) 插入式熔断器　(b) 螺旋式熔断器

(c) 管式熔断器　(d) 符号

图 2-36　常用熔断器的结构及符号

熔断器常用在低压配电系统和电力拖动系统中，使用时熔断器串联在所保护的电路中，当电路发生短路故障或严重过载时，通过熔体的电流达到或超过了某一规定值时，熔体因其自身产生的热量将会熔断，从而切断电路，达到保护电路的目的。

常用的熔断器有 RC1A 系列瓷插式、RL1 系列螺旋式、RM10 系列无填料封闭管式和 RT0、RT14 等系列有填料封闭管式、RS 系列快速式等几种。

前面介绍的几种熔断器，虽能起到短路保护作用，但熔体一旦熔断就不能再继续使用，用于电力网络的输配电线路中，新型的自复式熔断器结构解决了这一矛盾。自复式熔断器的熔体采用非线性电阻元件制成，在特大短路电流产生的高温高压下，熔体电阻值突变（即瞬间呈高阻状态），从而能将短路电流限制在很小的数值范围内。

3. 低压断路器（文字符号 QF）

低压断路器又称自动空气开关或自动空气断路器。在低压电路中，用于分断和接通负载电路，不频繁地启动异步电动机，对电源线路及电动机等实行保护。其作用相当于是刀开关、热继电器、熔断器和欠电压继电器的组合。可以实现短路、过载、欠压和失压保护，是低压电器中应用较广的一种保护电器。低压断路器按照结构的不同可分为装置式和万能式两种，图 2-37 是一般三极低压断路器原理图和符号。

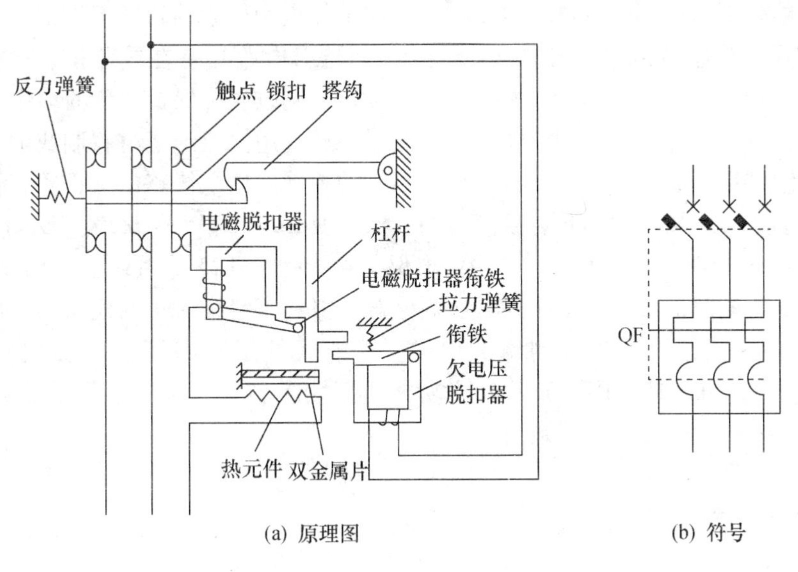

(a) 原理图　　(b) 符号

图 2-37 低压断路器的原理图及符号

低压断路器由触头系统、灭弧装置、脱扣器和操作机构等部分组成。当电路发生故障，脱扣器通过操作机构，使主触点在弹簧的作用下迅速分断跳闸。操作机构较复杂，其通断可用手柄操作，也可用电磁机构操作，大容量的断路器也可采用电动机操作。

（1）主触头及灭弧装置

主触头及灭弧装置是断路器的执行部件，用于接通和分断主电路，为提高其分断能力，主触头采用耐弧金属制成，并设有灭弧装置。

（2）脱扣器

脱扣器是断路器的感受元件，当电路出现故障时，脱扣器感测到故障信号后，经脱扣机构使断路器的主触头分断。

① 电磁式电流脱扣器。其线圈串接在主电路中，当额定电流通过时，产生的电磁吸力不足以克服弹簧反力，衔铁不吸合。当出现瞬时过电流或短路电流时，衔铁被吸合并带动脱扣机构，使低压断路器跳闸，从而达到瞬时过电流或短路电流保护目的。

② 过载脱扣器。常采用双金属片制成脱扣器，加热元件串联在主电路中，当电流过载到一定值时，双金属片受热弯曲带动脱扣机构，使低压断路器跳闸，达到过载保护目的。

③ 欠压、失压脱扣器。它是一个具有电压线圈的电磁机构，线圈并接在主电路中。当主电路电压正常时，脱扣器产生足够大的吸力，克服弹簧反力将衔铁吸合，断路器的主触点闭合。当主电路电压消失或降至一定数值以下时，其电磁吸力不足以继续吸持衔铁，在弹簧反力作用下，衔铁推动脱扣机构，使低压断路器跳闸，从而达到欠压、失压保护目的。

④ 分励脱扣器。它用于远距离操作。正常工作时，其线圈断电；当需要远方操作时，使线圈通电，电磁铁带动操作机构动作，使低压断路器跳闸。

不是所有型号的低压断路器都具有上述几种脱扣器，因为低压断路器具有的多种功能，是以脱扣器或附件的形式实现的，根据用途不同，断路器可以配备不同的脱扣器或附件。随着智能化低压电器的发展，以微处理器或单片机为核心的智能控制器构成的智能化断路器不仅具备普通断路器的各种保护功能，而且对电路具有在线监视、自行调节、测量、诊断、热记忆、通信等功能，并可显示、设定、修改各种保护功能的动作参数。

装置式低压断路器又称为塑壳式低压断路器，通过用模压绝缘材料制成的封闭型外壳将所有构件组装在一起，用于电动机及照明系统的控制、供电线路的保护等，操作方式多为手动。装置式低压断路器的主要型号有 DZ5、DZ10、DZ15、DZ20、DZX10、DZX19、DZS6-20、C45N、S060 等系列，以及带漏电保护功能的 DZL25 等系列。

万能式低压断路器又称为框架式低压断路器，由具有绝缘衬垫的框架结构底座将所有的构件组装在一起，用于配电网络的保护。万能式低压断路器的主要型号有 DW10、DW16（一般型）、DW15、DW15HH（多功能、高性能型）、DW45（智能型）、ME、AE（高性能型）和 M（智能型）等系列。

2.3.2 控制电器

1. 接触器（文字符号 KM）

接触器是用来频繁接通和断开交直流主电路及大容量控制电路的一种自动切换电器，并具有低压释放、欠压和失压保护功能。电磁式接触器利用电磁吸力与弹簧反力配合，使触点闭合与断开；它还具有低压释放保护功能，是电力拖动自动控制系统中最重要的控制电器之一。接触器的分类较多，按照接触器主触点通过的电流种类，可分为直流接触器和交流接触器。电磁式交流接触器的内部结构及符号如图 2-38 所示。

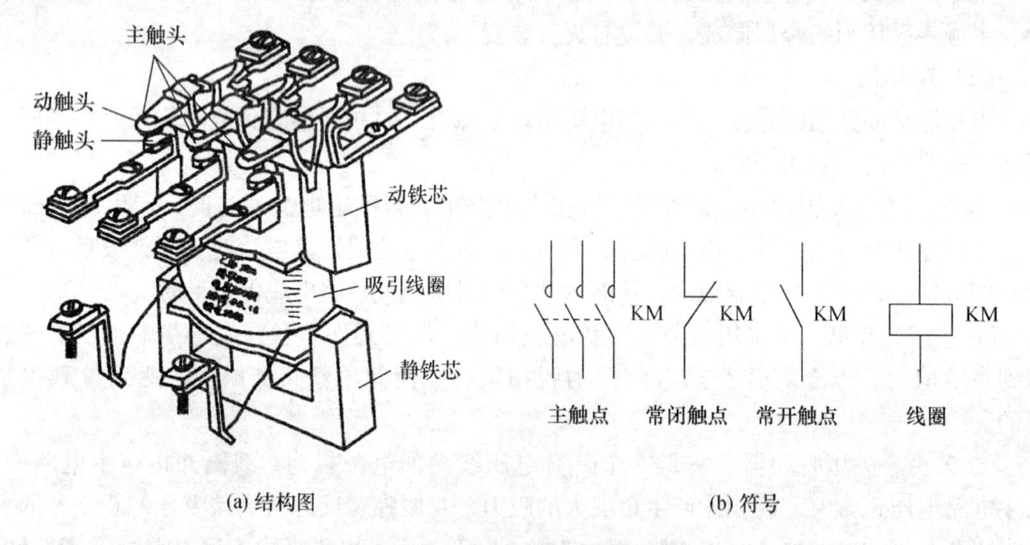

(a) 结构图　　(b) 符号

图 2-38　交流接触器结构及符号

电磁式交流接触器主要由电磁系统、触点系统和灭弧装置三大部分组成。电磁系统由吸引线圈、静铁芯和动铁芯（也称衔铁）组成。为了减少涡流与磁滞损耗，铁芯用硅钢片叠压铆成；为了减少接触器吸合时产生的振动和噪声，在铁芯上装有短路环。触点系统采用桥式触点形式，由静触点和动触点组成，触点必须接触良好，工作可靠，常用银或银合金制成。按功能不同，触点分为主触点和辅助触点两类。主触点接触面积较大，并具有断弧能力，用于通、断主电路，一般由三对常开触点组成。辅助触点额定电流较小（一般不超过5 A），有常开、常闭两种，常用来通、断电流较小的控制回路。而灭弧装置（金属栅片灭弧、窄缝灭弧等装置）则在分断大电流或高电压电路时，起着熄灭电弧的作用。

交流接触器的工作原理是：当线圈通电后（俗称线圈得电），产生磁场，磁通经铁芯、衔铁和气隙形成闭合回路，产生电磁吸力，在电磁吸力的作用下，衔铁克服弹簧反力被吸合，在衔铁的带动下，常闭触点断开，常开触点闭合；当线圈断电时（俗称线圈失电），电磁吸力消失，衔铁在弹簧反力的作用下复位，带动主、辅触点恢复原来状态。

2. 热继电器（文字符号 FR）

如果电动机过载时间过长，绕组温升就会超过允许值，将会加剧绕组的绝缘老化，缩短电动机的使用年限，严重时甚至会使电动机绕组烧毁。因此，对于长期运行的电动机，都必须提供过载保护装置。热继电器是利用电流热效应原理来推动动作机构，使触点系统闭合或分断地保护电器，常用做电动机的过载保护、缺相保护和电流不平衡保护，以及其他电气设备发热状态的控制。热继电器的结构及符号如图 2-39 所示。

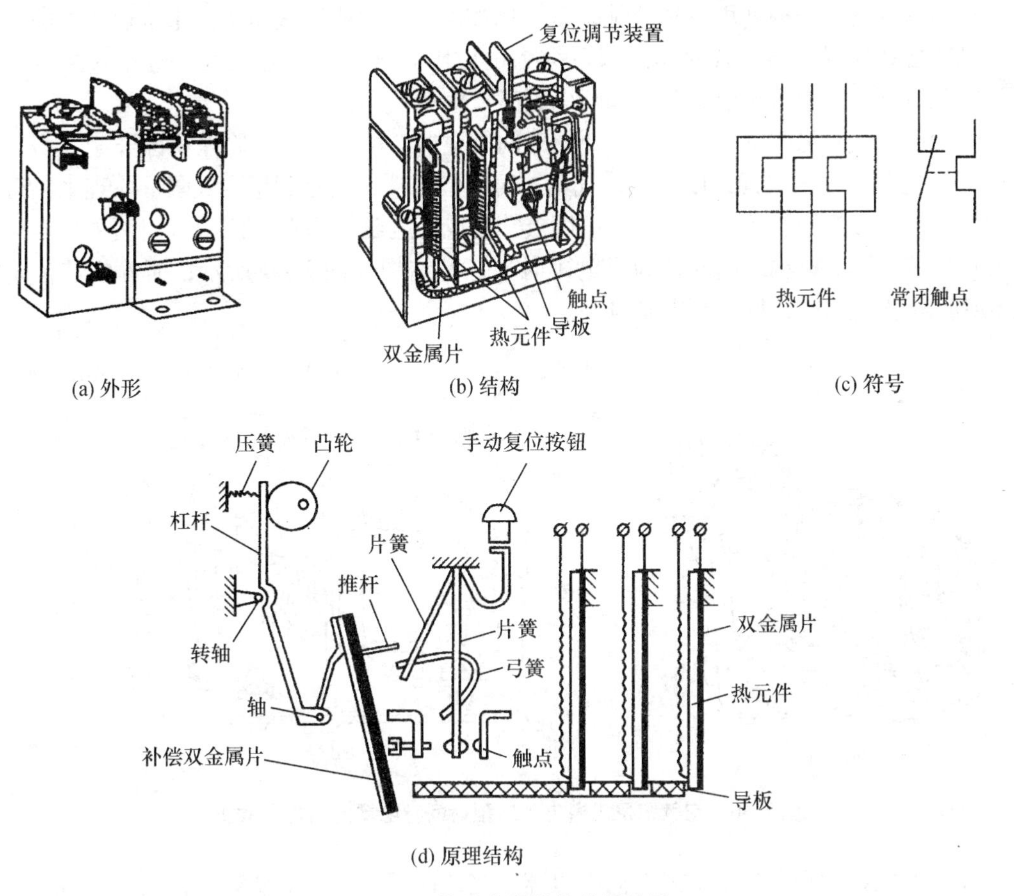

(a) 外形　(b) 结构　(c) 符号

(d) 原理结构

图 2-39　热继电器的结构及符号

热继电器主要由热元件、双金属片、触点系统和动作机构等几部分组成。热元件是一段电阻不太大的电阻片（或电阻丝），串接在电动机的主电路中，它对双金属片的加热方式主要有直接加热、间接加热和复合加热，其中，间接加热应用最为广泛。热继电器的常闭触点串接在控制电路中，当电动机正常工作时，热继电器不动作。如果电动机过载，流过热元件的电流超过允许值一定时间后，热元件的温度升高，双金属片（由两层热膨胀系数不同的金属片经热轧黏合而成）因受热弯曲位移增大而推动导板使触点动作，常闭触点的断开使控制电路失电，从而断开电动机的主电路而起到保护作用。

常用的热继电器有国产的JR0、JR10、JR16、JR20、JRSl系列、德国西屋-芬纳尔公司的JR23（KD7）系列、西门子公司的JRS3（3UA）系列、ABB公司的T系列等。

由于热继电器中双金属片受热时具有热惯性，不可能瞬间变形动作，因此热继电器不同于过电流继电器和熔断器，它不能用于瞬时过载保护，更不能用于短路保护。当然也正因为热惯性，热继电器在电动机启动过程或短路时过载时不会误动作。

综上所述，虽然熔断器和热继电器都是保护电器，但是它们的保护作用是各不相同的。熔断器用于短路保护，只有在严重过载时，才能用于过载保护；而热继电器由于它的热惯性，只能用于过载保护，绝对不能用来作为电路的短路保护。

3. 时间继电器（文字符号KT）

时间继电器是一种利用各种延时原理（例如电磁原理或机械动作）来延迟触点的闭合或分断的自动控制电器。按动作原理可分为电磁阻尼式、空气阻尼式、电动式和电子式等；按延时方式可分为通电延时型和断电延时型两种。

下面以空气阻尼式继电器为例，介绍时间继电器的结构、工作原理及符号等。

（1）空气阻尼式时间继电器又称气囊式时间继电器，它是利用空气阻尼原理来获得延时，主要由电磁机构、延时机构、工作触点等构成。电磁机构有交流、直流两种，当衔铁位于静铁芯和延时机构之间时，为通电延时型，其结构如图2-40所示；而静铁芯位于衔铁和延时机构之间时，则为断电延时型。

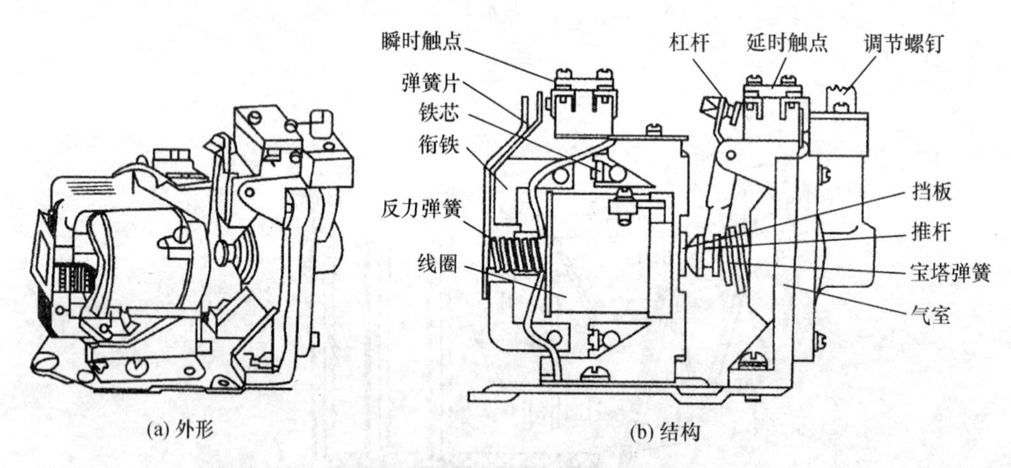

图2-40　空气阻尼式通电延时型时间继电器的结构示意图

（2）通电延时型空气阻尼式时间继电器。当线圈通电后，衔铁吸合，在衔铁的带动下弹簧片使瞬时触点立即动作，同时推杆在宝塔弹簧的作用下推动挡板，由于气室中橡皮膜下的空气变得稀薄，形成负压，推杆只能慢慢移动，其移动速度由调节螺钉控制的进气孔的进气大小来决定，经过一段延时后杠杆压动延时触点，使其动作，起到了通电延时的作用。当线圈断电，衔铁释放，气室中橡皮膜下的空气迅速排出，使推杆、杠杆、瞬时触点、延时触点等迅速复位。由线圈得电到延时触点动作的一段时间，即为时间继电器的延时时间，其大小可以通过调节螺钉调节进气孔的气隙大小来改变。

（3）断电延时型空气阻尼式时间继电器。当其线圈得电时，延时触点和瞬动触点立即动作，只是在线圈失电时，瞬动触点立即复位，对于延时触点而言，已经闭合的常开触点会延时断开，而断开的常闭延时触点则会延时闭合。

时间继电器的文字符号是 KT，图形符号如图 2-41 所示，主要是半圆的开口指向；其遵循的原则是：半圆的开口方向是触点延时动作的指向。

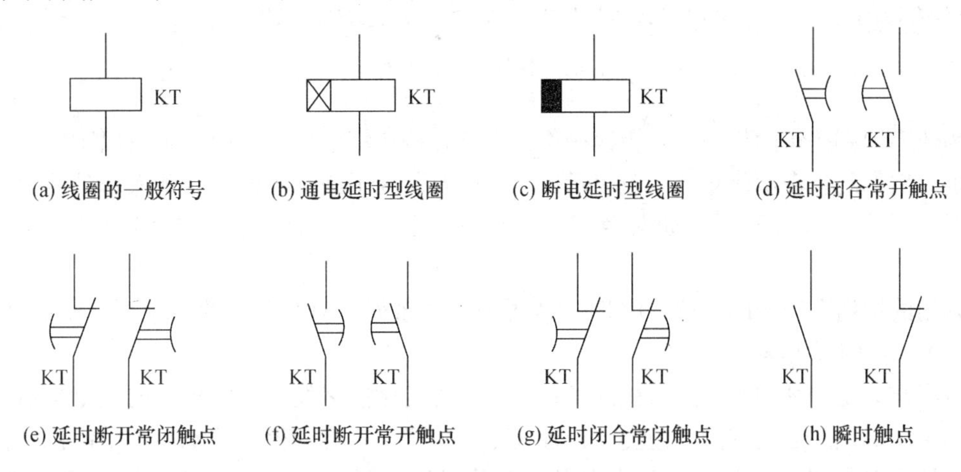

图 2-41　时间继电器的符号

目前，国内新式的产品有 JS23 系列，用于取代老式的 JS7-A、JS7-B 及 JSl6 系列。空气阻尼式时间继电器具有结构简单、调整简便、延时范围大，不受电源电压及频率波动的影响，价格低等优点。但延时精度低，一般用于对延时精度要求不高且无粉尘污染的场合。

4. 主令电器

主令电器是电气控制系统中，用于发送控制指令的非自动切换的小电流开关电器，利用它控制接触器、继电器或其他电器，使电路接通和分断来实现对生产机械的自动控制。主令电器应用广泛，种类繁多，主要有按钮、行程开关、接近开关、万能转换开关、凸轮控制器、主令控制器等。

（1）按钮（文字符号 SB）

按钮又称按钮开关，是一种用来短时接通或分断小电流电路的手动控制电器。常用的按钮与前面介绍过的开关不同的是它能够自动复位，通常它远距离发出“指令”控制继电器、接触器等电器，再由它们去控制主电路的通断。

按钮一般由按钮帽、复位弹簧、桥式动触点、静触点和外壳组成。根据其触点的分合状况，可分为常开按钮（或启动按钮）、常闭按钮（或停止按钮）和复合按钮（常开常闭组合的按钮）。按钮可以做成单个（称单联按钮）、两个（称双联按钮）和三个（三联式）的形式。按钮的外形结构及符号如图 2-42 所示。

复合按钮的动作原理是：按下按钮，常闭触点先断开，常开触点后闭合；松开按钮，常开触点先恢复断开，常闭触点后恢复闭合，这就是按钮的自动复位功能。

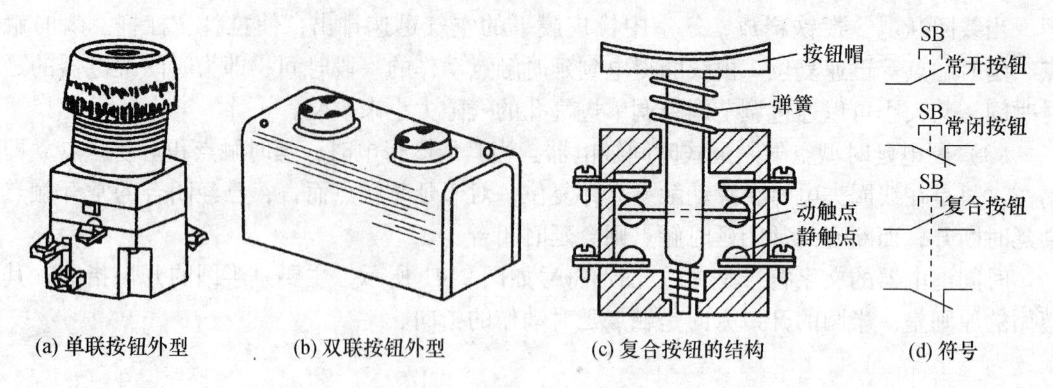

(a) 单联按钮外型　(b) 双联按钮外型　(c) 复合按钮的结构　(d) 符号

图 2-42　按钮的结构及符号

为便于识别按钮的作用，避免误操作，通常在按钮帽上做出不同标志或以不同颜色以示区别，例如红色表示停止，绿色表示启动。同时，为了满足不同控制和操作的需要，按钮的结构形式也有所不同，如紧急式、钥匙式、旋钮式、揿钮式、带灯式、打碎玻璃式等。

常用的按钮有国产的 LA2、LAl8、LAl9、LA20 系列，ABB 公司的 C 系列、K 系列。

（2）其他主令电器

行程开关是一种利用生产机械的某些运动部件的碰撞来发出控制指令的主令电器，用于控制生产机械的运动方向、速度、行程大小或位置。若将行程开关安装于生产机械行程的终点处，以限制其行程，则又称为限位开关或终点开关。常用的型号有 LXl9、LX22、LX32、LX33、JLXKl、LXW-11 和引进的 3SE3 等系列。

接近开关又称无触点行程开关，当运动的物体（如金属）与之接近到一定距离，则发出接近信号；它不仅可完成行程控制和限位保护，还可实现高速计数、测速、物位检测等。按照工作原理接近开关可以分为电感式、电容式、差动线圈式、永磁式、霍尔式、超声波式等，其中电感式最为常用。常用型号有国产的 3SG、U、SJ、AB、LXJ0 等系列，德国西门子公司的 3RG4、3RG6、3RG7、3RGl6 等系列。

万能转换开关是一种由多组相同结构的开关元件叠装而成的，用以控制多回路的主令电器，由凸轮机构、触头系统和定位装置构成。主要用于控制高压油断路器、空气断路器等操作结构的分合闸、各种配电设备中线路的换接、遥控和电压表、电流表的换向测量等；也可以用于控制小容量电动机的启动、换相和调速。由于用途广泛，故称为万能转换开关。常用型号有 LW5 和 LW6 系列。

主令控制器是一种用来较为频繁地切换复杂的多回路控制电路的主令电器。它一般由触头、凸轮、转轴、定位机构等组成。主令控制器主要用于轧钢、大型起重机及其他生产机械的电力拖动控制系统中对电动机的启动、制动和调速等进行远距离控制用。常用型号有 LKl、LK5、LK6、LKl4 等系列。

项目小结

本项目介绍了在实际生产、生活中常见的电气设备变压器、电动机以及常见的低压电器设备。

变压器是传送交流电能的一种电气设备，它通过磁路的耦合作用把交流电从原边送到副边，利用绕制在同一铁芯上的原边和副边绕组匝数不同，使副边输出的电压、电流等级与原边的不一样，满足生产、生活需要。

变压作用：原边电压 U_1 与副边电压 U_{20} 之间的关系为

$$\frac{U_1}{U_{20}} \approx \frac{E_1}{E_2} = \frac{N_1}{N_2} = k$$

式中，k 称为变压器的变压比（简称为变比），该式表明变压器原、副绕组的电压与原副绕组的匝数成正比。当 $k>1$ 时，为降压变压器；当 $k<1$ 时，为升压变压器。对于已经制成的变压器而言，k 值一定，故副绕组电压随原绕组电压的变化而变化。

变流作用：原边电流 I_1 与副边电流 I_2 之间的关系为

$$I_1 = \frac{N_2}{N_1} I_2$$

$$\frac{I_1}{I_2} = \frac{N_2}{N_1} = \frac{1}{k}$$

说明变压器负载运行时，其原绕组和副绕组电流有效值之比，等于它们匝数比的倒数，即变压比 k 的倒数。

变阻抗作用：当变压器的副边接入负载阻抗 $|Z_L|$ 时，反映（反射）到变压器原边的等效阻抗是

$$|Z'| = k^2 |Z_L|$$

副边阻抗反映到原边的等效阻抗增大 k^2 倍，这就是变压器的阻抗变换作用。

电动机作为带动生产机械运转的原动机，被广泛应用在现代化生产中。三相交流异步电动机由于结构简单、价格便宜、工作可靠，坚固耐用，使用和维护方便等优点，因此得到了极为广泛的使用。它通过定子绕组接通三相交流电，在气隙中产生一个转速（n_1）一定的旋转磁场，旋转磁场切割转子绕组，借助电磁感应传递能量而使转子转动起来，转子的转速 $n<n_1$，因此称为“异步”。

三相交流电动机定子旋转磁场每分钟的转速 n_1、定子电流频率 f_1 及磁极对数 p 之间的关系是

$$n_1 = \frac{60 f_1}{p}$$

旋转磁场的转速 n_1 又称为同步转速。

转差率 s 就是指同步转速 n_1 和转子转速 n 之差与同步转速 n_1 的比值，用公式表示

$$s = \frac{n_1 - n}{n_1} \times 100\%$$

三相交流异步电动机的电力拖动主要包括：启动、调速、制动。启动方法有直接启动和降压启动；调速方法有变频调速、变极调速、变转差率调速等方法；制动方法经常采用电气制动方法，包括反接制动和能耗制动。

常用低压电器设备低压（不超过 1 kV 的电压）电器被广泛地应用于电力输配、电力拖动和自动控制设备中，对电能的产生、输送、分配、使用起着控制、保护和调节作用。低压电器包括配电电器和控制电器，前者用于低压供配电系统，后者用于电力拖动控制系统。

本部分主要介绍了低压配电电器刀开关、低压断路器、熔断器等，低压控制电器接触器、继电器、主令电器等。了解低压电器的使用与维护是电气人员的一项基本技能。

思考与练习 2

2.1 举例说明变压器的用途。

2.2 变压器能否改变直流电压？如果将变压器的原绕组误接到与额定电压等值的直流电源上，有什么后果？

2.3 试分析和说明变压器原绕组接通电源后，副绕组没有电压输出的可能原因。

2.4 异步电动机为什么称为“异步”？为什么又称为“感应电动机”？

2.5 三相异步电动机接通电源后，如果转轴被卡住，长久不能启动，对电动机有什么影响？为什么？

2.6 有一台笼型电动机，其铭牌上规定电压为380/220 V，当电源电压为380 V时，试问能否采用Y/△降压启动？

2.7 熔断器和热继电器对电动机各起什么保护作用？

2.8 接触器的主触头为什么都是常开的？若都改成常闭的有什么问题？请举例说明接触器常开和常闭辅助触头的作用。

2.9 有一台额定容量为50 kV · A，额定电压为3 300/220 V的单相变压器，其高压侧绕组为6 000匝；试求：① 低压绕组的匝数；② 高压侧和低压侧的额定电流。

2.10 有一单相照明变压器的额定容量为10 kV · A，额定电压为3 300/220 V。欲在副绕组接上60 W、220 V的白炽灯，若要变压器在额定负载下运行，此种电灯可接多少个？并求变压器原、副绕组的电流。

2.11 在图2-43中，将$R_L=8\ \Omega$的扬声器接在输出变压器的二次绕组上，已知$N_1=300$，$N_2=100$，信号源电动势$E=6$ V，内阻$R_0=100\ \Omega$，试求信号源输出的功率。

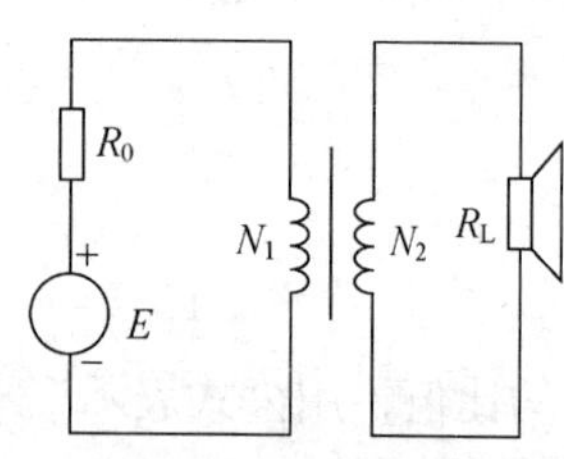

图2-43 题2.11图

2.12 一台三相异步电动机铭牌上标明$f_N=50$ Hz，$n_N=960$ r/min，该电动机的磁极对数是多少？

2.13 已知Y100L1-4型（$p=2$）异步电动机的某些额定技术数据如下：

2.2 kW 380 V Y形连接法 1420 r/min $\cos\Phi=0.82$ $\eta=81\%$（效率）

试计算相电流和线电流的额定值及额定转差率，设电源频率为50 Hz。

项目三　电动机基本控制电路

学习目标

能力目标

1. 能读懂简单的电气原理图；
2. 能够正确连线电动机基本控制电气原理图，使电动机正常运行；
3. 会分析简单线路故障。

知识目标

1. 掌握电工识图基本常识；
2. 理解电动机基本控制电路的工作原理；
3. 掌握常用电气设备的图形符号和文字符号。

本项目内容简述

本项目主要介绍了电工识图基本常识和电动机基本控制电路。通过电动机基本控制线路的安装实训，进一步强化维修电工岗位职业素质，操作规范和安全防范意识。

3.1　电工识图基本常识

3.1.1　电工用图的分类

电工用图又叫电气图。电工用图的种类较多，通常有电气原理图、电气安装接线图、电气系统图、方框图、展开接线图、电器元件平面布置图或系统图等。本节将叙述在电气安装与维修中用得最多的电气原理图和电气安装接线图。

1. 电气原理图

电气原理图是用电气符号按工作顺序排画、详细表示电路中电气元件、设备、线路的组成以及电路的工作原理和连接关系，而不考虑电气元件、设备的实际位置和尺寸的一种简图。如图 3-1 所示为三相异步电动机点动正转控制线路的电气原理图。为了便于说明，暂在图中省略了边框线和图区编号。

2. 电气安装接线图

电气安装接线图是表示设备电气线路连接关系的一种简图。它是根据电气原理图和位置图编制而成的，主要用于电气设备及电气线路的安装接线、检查、维修和故障处理。

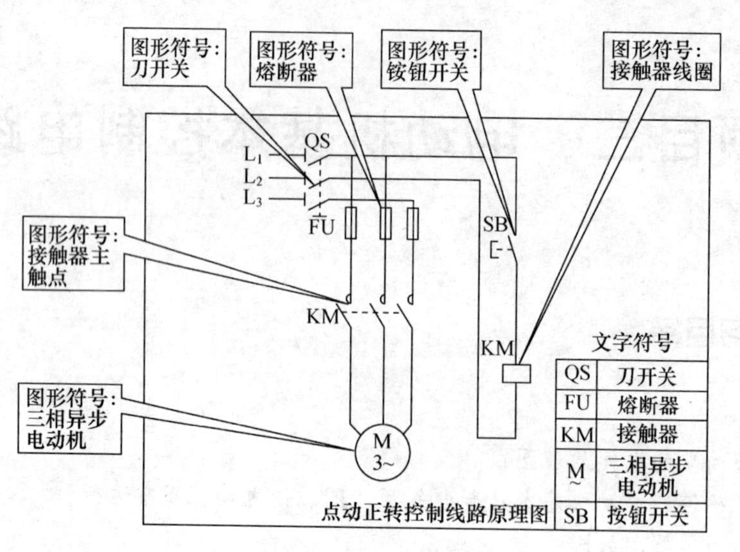

图 3-1　电气原理图

接线图根据所表达内容的特点可分为单元接线图、互连接线图、端子接线图、电缆图等。

(1) 单元接线图。它是表示成套装置或设备中一个结构单元内的各元件之间的连接关系的一种接线图。这里所指“结构单元”是指在各种情况下可独立运行的组件或某种组合体，如电动机、开关柜等，如图 3-2 所示。

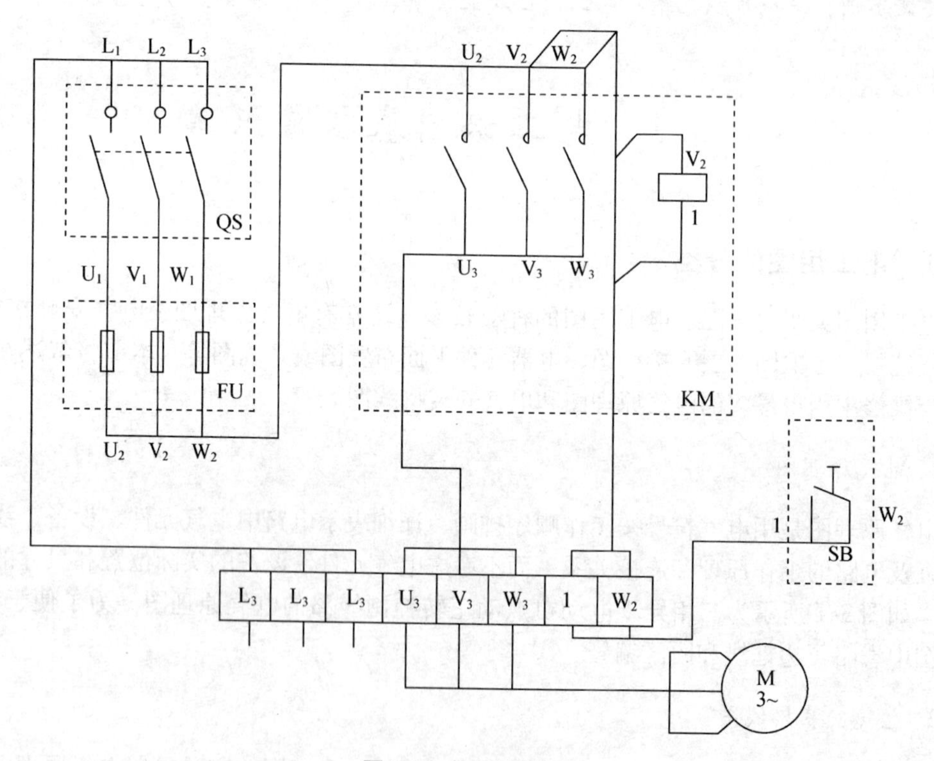

图 3-2　单元接线图

（2）互连接线图。它是表示成套装置或设备的不同单元之间连接关系的一种接线图。

（3）端子接线图。它是表示成套装置或设备的端子以及接在端子上外部接线（必要时包括内部）的一种接线图。

（4）电缆图。电缆图可表示单元之间外部电缆的敷设，也可表示电缆的路径情况。它用于电缆安装时给出安装用的其他有关资料。导线的详细资料由端子接线图提供。

3.1.2　电工用图中区域的划分

标准的电工用图（电气原理图）对图纸的大小（图幅）、图框尺寸和图区编号均有一定的要求，如图 3-3 所示。

电工用图（电气原理图）的图幅和图框尺寸是一一对应的。图框线上、下方横向标有阿拉伯数字 1、2、3 等，图框线左、右方纵向标有大写英文字母 A、B、C 等，这些是图区编号，是为便于检索图中的电气线路或元件。为方便阅读、理解全线路的工作原理，在图的上方设置了“功能格”。功能格表明它对应的下方元件或电路的功能。

电工用图（电气原理图）的绘制，要做到布局合理、排列均匀、图面清晰。一般按照下列原则来绘制。

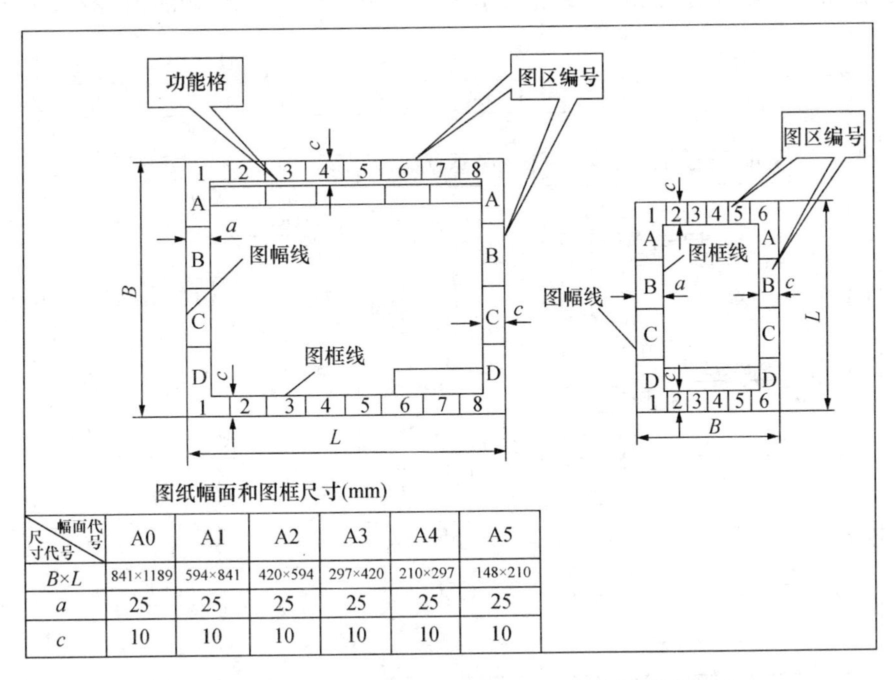

图纸幅面和图框尺寸(mm)

尺寸代号 \ 幅面代号	A0	A1	A2	A3	A4	A5
$B \times L$	841×1189	594×841	420×594	297×420	210×297	148×210
a	25	25	25	25	25	25
c	10	10	10	10	10	10

图 3-3　电气原理图中图幅、图框尺寸、图区编号的要求

1. 电源电路

电源电路一般设置在图面的上方或左方，三相四线电源线相序由上至下或由左至右排列，中性线绘制在相线的下方或左方，如图 3-4 所示。

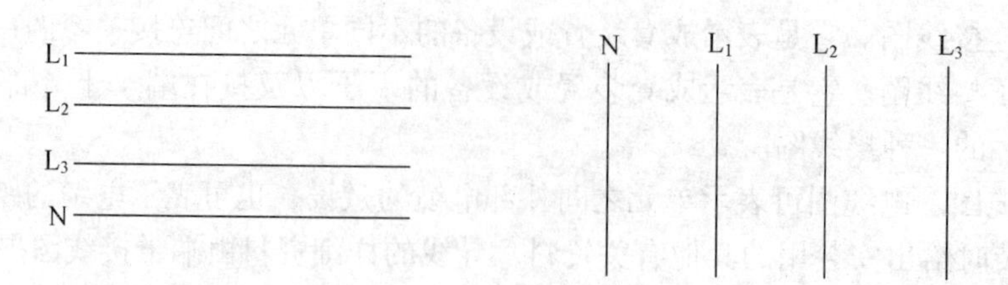

图 3-4 电源相序的排列

2. 主电路

在电力拖动控制线路中，主电路通常包括电动机、转换开关、熔断器、接触器主触点及其连接导线等，主电路通过电流大，在原理图中要用粗实线画在图面的左边。

3. 控制电路和辅助电路

控制电路和辅助电路通常采用细实线绘制在图面的右方。控制电路包括接触器、继电器线圈和辅助触点、按钮开关及其连接导线等，按照对控制主电路的动作顺序要求从左至右绘制。辅助电路是指电气线路中的信号和照明部分，应画在控制电路的右方，如图 3-5 所示。

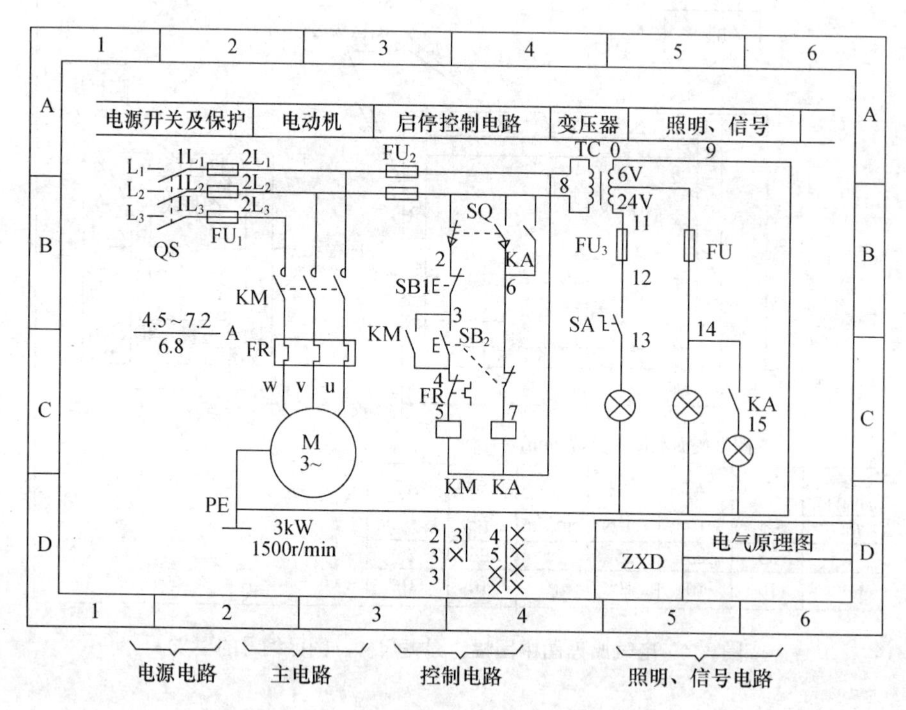

图 3-5 车间某动力设备电气原理图的布局

3.1.3 电工用图中符号位置的索引

为了便于查找电工用图（电气原理图）中某一元件的位置，通常采用符号索引来表示。符号位置索引是由图区编号中代表行（横向）的字母和代表列（纵向）的数字组合，必要时还须注明所在图号、页次。如图 3-6 中所示的符号位置索引即表示图 3-7 中接触器 KM 线圈的位置。

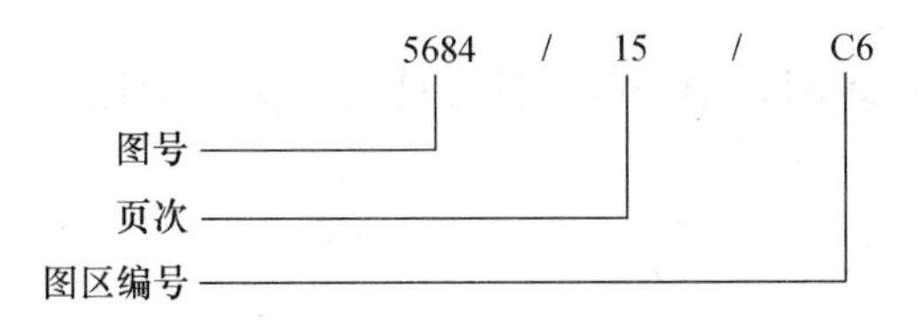

图 3-6　符号位置索引表示方法

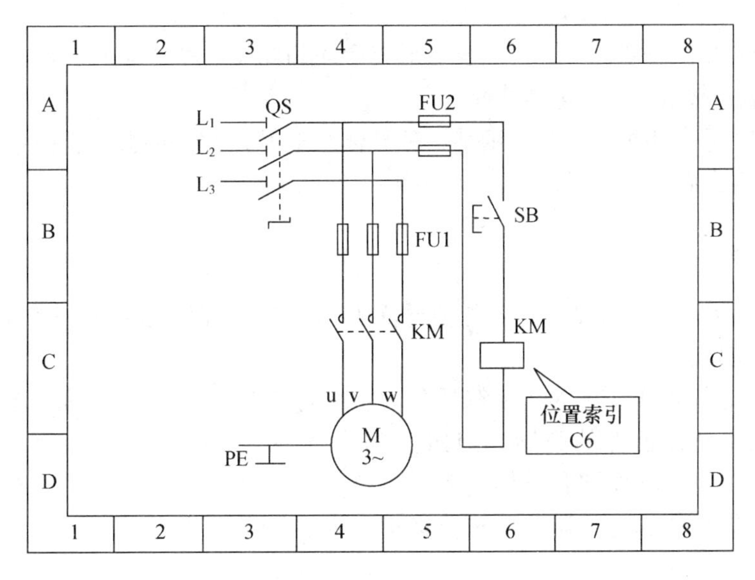

图 3-7　符号位置索引

图 3-8（a）所示为图 3-5 中接触器 KM 和继电器 KA 相应触点位置的索引，一般画在对应线图下方，表明线圈与相应触点在电气图中的位置关系。触点位置索引含义如图 3-8（b）所示。

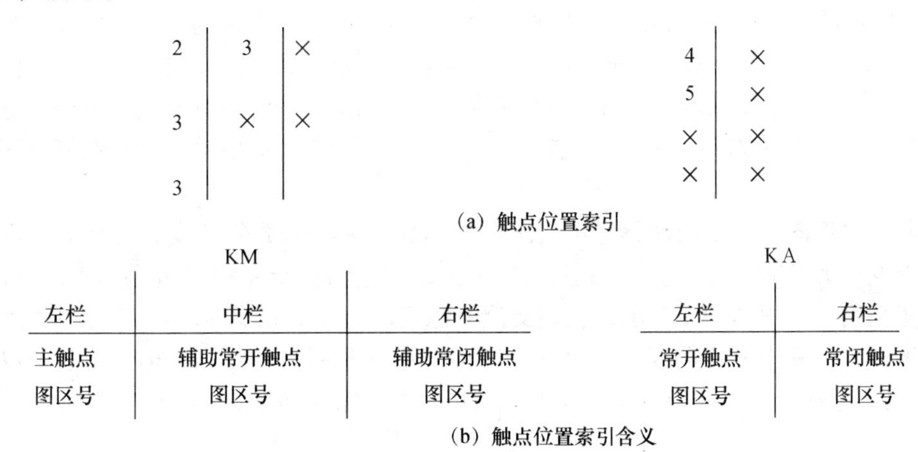

图 3-8　触点位置索引及含义

3.1.4 电气符号

在电工用图（电气原理图）中的电气符号是国家统一规定的，它包括图形符号、文字符号和回路标号。

1. 图形符号

（1）基本符号。基本符号不表示独立的电气元件，只说明电路的某些特征。例如，“～”表示交流电，“—”表示直流电等。

（2）一般符号。一般符号是用以表示某类产品和此类产品特征的一种较简单的符号。例如，“中”表示接触器、继电器线圈。

（3）明细符号。明细符号是表示某一种具体的电气元件，它由一般符号、限定符号、物理量符号等组合而成。

2. 文字符号

文字符号是表示电气设备、元器件种类及功能的字母代码。文字符号又分基本文字符号和辅助文字符号。

（1）基本文字符号。基本文字符号分为单字母符号和双字母符号。单字母符号表示各种电气设备和元器件的类别。例如，“F”表示保护电器类。当用单字母符号表示不能满足要求，需较详细和具体地表示电气设备、元器件时，可采用双字母符号表示。例如，“FU”表示熔断器，是短路保护电器；“FR”表示热继电器，是过载保护电器。

（2）辅助文字符号。辅助文字符号用来表示电气设备、元器件以及线路的功能、状态和特征。例如，“SYN”表示同步，“L”表示限制，“RD”表示红色等。

3. 回路标记

电气原理图中的回路上都标有文字标号和数字标号，它们是回路标号。回路标号主要用来表示各回路的种类和特征，通常由 3 位或 3 位以下数字组成，按照“等电位”的原则进行标注。所谓等电位原则，即回路中凡接在一点上的所有导线都具有同一电位，标注相同的回路标号。所有线圈、绕组、触点、电阻、电容等元件所间隔的线段，应标注不同回路的标号。

在电气原理图中，主回路标号由文字标号和数字标号两部分组成。文字标号用来标明回路中电气元件和线路的技术特性。例如，交流电动机定子绕组首端用 U_1、V_1、W_1 表示，尾端用 U_2、V_2、W_2 表示；三相交流电源用 L_1、L_2、L_3 表示。数字标号用来区别同一文字标号回路中的不同线段。例如，三相交流电源用 L_1、L_2、L_3 标号，开关以下用 $1L_1$、$1L_2$、$1L_3$ 标号，熔断器以下用 $2L_1$、$2L_2$、$2L_3$ 标号等。具体标号方法如图 3-9 所示。

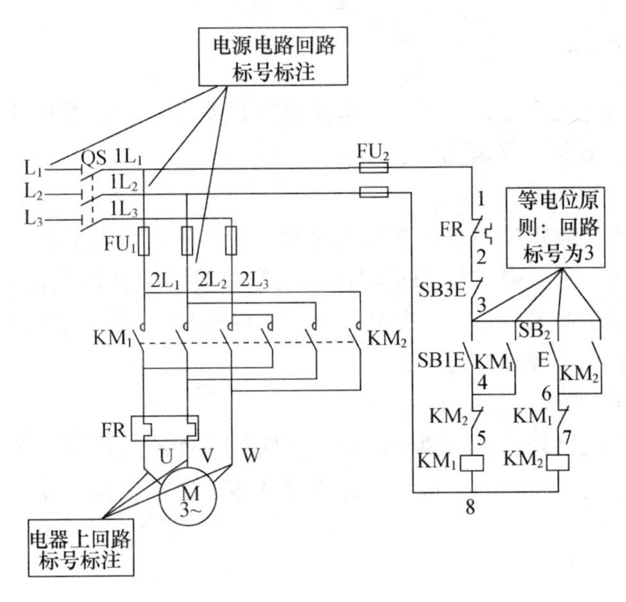

图 3-9　回路标号的标注方法

4. 技术数据的表示方法

技术数据可以标在图形符号的旁边，如图 3-10 所示。热继电器的动作电流调整范围和整定值分别为 4.5～7.2 A 和 6.8 A。技术数据也可用表格的形式单独给出。

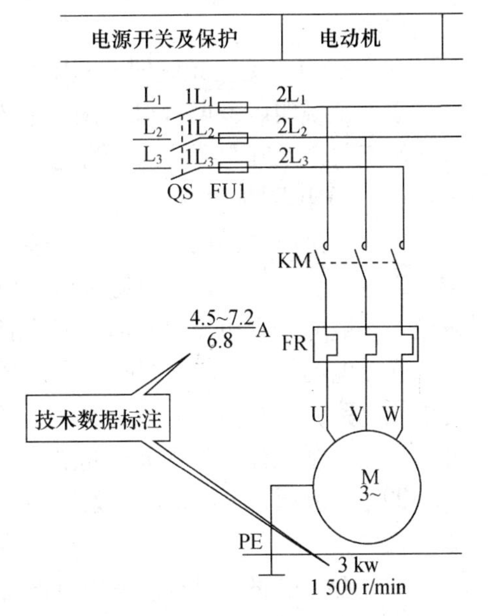

图 3-10　技术数据表示方法

3.1.5　电气读图方法

1. 电工识图的基本方法

（1）电路图是电工领域中提供信息的最主要方式，各种图的命名是根据其所表达信息的类型和表达方式而确定的。因此在识读电路图时，一定要根据其提供的信息摸清该电路图的主要用途。

（2）电路中的开关、触点位置均处在“平常状态”绘制。所谓“平常状态”是指开关、继电器线圈在没有电流通过及无任何外力作用时触点的状态。开关电器在线圈无电、无外力作用时，通常所说的动合、动断触点是断开或闭合的。一旦通电或有外力作用时触点状态随之改变。

（3）一般来说，电路图都比较复杂，图中的若干元器件之间是相互联系的。识图的主要任务之一就是要理清各个元器件之间的关系。因此，建议在识图时要“瞻前顾后”，按照一定的思路，一步一步进行识读。

2. 电工识图的步骤

对于比较复杂的电气系统控制图，可以按照看说明书、看图纸说明、看标题栏、看概略图和看电路图的“五看”步骤来识读。

（1）看说明书

对任何一个系统、装置或设备，在看图之前，应首先了解它们的机械结构、电气传动方式、对电气控制的要求、电动机和元器件的大体布置情况，以及设备的使用操作方法，各种按钮、开关、指示器等的作用。此外，还应了解使用要求、安全注意事项等，以便对系统、装置或设备有一个较全面的认识。

（2）看图纸说明

图纸说明包括图纸目录、技术说明、元器件明细表和施工说明书等。识图时，首先要看清楚图纸说明书中的各项内容，搞清设计内容和施工要求，这样才可了解图纸的大体情况和抓住识图重点。

（3）看标题栏

图纸中的标题栏是电路图的重要组成部分之一，根据电路图的名称及图号等有关信息，可对电路图的类型、性质、作用等有一个大致的轮廓印象，同时，还可大致了解电路图的内容。

（4）看概略图（系统图或框图）

看图纸说明后，再看概略图，从而了解整个系统或分系统的概况，即它们的基本组成、相互关系及其主要特征，为进一步理解系统或分系统的工作方式、原理打下基础。

（5）看电路图

电路图是电气图的核心。对一些大型设备，电路比较复杂，看图难度较大，不论怎样，都应按照由简到繁、由易到难、由粗到细的步骤去逐步看懂、看透，直到完全明白、理解，一般应先看相关的逻辑图和功能图。

在看电动机拖动电路图时，先要分清主电路和辅助电路、交流电路和直流电路，按照先看主电路，再看辅助电路的识读顺序。看主电路时，通常是从下往上看，即从用电设备开始，经控制元件、保护元件顺次往上看电源。看辅助电路时，则自上而下，从左向右看，即先看电源，再顺次看各条回路，分析各条回路元器件的工作情况及其对主电路的控制关系。

通过看主电路，要搞清楚用电设备是怎样取得电源的，电源是经过哪些元件到达负载的，这些元件的作用是什么；看辅助电路时，要搞清电路的构成，各元件间的联系（如顺序、互锁等）及控制关系，在什么条件下电路构成通路或断路，以理解辅助电路对主电路是如何控制动作的，进而搞清楚整个系统的工作原理。

下面以图 3-11 所示的电动机单向启动控制电路为例来介绍识图方法。

（1）看用电器。用电器是指消耗电能的用电器具或电气设备，如电动机、电热器件等。看图首先要看清楚有几个用电器，它们的类别、用途、接线方式及一些不同要求等。例如最常见的电动机，要先搞清电动机属于哪类，采用了什么接线方式，电动机有何特殊要求，如启动方式、正反转及转速的要求等。

本电路的用电器有一台三相交流异步电动机 M，采用交流直接启动方式。

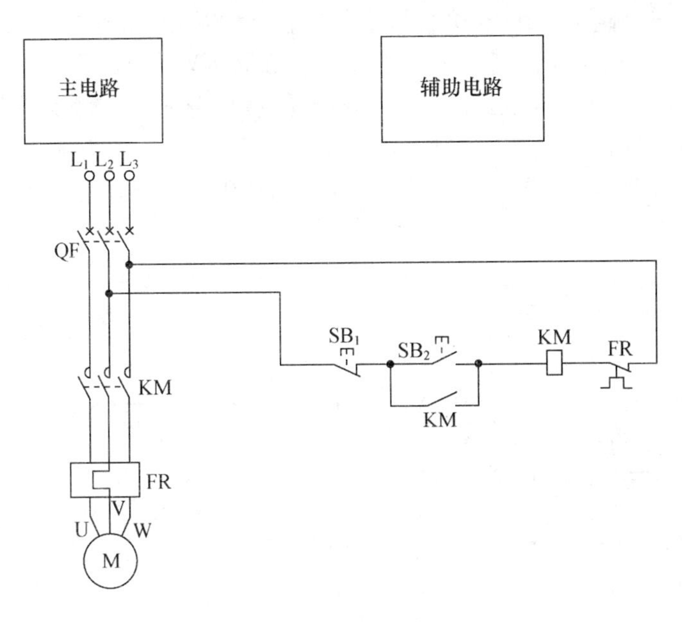

图 3-11 电动机单向启动控制电路

(2) 搞清用什么电气元器件控制用电器，是开关还是启动器、接触器或继电器。

在本电路中，控制电动机的电气元器件是接触器 KM。

(3) 看主电路上还有什么电器，有何用途。如电源开关、熔断器、热继电器等。

在本电路中，接有电源开关 QF、热继电器 FR。QF 控制主电路电源的接通和断开，FR 对 M 起过载保护作用。

(4) 看电源，了解电源电压等级。

本电路的电源是 380 V 三相交流电。

3.2 电动机基本控制电路

生产机械要完成一定的工作程序和工作任务，大量采用电力拖动装置，即由电动机拖动生产机械设备工作。电力拖动控制装置是对电动机的各种运行方式进行控制，电动机控制系统的基本电路很多，按照电动机运行状态来分，有各种启动电路、调速控制电路和制动电路等；按照控制方式来分，有点动、连锁、顺序、自循环等。

3.2.1 启动控制电路

1. 直接启动控制电路

图 3-12 是直接启动控制电路，它适用于使用小容量电动机，只需单一速度、单方向的机械设备。该电路由两大部分组成：主电路和控制电路。主电路由接触器 KM 的主触点接通和断开，并带有设备短路和过载保护。控制电路由控制电源、启动、停止、连

锁环节等组成。该电路的控制电源直接引用交流 380 V 电源。启动、停止用动合（常开）、动断（常闭）按钮来控制，执行环节为接触器 KM。因此，合上电源，按下启动按钮 SB_2，KM 得电，其动合触点闭合，接触器依靠自身的常开触点使线圈保持通电的效果，称为自锁（俗称自保）。此时，这对常开辅助触点称为自锁触点。主触头闭合，电动机全压直接启动运行；按下停止按钮 SB_1，KM 失电，其动合触点打开，电动机断电停机。

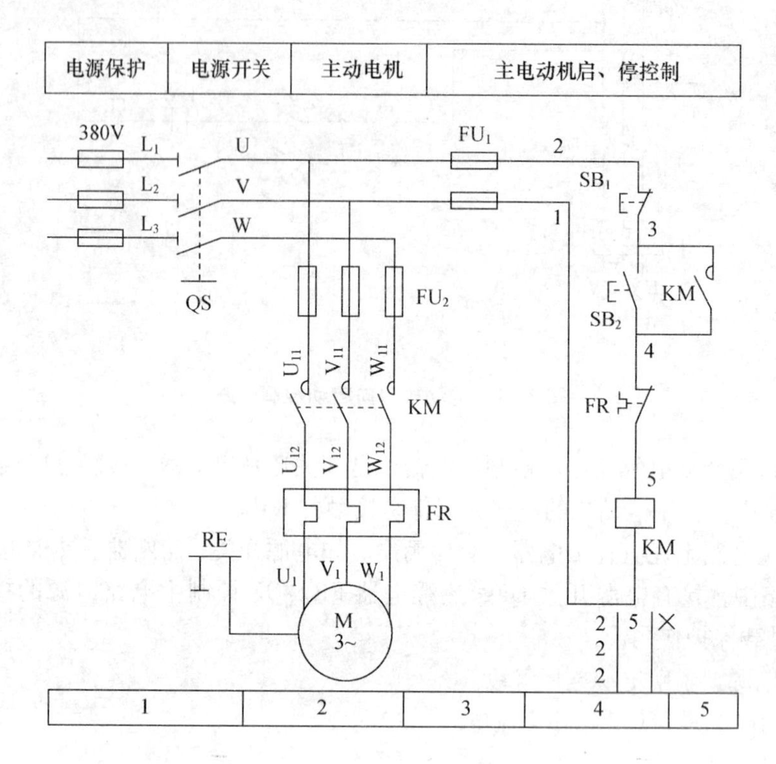

图 3-12　接触器直接启动控制电路

该电路设有短路、过载和欠压保护。当主电路或控制电路发生短路时，FUl、FU2 分别熔断实现短路保护。过载保护由热继电器 FR 来实现；失压保护由接触器来完成，当电压低于接触器释放电压值时，KM 就自动释放，断开主电路。接触器线圈下方标注了各触点所在图的列号，左边竖线左侧列出主触点，右竖线左侧列出动合辅触点、右侧列出动断辅触点。

2. 降压启动控制电路

降压启动可有效减小启动电流，但电动机的转矩与电压平方成正比，所以启动转矩也大大减小。因此，它适用于对启动转矩要求不高或空载、轻载的机械设备。常用的降压启动的实现方法有 Y-△换接启动、定子回路串电阻降压启动和自耦变压器降压启动。

（1）Y-△换接启动电路

额定电压运行时，定子绕组接成三角形的三相笼型异步电动机，可以采用 Y-△降压方式来实现限制电流的目的。电动机运行时，定子绕组接成星形运转后再接成三角形全压运行。采用 3 个接触器来实现电动机的 Y-△降压，其控制电路如图 3-13 所示。它由断路器 QF、接通电源接触器 KM_1、Y 形连接接触器 KM_3、△形连接接触器 KM_2、通电延时型时间继电器 KT 等组成。

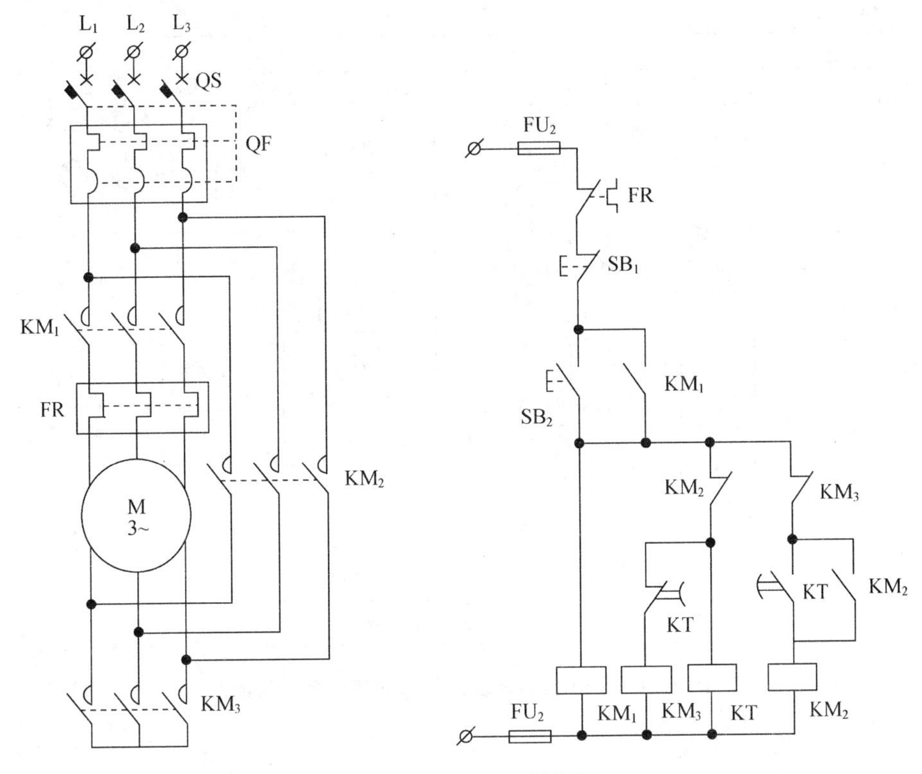

图 3-13　Y-△降压控制图

电路控制的原理是：合上电源开关 QS，按下按钮 SB_2，接触器 KM_1、KM_3 得电自锁，电动机定子绕组星形接线，降压；同时，时间继电器 KT 得电延时，当延时时间到，KT 常闭触点断开，KM_3 失电，KT 常开触点闭合使 KM_2 得电自锁，电动机定子绕组换接为三角形全压运行。当 KM_2 得电后，其常闭触点断开使 KT 失电，以免 KT 长期通电。KM_2、KM_3 的常闭触点为互锁触点，以防止电动机定子绕组同时连接成星形和三角形，造成电源短路。时间继电器 KT 延时动作时间，就是电动机接成 Y 形的降压过程时间。Y/△降压，仅适用于空载或轻载的场合。

（2）自耦变压器降压启动

图 3-14 是 XJ01 型自耦变压器的自动启动控制电路图，它由主电路、控制电路和指示灯三部分组成。按下 SB_3（或 SB_4，用于两地控制）后，KM_1、KT 得电，自耦变压器接成星形，由低压端接入电动机，进行降压启动。KM_1 的动合辅助触点闭合，进行自锁。经延时（即在降压启动时间）后，KT 的动合延时闭合触点闭合，使中间继电器 KA 有电。KA 动断触点断开，使 KM_1 失电；KA 动合触点闭合，一对用于自锁，另一对使 KM_2 得电。KM_2 主触点闭合，电动机全压运行，这时指示灯 14 亮。而在降压启动期间，指示灯 16 亮；停车期间 15 亮，表示控制电路有电源。

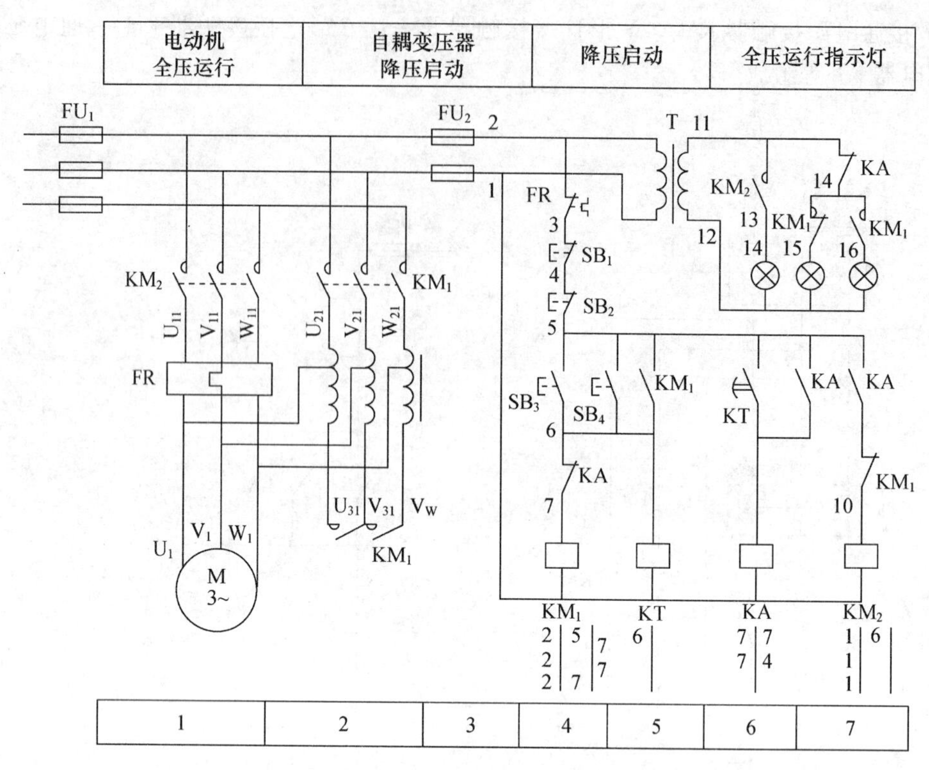

图 3-14　XJ01 型自耦变压器自动启动控制电路

3. 2. 2　制动控制电路

1. 他激能耗制动控制电路

图 3-15 是他激能耗制动控制电路图。其中图 3-15（a）是由手动控制能耗制动时间，图 3-15（b）是由时间继电器控制能耗制动时间（仅画出部分控制电路图，其主电路与图 3-15（a）一样）。

在图 3-15（a）中，合上电源开关 QS，按下启动按钮 SB_2 使 KM_1 得电，其动合触点闭合自锁，主触点闭合，电动机直接全压启动运行。当需停车时，按下停车按钮 SB_1，使 KM_1 失电，其动合触点断开，电动机断开电源。这时，动断触点 KM_1 闭合，使 KM_2 得电（这时不能松开 SB_1）；KM_2 的动合触点闭合，给电动机定子加入励磁电流，使电动机进行能耗制动。当转速下降到接近零时松开 SB_1，KM_2 线圈失电，能耗制动停止。该电路在制动过程中要由人工始终按下 SB_1，因此操作不方便。

图 3-15（b）采用时间继电器控制能耗制动时间，在停车制动过程中，只需按一下 SB_1 就可使 KM_1 失电，电动机脱离电源。KM_1 动断触点闭合，使 KM_2、KT 得电并自锁，电动机进入能耗制动。时间继电器 KT 的延时断开的动断触点经延时后断开，使 KM_2 失电，电动机能耗制动结束，同时 KT 失电复位。

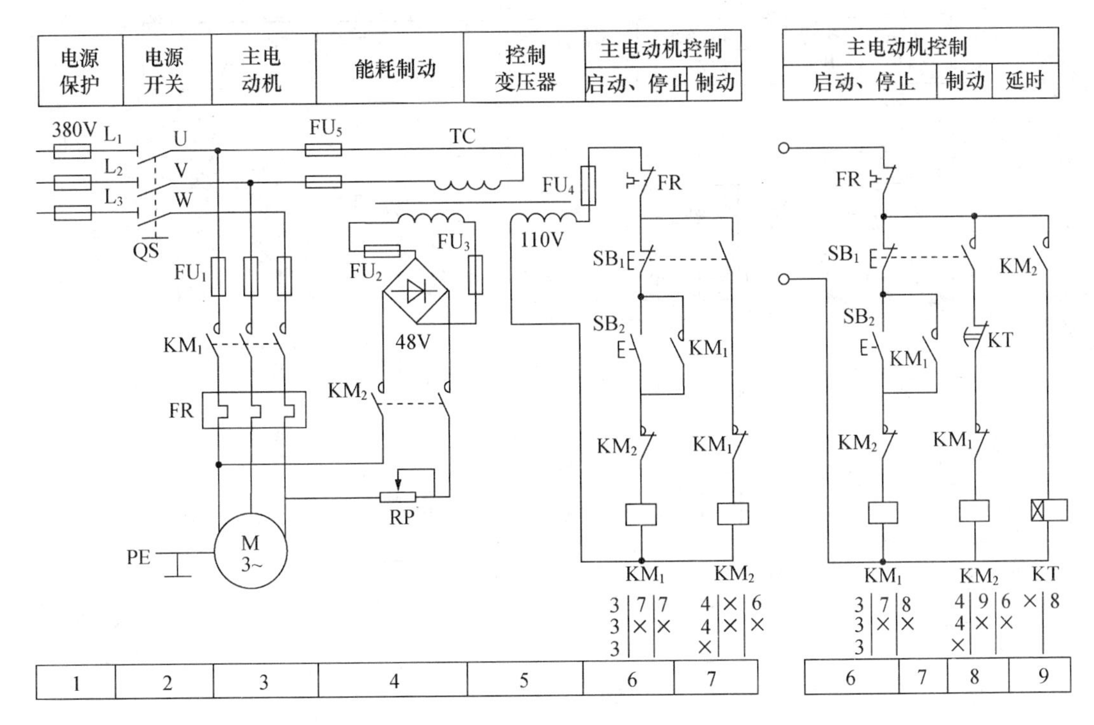

(a) 手动控制能耗制动时间　　(b) 由时间继电器控制能耗制动时间

图 3-15　他激能耗制动控制电路

2. 反接制动控制电路

图 3-16 为反接制动控制电路图。主电路中接触器 KM_1 和 KM_2 两组主触点构成不同相序的接线。控制电路中 KS 为速度继电器，当转速低于一定值时释放。按下停车按钮 SB_1 时，KM_1 失电，电动机断开电源。同时 SB_1 的连动触点使 KM_2 得电并自锁，主触点闭合，电动机进入反接制动。当转速下降到接近零时，转速继电器 KS 释放，使 KM_2 失电，反接制动结束。

3.2.3　运行控制电路

电动机除了启动控制、制动控制外，还有一些为了满足机械设备工作要求的其他运行控制，如点动控制、连续运转控制、正反转控制等。

1. 点动控制

所谓点动控制，就是当按下按钮时，三相笼型异步电动机运转；当松开按钮时，三相笼型异步电动机断电停转。图 3-17 为三相笼型异步电动机点动控制电路。

点动控制的原理是：按下 SB 按钮，接触器 KM 线圈通电吸合，主触点闭合，三相笼型异步电动机旋转；松开 SB 按钮时，接触器 KM 线圈断电释放，主触点断开，三相笼型异步电动机停转。

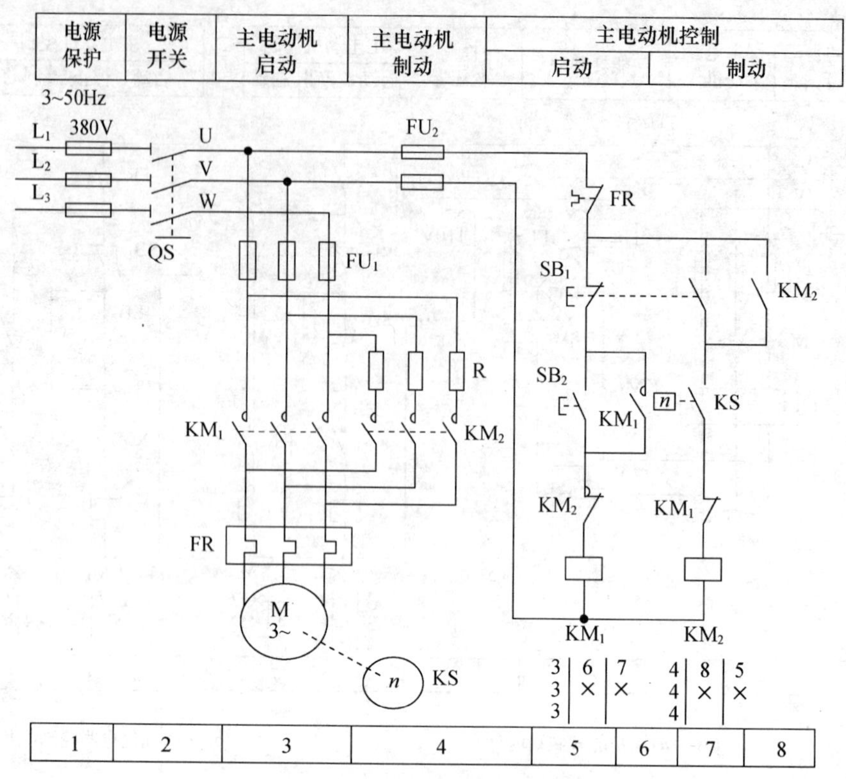

图 3-16　反接制动控制电路

2. 连续运转控制电路

生产机械不仅需要点动控制，常需要连续运转。三相笼型电动机的单向连续运转控制电路可以由负载开关、低压断路器或者接触器来控制。图 3-18 是接触器控制电动机单向旋转连续运转电路。

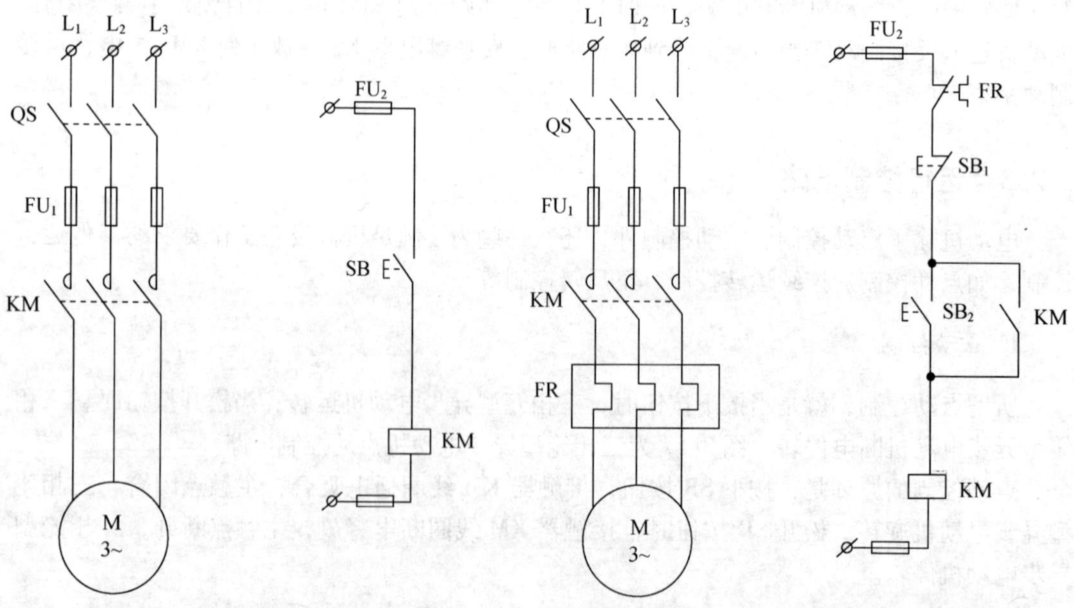

图 3-17 点动控制原理图

图 3-18　电动机单向旋转连续控制电路图

（1）电动机：当按下按钮 SB_2 时，接触器 KM 线圈通电并自锁，主触点 KM 闭合，电动机获得连续运转。

（2）电动机停转：当按下停车按钮 SB_1 时，接触器 KM 线圈断电并释放，其主触点和自锁触点均分断，切断接触器线圈电路和电动机电源，电动机断电停转。

连续运转控制电路具有的保护环节如下。

（1）短路保护

由熔断器 FU_1 作为主电路的短路保护（若选用断路器作电源开关时，断路器本身已经具备短路保护功能，故熔断器 FU_1 可不用）、FU_2 作为控制电路的短路保护。

（2）过载保护

热继电器 FR 用做电动机的过载保护和缺相保护。当电动机出现长期过载时，串接在电动机定子绕组电路中的热元件使双金属片受热弯曲，这时串接在控制电路中的常闭触点断开，切断接触器线圈电路，使电动机断开电源，实现过载保护。

（3）欠压和失压（零压）保护

这种电路本身具有失压和零压保护功能。在电动机运行中，当电源电压降低到一定值（一般在额定电压的 85% 以下）时，接触器线圈磁通量减小，电磁吸力不足，使衔铁释放，主触点和自锁触点断开，电动机停转，实现欠压保护；在电动机运行中，电源突然停电，电动机停转。当电源恢复供电时，由于接触器主触点和自锁触点均已断开，若不重新启动，电动机不会自行工作，实现了失压保护。因此，带有自锁功能的接触器控制电路具有欠压、失压保护作用。

3. 正反转控制

生产机械的运动部件往往要求正反两个方向的运动，这就要求拖动电动机能正反向旋转。由电机原理可知，只要改变电动机定子绕组的三相交流电源相序，就可实现电动机的正反转。因此，可采用两个接触器来实现不同电源相序的换接，图 3-19 为三相笼型电动机的正反转控制电路图。

三相笼型异步电动机的正反转控制电路基本上是由两组单相旋转控制电路组合而成的，其主电路由正转接触器 KM_1、反转接触器 KM_2 的主触点来改变电动机的相序，实现电动机的正反转，如图 3-19（a）所示。很显然，当正转接触器 KM_1 接通时，电动机正转；当反转接触器 KM_2 接通时，电动机反转；假若两个接触器同时接通，那么主电路将有两根电源线通过它们的主触点使电源出现相间短路事故。因此，对正反转控制电路最基本的要求是：必须保证两个接触器不能同时得电。

两个接触器在同一时间里利用各自的常闭触点锁住对方的控制电路，只允许一个线圈通电的控制方式称为互锁或连锁，如图 3-19（b）所示。将正反转接触器 KM_1、KM_2 的常闭触点串接在对方的线圈电路中，形成相互制约的控制。这样，当正转接触器 KM_1 工作时，其常闭互锁触点 KM_1 断开了反转接触器 KM_2 的线圈电路，即使再误按下反转按钮 SB_3 也不可能使 KM_2 线圈通电；同理，当反转接触器 KM_2 通电时，正转接触器 KM_1 也不可能动作。

这种控制电路的优点是安全可靠，不会出现误操作。缺点是在正转过程中若要反转时，必须先按停车按钮 SB_1，使 KM_1 失电，互锁触点 KM_1 恢复闭合后，再按反转按钮 SB_3 才能使 KM_2 得电，电动机反转；反之亦然。这就构成了“正—停—反”或“反—停—正”

的操作顺序。

对于要求电动机直接由正转变反转或者反转直接变正转，可以采用双重连锁电路，如图 3-19（c）所示。它增设了按钮的常闭触点作为互锁，构成具有电气、按钮互锁的控制电路。此电路既可实现“正—停—反”操作，又可实现“正—反—停”操作。

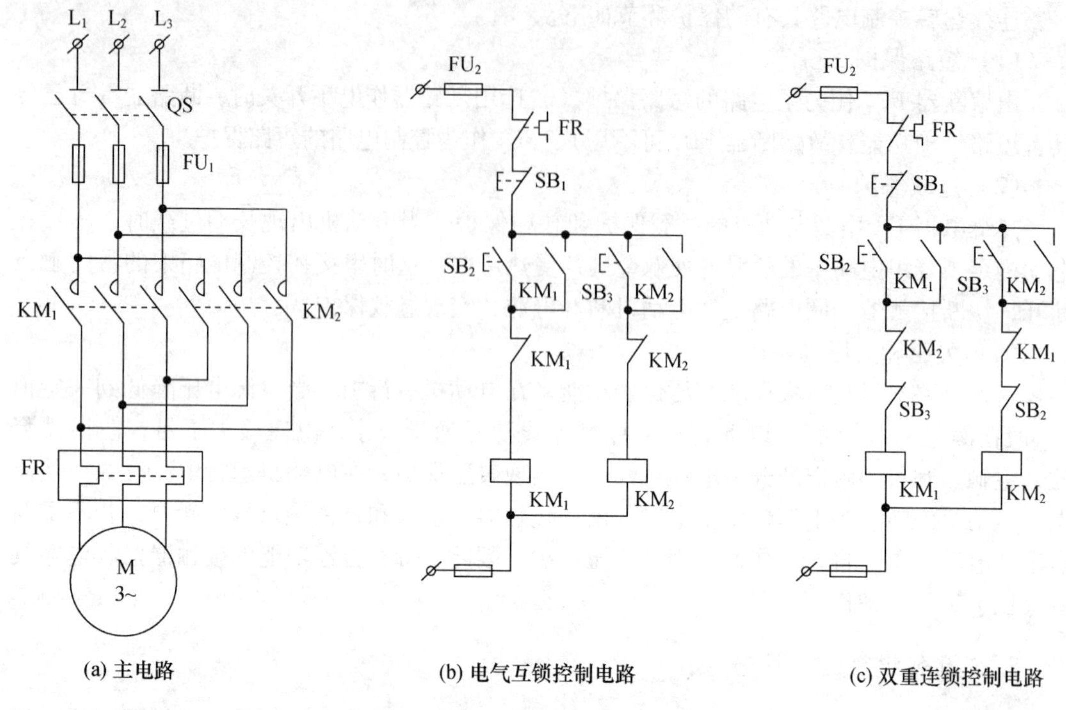

图 3-19 电动机的正反转控制电路图

3.2.4 电动机基本控制线路的安装实训

【实训目标】

1. 熟悉电动机控制线路的安装步骤；
2. 能读懂电动机基本控制电气原理图并正确连线，使电动机正常运行；
3. 熟悉常用电气设备的图形符号和文字符号；
4. 熟悉安装接线的工作流程，养成安全文明操作习惯。

【实训内容】

1. 电动机控制线路的安装步骤

（1）熟悉电气原理图

电动机控制线路是由一些电器元件按一定的控制关系连接而成的。这种控制关系反映在电气原理图上。为了顺利安装接线、检查调试和排除线路故障，必须读懂电气原理图。

（2）绘制安装接线图

电气原理图是为方便阅读和分析控制原理而用“展开法”绘制的，并不反映电器元件的结构、体积和实际安装位置。为了具体安装接线、检查线路和排除故障，必须根据原理图绘制安装接线图。

（3）检查电器元件

安装接线前应对所使用的电器元件逐个进行检查，避免电器元件故障与线路错接、漏接造成的故障混在一起。对电器元件先检查后使用，避免安装、接线后发现问题再拆换，提高工作效率。

（4）固定电器元件

按照接线图规定的位置将电器元件固定在安装底板上。元件之间的距离要适当，既要节省板，又要方便走线和投入运行后的检修。

（5）照图接线

接线时，必须按照接线图规定的走线方位进行，一般从电源端起按线号顺序做，先做主电路，然后做辅助电路。

（6）检查线路和试车

制作好的控制线路必须经过认真的检查后才能通电试车，以防止错接、漏接及电器故障引起线路动作不正常，甚至造成短路事故。

本实训以点动控制线路、连动控制线路、正反转控制线路为例，只给出了电气原理图和接线图作为参考，其他步骤自行完成。

2. 点动控制

（1）电气原理

点动控制的电气原理图如图 3-20 所示。在点动控制线路中，因电动机工作时间较短，一般不加装热继电器。因为松开按钮，电动机即可停车，故无需加装停止按钮。

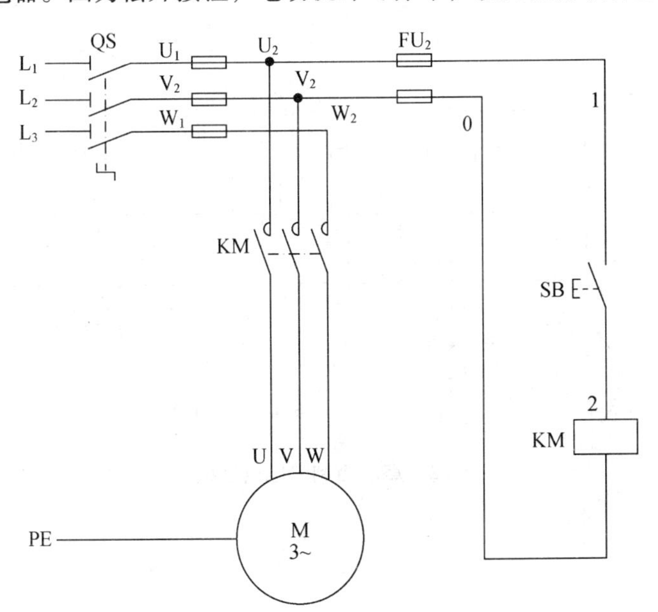

图 3-20　点动控制的电气原理图

（2）安装接线

点动控制的各电器位置如图 3-21 所示。

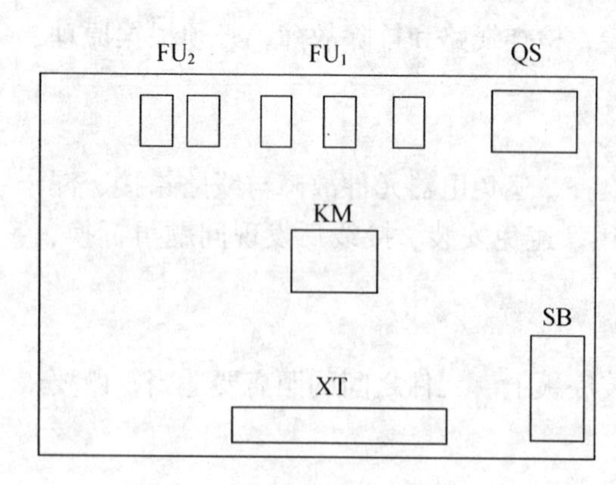

图 3-21　点动控制的电器位置图

电器安放位置的要求是安全、合理、美观。“安全”是指导线间有安全间距，避免干扰，防止触电与短路；“合理”是指器件少、线路短，便于接线与维修；“美观”是指高低有致；大小有致，导线、电器要横平竖直。

图 3-22 所示为点动控制的电气接线图。具体实施安装时，原理图、位置图、接线图应一并使用，相互参照。在通电试车前，应仔细检查各线端连接是否正确、可靠，并用万用表检查控制回路是否短路或开路（测量控制电路的两端线电阻，当未按按钮时，应为∞；当按按钮时，应为吸引线圈的直流电阻）、主电路有无开路或短路等。

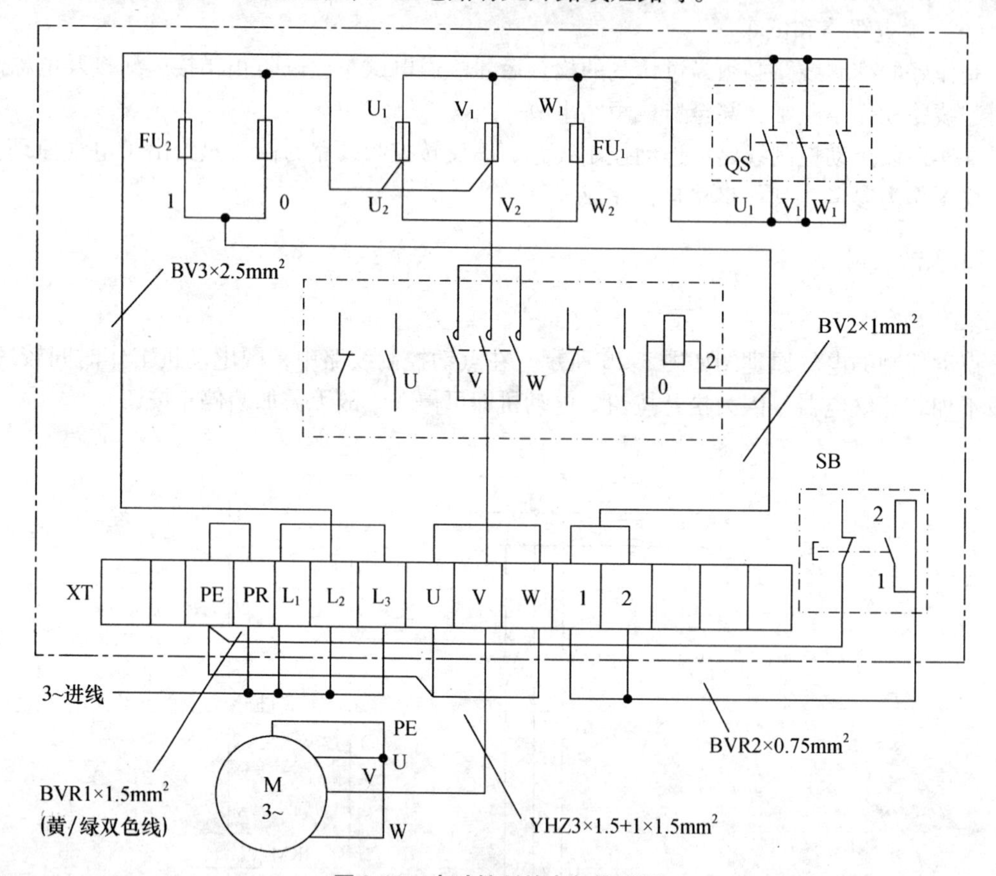

图 3-22　点动控制的电气接线图

3. 连动控制

（1）电气原理

连动控制的电气原理图如图 3-23 所示。相对于点动控制，连动控制的自锁触点必须是常开的，且与按钮并联。因电动机是连续工作的，故必须加装热继电器以实现过载保护。

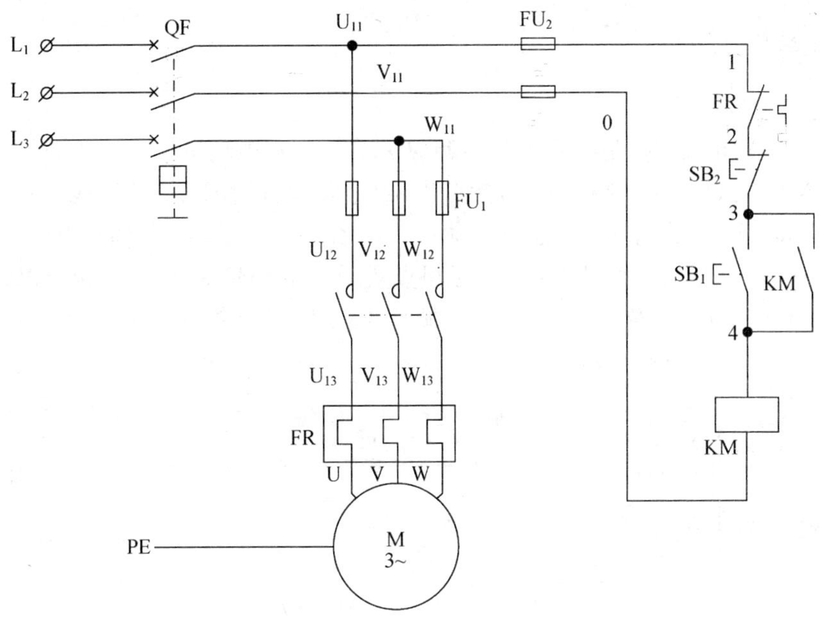

图 3-23　连动控制的电气原理图

（2）安装接线连动控制的电气接线图如图 3-24 所示。

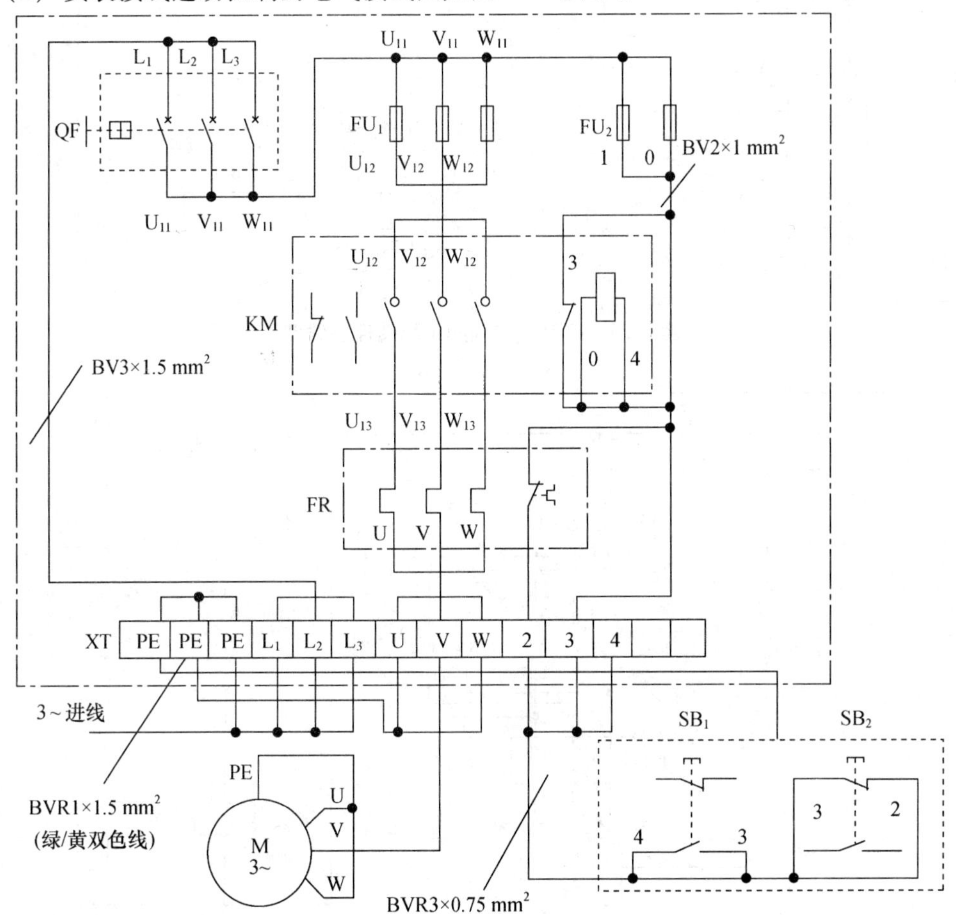

图 3-24　连动控制的电气接线图

4. 正反转控制

（1）电气原理

接触器连锁的正反转控制线路如图 3-25 所示。为实现电动机转向的改变，在主电路中通过 KM_1、KM_2 改变三相电流相序。显然，若 KM_1、KM_2 同时闭合，将造成主回路短路。为此，KM_1、KM_2 间必须进行连锁（也称互锁），即不允许该 2 个接触器的吸引线圈同时得电。接触器间的连锁可以通过接触器本身的辅助触点实现（如图 3-25 所示），也可以通过按钮实现（如图 3-26 所示）。为安全起见，生产机械中常采用双重连锁（如图 3-27 所示）。

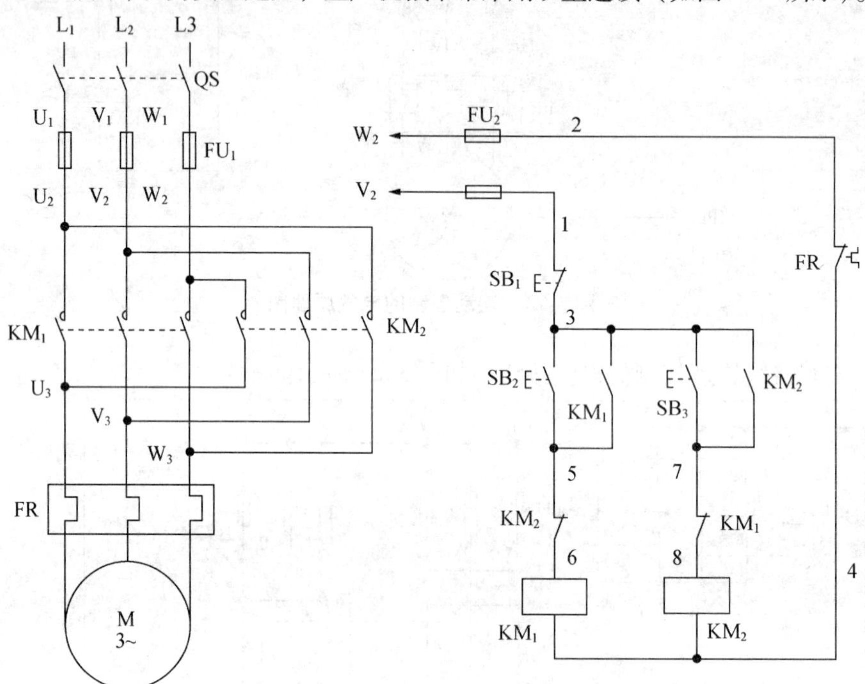

图 3-25　接触器连锁的正反转控制线路

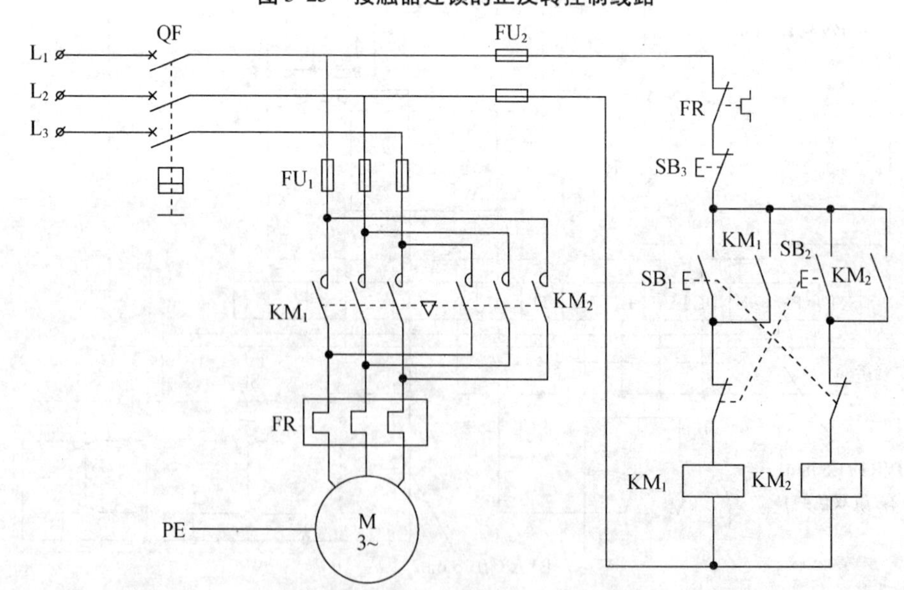

图 3-26　按钮连锁的正反转控制线路

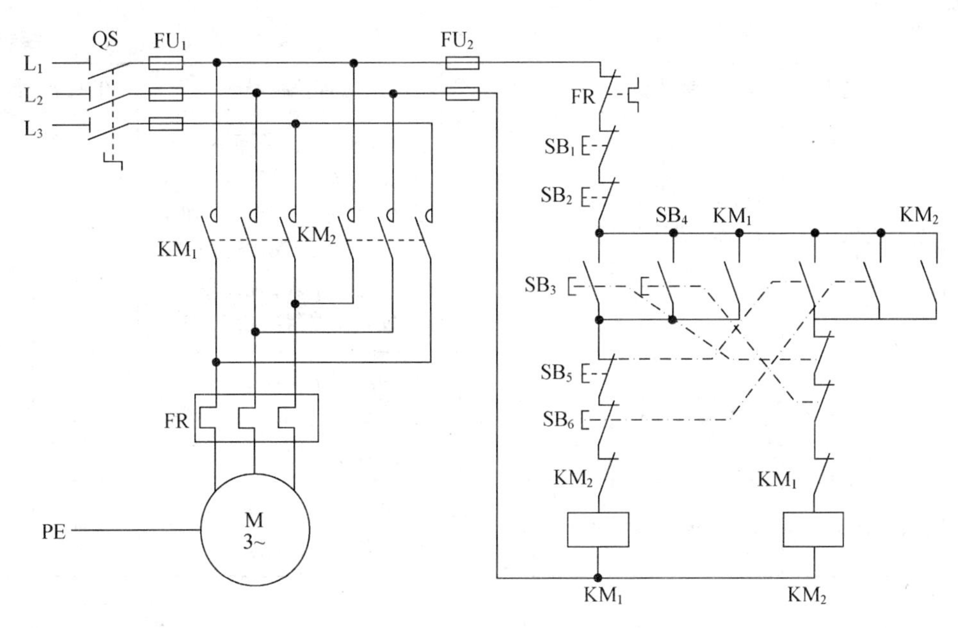

图 3-27　两地双重连锁的正反转控制线路

必须注意，对连锁触点的要求是常闭、互串。

（2）安装接线

正反转控制线路的接线较为复杂，特别是当按钮使用较多时。在主电路中，两处主触点的接线必须保证相序相反；连锁触点必须保证常闭、互串：按钮盒的接线必须正确、可靠、合理。

【考核标准】

实训考核课题　　电动机基本控制线路的安装

<table>
<tr><td colspan="2">姓　名</td><td></td><td>班　级</td><td></td><td>考件号</td><td></td><td>总得分</td><td></td></tr>
<tr><td colspan="2">额定工时</td><td>根据具体线路而定</td><td>起止时间</td><td colspan="3">时　分至　　时　分</td><td>实用工时</td><td></td></tr>
<tr><td>序　号</td><td colspan="2">考核内容</td><td>考核要求</td><td>配　分</td><td colspan="2">评分标准</td><td>扣　分</td><td>得　分</td></tr>
<tr><td>1</td><td colspan="2">读图、绘图</td><td>看懂电气原理图，绘制电器位置图</td><td>10</td><td colspan="2">① 不懂电气原理图，扣10分；
② 电器位置图不合理、美观扣5分</td><td></td><td></td></tr>
<tr><td>2</td><td colspan="2">安装、接线</td><td>① 按图接线；
② 方法步骤正确；
③ 电器安装牢固、合理；
④ 接线正确、合理、可靠、美观</td><td>50</td><td colspan="2">① 不按图接线，扣5分；
② 方法、步骤不符合工艺要求，扣5分；
③ 电器摆放不当、安装不牢、接线交叉多，每处扣3分；
④ 导线凌乱，线端接触不可靠，每处扣5分；
⑤ 电路盘整体质量差，扣10分</td><td></td><td></td></tr>
</table>

续表

序　号	考核内容	考核要求	配　分	评分标准	扣　分	得　分
3	电动机试运行	① 试车前的检查； ② 电动机接线正确、牢固，试车一次成功	30	① 检查方法、步骤不正确，扣10分； ② 电动机接线错误，扣10分，接线不牢固扣5分； ③ 每返工1次，扣15分； ④ 发生短路每次扣20分		
4	安全文明操作	符合有关规定	10	① 违反规定，扣2～10分； ② 发生安全事故，取消考试资格		
5	操作时间	在规定时间内完成		每超时5 min（不足5 min以5 min计），扣2分		

监考：

年　　月　　日

【实训思考】

1. 如何用万用表检查接线是否正确？
2. 简述控制电路的安装步骤和方法。
3. 试车前需要检查哪些部分？

项目小结

本项目主要介绍了电工识图知识，电动机基本控制电路、万能升降台铣床控制电路、卧式镗床控制电路。

电工识图基本知识　电工用图通常有电气原理图、电气安装接线图、电气系统图、方框图、展开接线图、电器元件平面布置图或系统图等。在电气安装与维修中用得最多的是电气原理图和电气安装接线图。重点是会识读电气原理图。

电动机基本控制电路　包括启动控制电路、制动控制电路和运行控制电路。读懂电路原理，重点是会连接线路图，做到操作规范、布局合理、连线美观。

思考与练习 3

3.1　什么叫自锁、互锁？如何实现自锁、互锁？

3.2　三相笼型异步电动机正反转控制电路，若在现场调试试车时，将电动机的接线相序接错，将会造成什么样的后果？为什么？

3.3　Y-△降压控制电路中，时间继电器 KT 起什么作用？若 KT 延时时间为零，则在操作时会出现什么问题？

3.4　试设计一个既能点动又能连续的电动机控制线路。

3.5　分析图 3-9 的原理，说明此电路有无自锁、互锁。

项目四　认识常用的电子元器件

学习目标

能力目标

1. 认识半导体二极管、晶闸管和三极管器件；

2. 能用电子仪器仪表检测二极管、三极管性能，并能识别器件管脚极别、判断质量好坏；

3. 会安装调试简单的电子电路；

4. 会用常见的电子仪器——示波器、函数信号发生器、直流稳压电源、晶体管毫伏表、频率计等仪器。

知识目标

1. 了解半导体基本知识；

2. 了解二极管、晶闸管、三极管的结构及其特性以及主要参数；

3. 了解二极管、晶闸管、三极管在实际生产生活中的用途和在实际生产生活中的应用。

本项目内容简介

本项目介绍了二极管、晶闸管、三极管的原理及应用，通过完成直流稳压电源的安装调试、贴片 FM 耳塞式收音机的安装实训任务，进一步熟练了常用电子仪器仪表的使用，并熟知电子电路的安装调试过程。

4.1　半导体二极管及其应用

自然界中的物质，按其导电能力可分为导体、半导体和绝缘体，半导体的导电能力介于导体和绝缘体之间。

4.1.1　P 型半导体和 N 型半导体

1. 本征半导体

不含杂质的半导体称为本征半导体，常见的纯净的 Si 和 Ge 都是本征半导体，它们都是四价元素。

（1）本征半导体中的两种载流子

在室温下，本征半导体中少数价电子因受热而获得能量，摆脱原子核的束缚。从共价键中挣脱出来，成为自由电子。与此同时，失去价电子的硅或锗原子在该共价键上留下了一个空位，这个空位称为空穴。电子与空穴是成对出现的，所以称为电子-空穴对。在室温下，本征半导体内产生的电子-空穴对数目很少。当本征半导体处在外界电场中，其内部自由电子逆外电场方向做定向运动，形成电子流；空穴顺外电场方向作定向运动，形成漂移空穴电流。自由电子带负电荷，空穴带正电荷，它们都对形成电流做出贡献，因此称自由电子为电子载流子，称空穴为空穴载流子。本征半导体在外电场的作用下其电流为电子流与空穴流之和。

（2）本征半导体的热敏特性和光敏特性

实验发现，本征半导体受热或光照后其导电能力大大增强。当温度升高或光照增强时，本征半导体内的原子运动加剧，有较多的电子获得能量成为自由电子，即电子-空穴对增多，所以本征半导体中电子-空穴对的数目与温度或光照有密切的关系。温度越高或光照越强，本征半导体内的载流子数目越多，导电性能越强，这就是本征半导体的热敏特性和光敏特性。利用这种特性就可以做成各种热敏器件和光敏器件，这些器件在自动控制系统中有广泛的应用。

2. P 型半导体和 N 型半导体

实验发现，在本征半导体中掺入微量的其他元素，会使其导电能力大大加强。例如，在硅本征半导体中掺入百万分之一的其他元素，它的导电能力就会增加 100 万倍。这就是半导体的掺杂特性。掺入杂质后的本征半导体称为杂质半导体。杂质半导体有 P 型半导体和 N 型半导体两大类。

（1）P 型半导体

如果在本征半导体中掺入三价元素，如硼（B）、铟（In）等，在半导体内产生大量空穴，这种半导体叫做 P 型半导体。

在 P 型半导体中，空穴是多数载流子，简称“多子”，电子是少数载流子，简称“少子”。但整个 P 型半导体是呈现电中性。P 型半导体在外界电场的作用下，空穴电流远大于少子电流。P 型半导体是以空穴导电为主的半导体，所以称为空穴半导体。

（2）N 型半导体

如果在本征半导体中掺和微量五价元素，如磷（P）、砷（As）等，在半导体中会产生许多自由电子，这种半导体叫做 N 型半导体。

在 N 型半导体中，电子载流子远大于空穴数，所以电子是 N 型半导体中的多子，空穴是 N 型半导体中的少子。但整个 N 型半导体是呈现电中性。N 型半导体在外界电场的作用下，电子电流远大于空穴电流。N 型半导体是以电子导电为主的半导体，所以它又称为电子型半导体。

半导体中多子的浓度取决于掺入杂质的多少，少子的浓度与温度有密切的关系。

4.1.2　PN 结

单纯的一块 P 型半导体或 N 型半导体，只能作为一个电阻元件。但是如果把 P 型半导体和 N 型半导体通过一定制作工艺结合起来，就形成了 PN 结。PN 结是构成半导体二极管、半导体三极管、晶闸管、集成电路等众多半导体器件的基础。

1. PN 结的形成

在一块完整的本征硅（或锗）片上，用不同的掺杂工艺使其一边形成 N 型半导体，另一边形成 P 型半导体，这两种杂质半导体的交界面附近就会形成一个具有特殊性质的薄层，这个特殊的薄层就是 PN 结。由于 P 区与 N 区之间存在着载流子浓度的显著差异：P 区空穴多、电子少；N 区电子多，空穴少。于是在 P 区与 N 区的交界面处发生载流子扩散运动，如图 4-1（a）所示。所谓扩散运动，就是因浓度差异而引起载流子从浓度高的区域向浓度低的区域运动。扩散结果：交界面附近 P 区因空穴减少而呈负电，N 区因电子减少而呈现正电。这样，在交界面上出现了正、负离子构成的空间电荷区，这就是 PN 结，如图 4-1（b）所示。

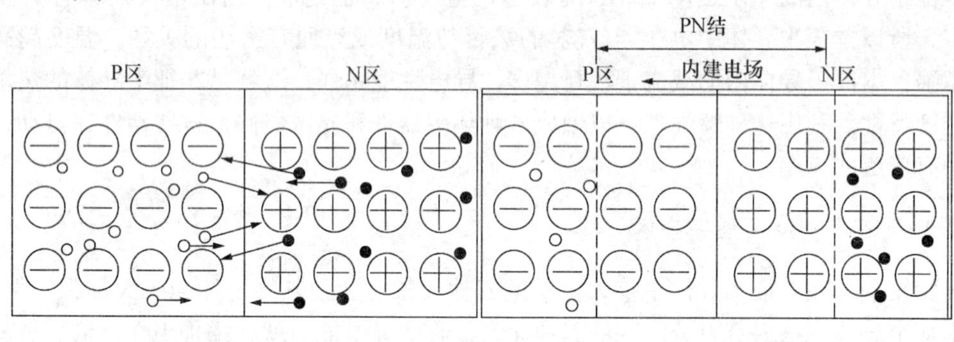

(a) 浓度差引起扩散　　(b) 动态平衡后形成空间电荷区

图 4-1　PN 结的形成

2. PN 结的单向导电性

实验发现，PN 结在外加电压作用下，形成了电流。外加电压极性不同，流到 PN 结的电流大小有很大差别。

（1）PN 结正向偏置

如图 4-2（a）所示，P 区接电源正极，N 区接电源负极，这种接法叫正向偏置，形成电流叫正向电流而且外加正向偏置电压稍微增加，则正向电流迅速上升，PN 结呈现电阻很小，表现为导通状态。

（2）PN 结反向偏置

如图 4-2（b）所示，P 区接电源负极，N 区接电源正极，这种接法叫反向偏置，形成的电流叫反向电流。当温度一定时，反向电流几乎不随外加反向偏置电压的变化而变化，所以又称反向饱和电流。反向饱和电流受温度影响很大，但由于反向电流的值很小，与正向偏置电流相比，一般可以忽略，所以 PN 结反向偏置时，处于截止状态，呈现电阻很大。

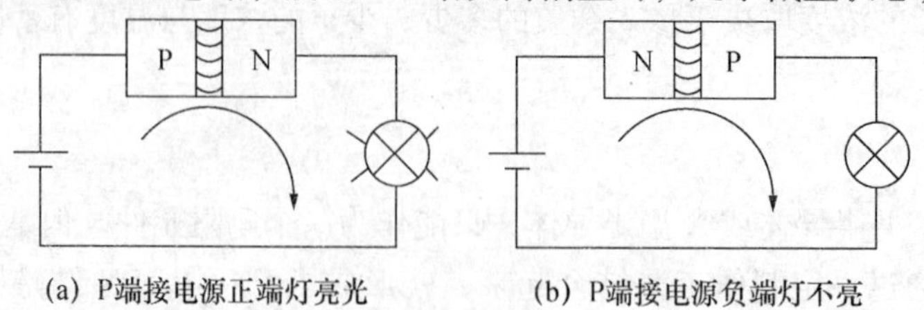

(a) P端接电源正端灯亮光　　(b) P端接电源负端灯不亮

图 4-2　PN 结的单向导电性

PN结正偏时导通，反偏时截止，具有单向导电性。

4.1.3　二极管符号和主要参数

1. 二极管的符号

在PN结的两端引出金属电极，外加玻璃、金属或用塑料封装，就做成了半导体二极管。由于使用的用途不同，二极管的外形各异。几种常见的二极管外形如图4-3（a）所示。

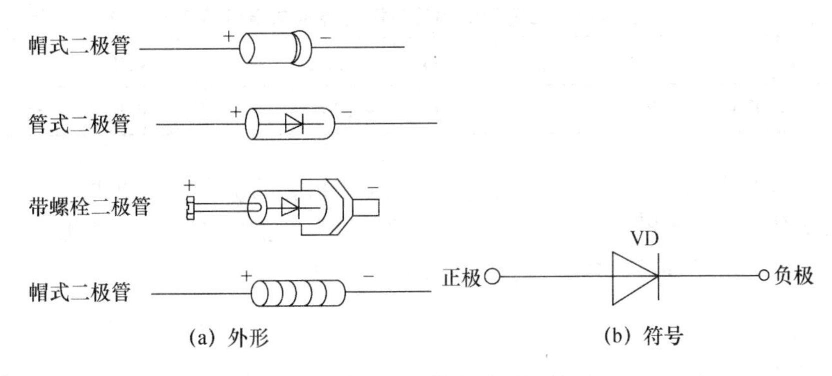

图4-3　常见二极管的外形及符号

图4-3（b）是二极管的符号。二极管有两个电极，由P区引出的电极是正极，由N区引出的电极是负极。三角箭头方向表示正向电流方向，正向电流只能从二极管的正极流入，负极流出。二极管的文字符号在国际标准中用VD表示。

二极管按PN结形成的制造工艺方式可分为点接触型、面接触型和平面接触型几种，如图4-4所示。图4-4（a）为点接触型二极管，其接触面积小，不能通过很大的正向电流和承受较高的反向电压，但它的频率性能好，适宜在高频检波电路和功率较小的电路中使用；图4-4（b）为面接触型二极管，其PN结的接触面大，可以通过较大电流，能承受较高的反向电压，用于整流适电路；图4-4（c）为平面接触型二极管，适宜用作为大功率开关管，在数字电路中有广泛的应用。

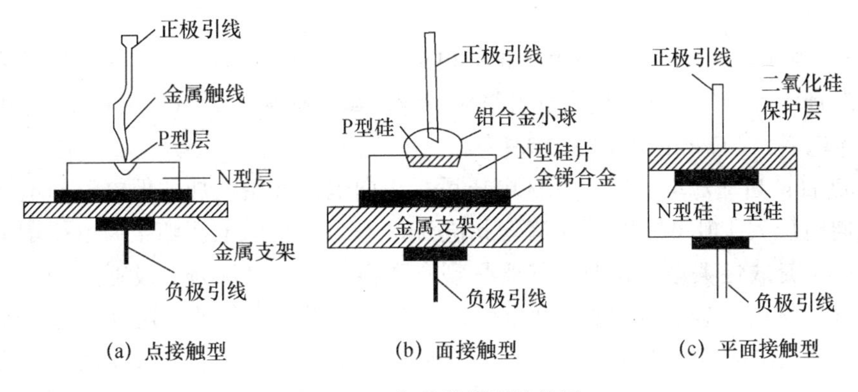

图4-4　二极管的类型结构图

2. 二极管的伏安特性

二极管的主要特点是单向导电性。可以通过实验来认识二极管两端的电压和流过二极管的电流关系。由实验所得到的两组数据，见表4-1、表4-2。

表4-1　二极管的实验数据（加正向电压）

电压/mV	000	100	500	550	600	650	700	750	800
电流/mA	000	000	000	010	060	085	100	180	300

表4-2　二极管的实验数据（加反向电压）

电压/V	000	-10	-20	-60	-90	-115	-120	-125	-135
电流/μA	000	10	10	10	10	25	40	150	300

将实验数据在坐标纸上标出，并连成线，就是二极管的伏安特性曲线。

二极管的伏安特性曲线就是指流过二极管的电流 I 与加在二极管两端电压 U 之间的关系曲线。如图4-5所示为硅和锗二极管的伏安特性曲线。

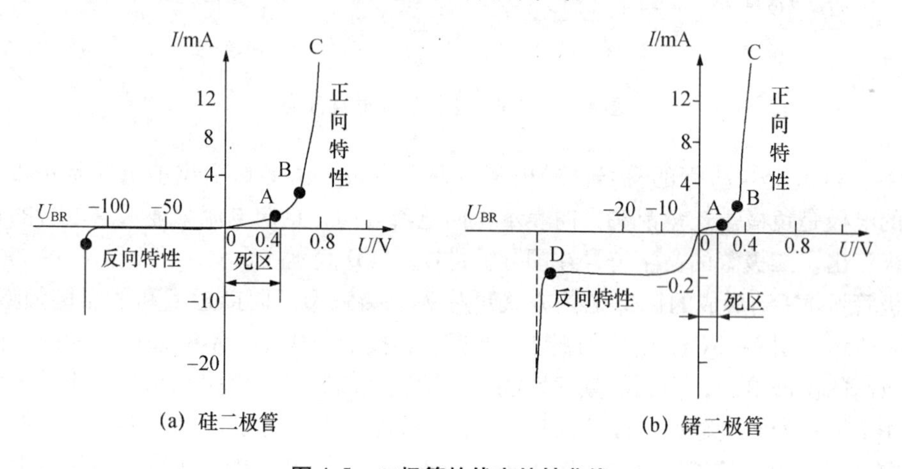

图4-5　二极管的伏安特性曲线

（1）正向特性

OA段：当外加正向电压较小时，正向电流非常小，近似为零。在这个区域内二极管实际上还没有导通，二极管呈现的电阻很大，该区域常称为“死区”。硅二极管的死区电压约为0.5 V，锗管的死区电压约为0.1 V。

过A点后：当外加电压超过死区电压后，正向电流开始增加，但电流与电压不成比例。当正向电压大于0.6 V以后（锗管此值为0.2 V），正向电流随正向电压增加而急速增大，基本上是线性关系。这时二级管呈现电阻很小，可以认为二极管是处于充分导通状态。在该区域内，硅二极管的导通电压约为0.7 V，锗二级管的导通电压约为0.3 V。但流过二极管的正向电流需要加以限制，不能超过规定值，否则会使PN结过热而烧坏二极管。

（2）反向特性

OD段：在加反向电压下，反向电流的值很小，且几乎不随电压的增大而增大，此电流值称为反向饱和电流。此时二极管呈现很高的电阻，近似于截止状态。硅二极管的反向电流比锗二极管的反向电流小，约在 1 μA 以下，锗管的反向电流达几十微安甚至几毫安以上。这也是硅管应用比较多的原因之一。

线过 D 点以后：反向电压稍有增大，反向电流急剧增大，这种现象称为反向击穿。二极管发生反向击穿时所加的电压叫做反向击穿电压。一般的二极管是不允许工作在反向击穿区的，因为这将导致 PN 结的反向导通而失去单向导电的特性。

综上所述，可知二极管的伏安特性是非线性的，二极管是一种非线性器件。在外加电压取不同值时，就可以使二极管工作在不同区域，从而发挥二极管的作用。

在实际工程估算中，若二极管的正向导通电压比外加电压小许多时（一般按 10 倍来衡量），常可忽略不计，此时的二极管称为理想二极管。

3. 二极管的主要参数

在实际应用中，常用二极管的参数来定量描述二极管在某一方面的性能。二极管的主要参数描述如下。

（1）最大整流电流 I_F

最大整流电流 I_F 是指二极管长期工作时允许通过的最大正向电流。I_F 与二极管的材料、面积及散热条件有关。点接触型二极管的 I_F 较小，而面接触型二极管的 I_F 较大。在实际使用时，流过二极管最大平均电流不能超过 I_F，否则二极管会因过热而损坏。

（2）最大反向工作电压 U_{RM}

最大反向工作电压 U_{RM} 是指二极管在工作时所能承受的最大反向电压值。通常以二极管反向击穿电压的一半作为二极管最大的反向工作电压，二极管在实际使用时的电压不应超过此值，否则温度变化较大时，二极管就有发生反向击穿的危险。

此外，二极管还有结电容和最高工作频率等参数，可查阅相关的半导体器件手册。

4.1.4　二极管应用

1. 单相整流

单相整流电路又分成半波整流、全波整流、桥式整流和倍压整流。

（1）半波整流电路

① 半波整流电路的组成和工作原理

图 4-6 是单相半波整流电路，变压器 T 将电网的正弦交流电 u_1 变成 u_2。

设
$$u_2 = \sqrt{2}U_2 \sin\omega t$$

在变压器二次侧电压 u_2 的正半周期间，二极管 VD 正偏导通，电流经过二极管流向负载，在负载电阻 R_L 上得到一个极性为上正下负的电压，即 $u_o = u_2$。在 u_2 的负半周期间，二极管反偏截止，负载上几乎没有电流流过，即 $u_o = 0$。因此，负载上得到了单方向的直流脉动电压，负载中的电流也是直流脉动电流。半波整流的波形如图 4-7 所示。

② 负载上直流电压和电流的估算

在半波整流的情况下，负载两端的直流电压可由式（4-1）计算：

$$U_o = 0.45U_2 \tag{4-1}$$

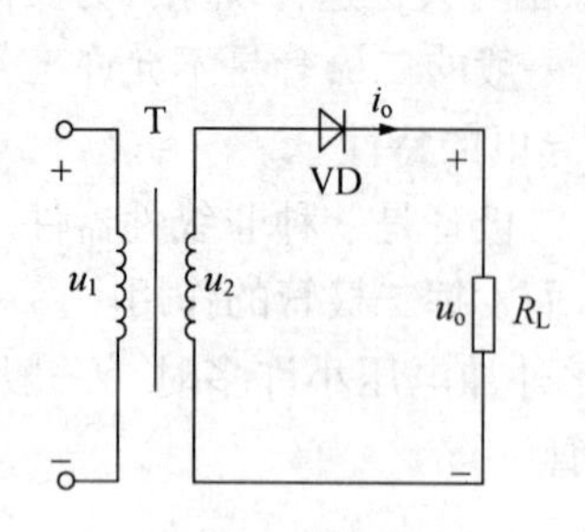

图 4-6 半波整流电路

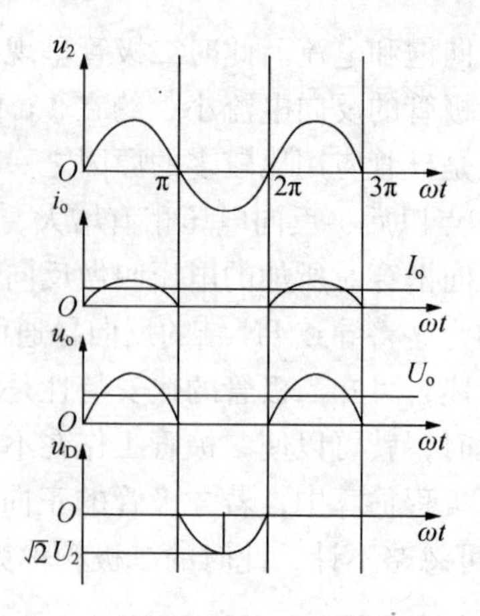

图 4-7 半波整流的波形图

负载中的电流 $$I_0 = 0.45\frac{U_2}{R_L} \tag{4-2}$$

③ 二极管的选择

在半波整流电路中，二极管中的电流任何时候都等于输出电流，所以在选用二极管时，二极管的最大正向电流 I_F 应大于负载电流 I_o。二极管的最大反向电压就是变压器两侧电压的最大值。根据 I_F 和 U_{RM}的值，查阅半导体手册就可以选择到合适的二极管。

半波整流电路的优点是结构简单，使用元件少。但它也有明显的缺点：只利用了交流电的半个周期，输出直流分量低，且输出纹波大，电流变压器的利用率也比较低。因此，半波整流电路只能用在电压较低且性能要求不高的地方，如电池充电器电路，电褥子控温电路等。

（2）单相桥式整流电路

① 电路的组成和工作原理

桥式整流电路组成如图 4-8 所示，桥式整流电路中的 4 只二极管可以是 4 只分立的二极管，也可以是一个内部装有 4 个二极管的桥式整流器（桥堆）。

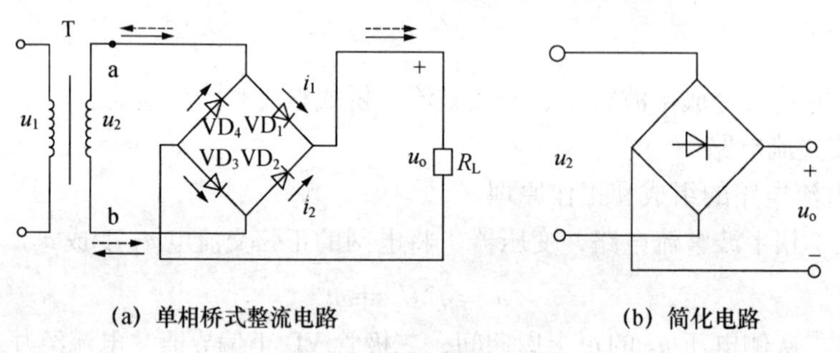

(a) 单相桥式整流电路 (b) 简化电路

图 4-8 桥式整流电路

在 u_2 的正半周内（a 端为正，b 端为负），VD_1、VD_3 因正偏而导通，VD_2、VD_4 因反偏而截止；u_2 的负半周内（b 端为正，a 端为负），二极管 VD_2、VD_4 导通，VD_1、VD_3 因反偏而截止。但是无论在 u_2 的正半周或负半周，流过 R_L 中的电流方向是一致的。在 u_2 的整个周期内 4 只二极管分组轮流导通或截止，负载上得到了单方向的脉动直流电压和电流。桥式整流电路中各处的波形如图 4-9 所示。

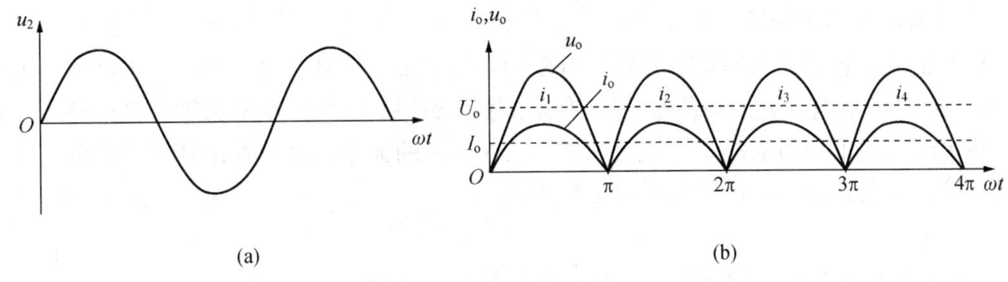

图 4-9　桥式整流波形图

② 负载上直流电压和电流的估算

由图 4-9 可知，桥式整流输出电压波形的面积是半波整流时的两倍，所以输出的直流电压 U_0 也是半波整流的两倍，即：

$$U_o = 0.9U_2 \tag{4-3}$$

输出电流

$$I_o = \frac{0.9U_2}{R_L} \tag{4-4}$$

③ 二极管的选择

在桥式整流电路中，由于 4 只二极管轮流导电，即每个二极管都只是在半个周期内导通，所以每个二极管流过的平均电流是输出电流的一半，即：

$$I_F = \frac{I_0}{2} \tag{4-5}$$

二极管的最大反向峰值电压

$$U_{RM} = \sqrt{2}U_2 \tag{4-6}$$

由以上分析可知，桥式整流输出电压的直流分量大，纹波小，且每个二极管流过的平均电流也小，因此桥式整流电路应用最广泛。为了方便使用，工厂已制造出桥式整流的组合器件，通常叫桥堆。它是将 4 个二极管集中制作成一个整体，其外形如图 4-10 所示。其中，标示“～”符号的两个引出线为交流电流输入端，另两个引出线为直流电流输出端，分别标有“+”号和“-”号。

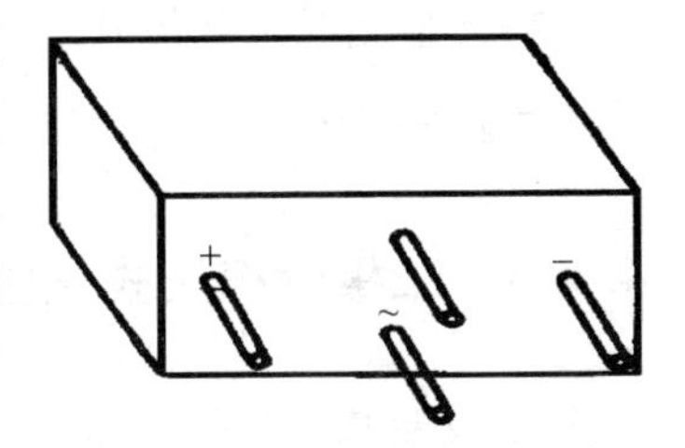

图 4-10　整流桥组合管外形图

2. 滤波电路

常用的滤波电路有电容滤波电路、电感滤波电路、LC 滤波电路和 RC 滤波电路几种。在电源电路中最常见的是在整流电路的输出端并联一个电容，组成简单的滤波电路，如图 4-11 所示。

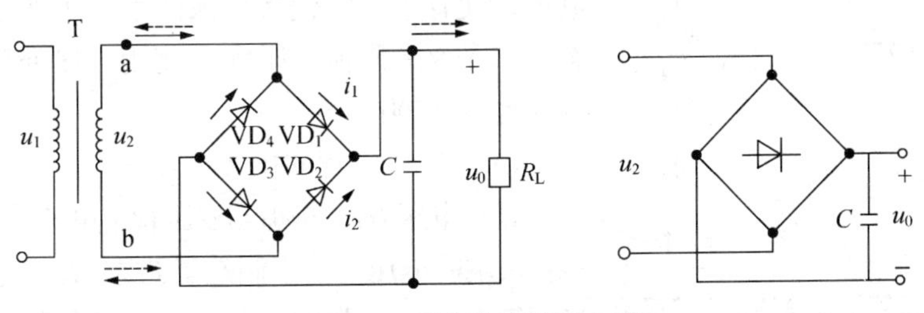

图 4-11　桥式整流滤波电路

（1）输出电压平均值

桥式整流电容滤波电路空载时输出电压的平均值最大，其值等于$\sqrt{2}U_2$；当电容C开路（为零）时，输出电压的平均值最小，其值等于$0.9U_2$；当电容C不为零时且电路不空载时，输出电压的平均值取决于放电时间常数（R_LC）的大小，其值在上述二者之间。工程上通常按经验公式计算，即放电时间常数为

$$R_LC \geqslant (1.5 \sim 2.5)\ T$$

其中，T为交流电网电源的周期，则输出电压的平均值为

$$U_{OAV} = (1.1 \sim 1.4)\ U_2 \tag{4-7}$$

估算输出电压平均值时，放电时间常数较小时，取下限；放电时间常数较大时取上限；一般按1.2倍估算。

（2）输出电流平均值

在桥式整流滤波电路中，流过负载的电流平均值为

$$I_{OAV} = \frac{U_{OAV}}{R_L} = (1.1 \sim 1.4)\ \frac{U_2}{R_L} \approx 1.2\frac{U_2}{R_L} \tag{4-8}$$

（3）整流二极管的平均电流

在桥式整流滤波电路中流过二极管的平均电流也为负载电流的一半，与没有加滤波相比，平均电流增加了。而且由于增加滤波后，二极管的导通时间缩短了不少，所以，在二极管导通时，就会出现一个比较大的电流冲击。放电时间越长，冲击电流就越大。在电源接通瞬间，由于电容两端的电压为零，将有更大的冲击电流流过二极管，可能导致二极管损坏。硅二极管一般比锗二极管更经得起电流的冲击。

（4）整流二极管的最高反向电压

桥式整流滤波电路中，二极管的截止时承受的最高反向电压与没有电容滤波时一样，仍为$U_{RM} = \sqrt{2}U_2$。

4.1.5 二极管稳压式稳压电路

1. 硅稳压二极管

硅稳压二极管（简称稳压管）是一种用特殊工艺制造的面接触型硅半导体二极管，图4-12是稳压二极管的符号和伏安特性。使用时，它的负极接外加电压的正端，正极接负端，管子反偏，工作在反向击穿状态，利用它的反向击穿特性稳定直流电压。

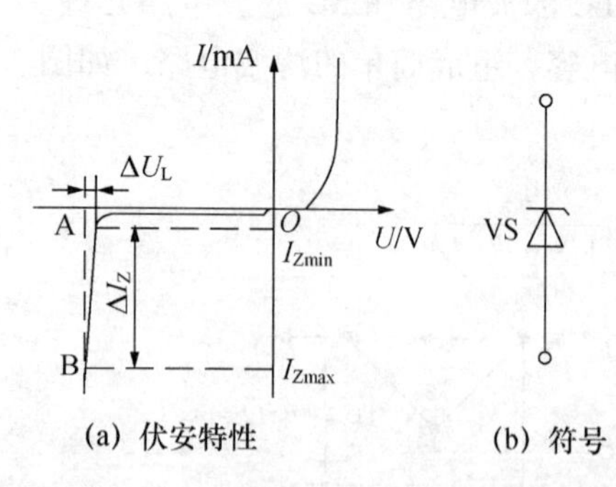

图4-12 硅稳压管的伏安特性及符号

在实际中使用稳压二极管要满足两个条件：一是反向运用，即稳压二极管的负极接高电位，正极接低电位，使管子反向偏置，保证管子工作在反向击穿状态；二是要有限流电阻配合使用，保证流过管子的电流在允许范围内。

（1）硅稳压管的主要参数

稳定电压U_Z：是指当稳压管中电流为规定值时，稳压管两端的电压。由于制造工艺原因，即使同一型号的稳压管，U_Z的分散性也较大。如2DW7A型稳压管，在

工作电流为 10 mA 时，U_Z 在 4.6～5.5 V 之间。但对某一稳压管来说，其 U_Z 是固定的。

稳定电流 I_Z：是稳压管正常工作时的电流参考值。

（2）稳压管的稳压原理

根据稳压管的伏安特性，它通常工作在反向特性的 A 点和 B 点之间。二极管反向击穿不一定意味着管子损坏，只要限制流过管子的反向电流就能使管子不因过热而损坏。而且在反向击穿状态下管子两端的电压变化很小，具有恒压性能，稳压管正是利用这一点实现稳压作用。稳压管工作时，流过它的反向电流在 I_{Zmin}～I_{Zmax} 范围变化，在这个范围内，稳压管工作安全且它两端反向电压变化很小。

2. 稳压电路

如图 4-13 所示是一个实用的直流双稳压电源电路，它可以同时输出两路正、负电源。这个电路采用变压器、桥式整流、电容滤波、稳压二极管，是一个比较实用的稳压电源。输出电压决定于二极管的稳定电压值，在负载一定的条件下，只要稳压管的工作电流大于负载电流的 5 倍，就可以有稳定的电压输出。

若稳压管采用精密的三端稳压块 TL431，再配合适当的变压器，电路就可以输出 ±（2.5～36 V）的稳定的直流电压，其输出功率可达到 1.5 W，足以满足小功率电器，如随身听、CD 机和 MP3 播放机的需要。

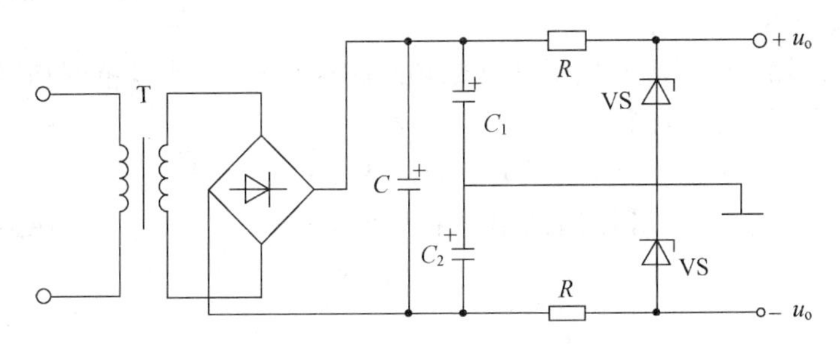

图 4-13　直流稳压双电源电路

4.1.6　可控稳压电源的制作实训

【实训目标】

1. 掌握直流电工仪表和设备的使用方法；
2. 会测量常用半导体器件的管脚及判断好坏；
3. 会用电烙铁等电工工具，具备初步的焊接工艺能力。

【实训内容】

按照技术指标要求，自行设计稳压电源电路结构，选择电路元件，画出实用电路原理图，并组装、调试。

1. 技术指标

（1）输出电压 3～18 V 可调。

（2）输出最大电流 1.2 A。

（3）输入电压 220 V。

（4）纹波电压小于 10 mV。

2. 参考电路

如图 4-14 所示为参考稳压电源电路图。

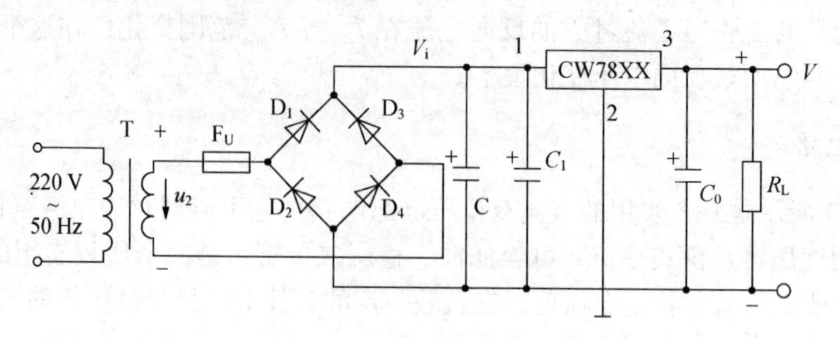

图 4-14　稳压电源电路图

3. 器件计算方法

（1）集成稳压器

集成稳压器的输出电压应与稳压电源要求的输出电压的大小及范围相同。稳压器最大允许电器的输入电压 V_i 的范围为

$$V_{omax}+(V_i-V_o)_{min}\leqslant V_i\leqslant V_{min}-(V_i-V_o)_{min}$$

其中，$(V_i-V_o)_{min}$为稳压器的最小输入输出压差；$(V_i-V_o)_{max}$为稳压器的最大输入输出压差。

（2）电源变压器

通常根据变压器副边输出的功率 P_2 来选购或自绕变压器。变压器副边的输出电压 V_2 与稳压器输入电压 V_i 的关系为

$$V_{imin}/(1.1\sim1.2)\leqslant V_2\leqslant V_{imax}/(1.1\sim1.2)$$

在此范围内，V_2 越大，稳压器的压差越大，功耗也就越大，一般副边电压和副边输出电流为

$$V_2\geqslant V_{imin}/1.1$$

$$I_2>I_{omax}$$

（3）整流二极管及滤波电容

整流二极管 $D_1\sim D_4$ 的反向击穿电压 V_{RM} 和额定工作电流 I_F 应满足：

$$V_{RM}>\sqrt{2}V_2$$

$$I_F>I_{max}$$

4. 实训要求

（1）该方案由变压器电路，整流电路，滤波电路和稳压电路 4 大部分组成。

（2）设计电路结构，选择电路元件，计算确定元件参数、变压器规格，画出实用原理电路图。

（3）自拟实训方法、步骤及数据表格，提出测试所需仪器及元器件的规格、数量，交指导教师审核。

（4）在实训指导指导批准设计方案后，学生即可根据设计方案中所选用的元件进行安装调试。学生拿到电路元件后必须进行测试，判断出其好坏及管脚后才能安装。测试时应注意合理选择仪表的量程，勿使仪表超量程，仪表的极性亦不可接错。

【考核标准】

实训考核课题　　可控稳压电源的制作

<table>
<tr><td colspan="2">姓　名</td><td></td><td>班　级</td><td></td><td>考件号</td><td></td><td>总得分</td><td></td></tr>
<tr><td colspan="2">额定工时</td><td>根据具体线路而定</td><td>起止时间</td><td colspan="3">时　分至　　时　分</td><td>实用工时</td><td></td></tr>
<tr><td>序　号</td><td colspan="2">考核内容</td><td>考核要求</td><td>配　分</td><td colspan="2">评分标准</td><td>扣　分</td><td>得　分</td></tr>
<tr><td>1</td><td colspan="2">准备工作</td><td>① 电路设计合理、器件型号满足设计要求；
② 工具、仪表、材料准备齐全；
③ 器件检测方法正确</td><td>15</td><td colspan="2">① 电路设计不满足要求，扣5分；
② 仪表、工具准备不当，扣4分；
③ 器件检测方法不正确或漏检，一项扣3分（共6分）</td><td></td><td></td></tr>
<tr><td>2</td><td colspan="2">电路焊接</td><td>① 器件焊接方法正确，工具使用熟练；
② 无虚焊、漏焊现象；
③ 焊点光滑美观、无毛刺</td><td>40</td><td colspan="2">① 焊接方法不正确，扣10分；
② 工具使用不熟练，扣5分；
③ 有虚焊现象每处扣2分，有漏焊每处扣2分</td><td></td><td></td></tr>
<tr><td>3</td><td colspan="2">电路调试</td><td>① 正确使用电工仪表；
② 调试方法正确；
③ 调试后，技术参数满足设计要求</td><td>35</td><td colspan="2">① 不会用仪表扣10分；
② 调试方法不正确，扣5分；
③ 不能满足设计要求扣20分</td><td></td><td></td></tr>
<tr><td>4</td><td colspan="2">安全文明操作</td><td>符合有关规定</td><td>10</td><td colspan="2">发生安全事故或违反有关规定，扣2～10分</td><td></td><td></td></tr>
<tr><td>5</td><td colspan="2">操作时间</td><td>在规定时间内完成</td><td></td><td colspan="2">每超时10 min（不足10 min以10 min计），扣5分</td><td></td><td></td></tr>
</table>

监考：

年　　月　　日

【实训思考】

1. 如何测量二极管的管脚和好坏？
2. 用电烙铁焊接时，应该注意什么？
3. 如何查找电子元件手册？

4.2　晶闸管及其应用

4.2.1　晶闸管

晶闸管（又称可控硅）是一种大功率的半导体器件，又称电力半导体；它和其他电力半导体器件的出现，使半导体技术进入强电领域。晶闸管具有体积小、重量轻、耐高压、容量大、效率高、动作迅速和维护简单等优点，在可控整流、逆变、变频、交直流开关和调压等方面，得到广泛应用。

1. 普通晶闸管的结构

常用晶闸管有塑封式、螺栓式、平板式三种，如图 4-15 所示。晶闸管有三个引出极，即阳极 A、阴极 K、门极（控制极）G。大功率晶闸管工作时发热量较大，因此正常工作时必须安装散热器。目前电流在 200 A 以上的晶闸管，通常采用平板式结构。

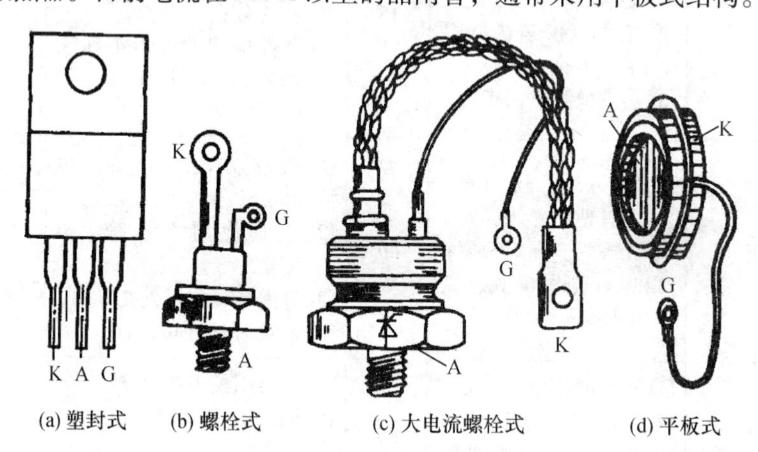

(a) 塑封式　(b) 螺栓式　(c) 大电流螺栓式　(d) 平板式

图 4-15　晶闸管的外形

晶闸管结构及其符号如图 4-16 所示，在结构图中可以看出，阳极与阴极之间形成 PNPN 四层结构，它具有三个 PN 结。晶闸管的文字符号用 V 或 VT 表示。

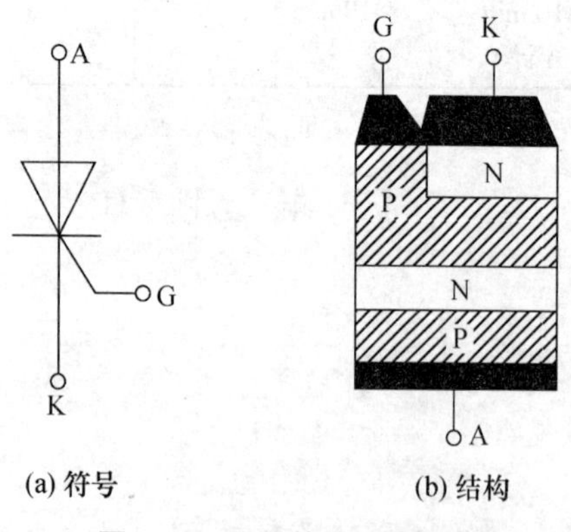

(a) 符号　(b) 结构

图 4-16　晶闸管符号与结构

2. 晶闸管的工作原理

用图 1-17 说明晶闸管的工作状态，图（a）所示的普通晶闸管结构示意图；图（b）所示的晶闸管处于反向阻断状态，即在阳极与阴极间加上反向电压时，这时无论门极与阴极间施加正向电压还是反向电压或不加电压灯泡均不亮，晶闸管不导通，即晶闸管处于阻断状态；图（c）所示的晶闸管处于正向阻断状态，即当晶闸管阳极与阴极施加的电压（简称阳极电压）为正向电压时，若门极与阴极间施加的电压

（简称门极电压）为零或为反向电压时，灯泡也不亮，说明晶闸管仍不导通，处于正向阻断状态；图（d）所示的晶闸管处于导通状态，即加正向阳极电压，门极加适当的正向电压后，晶闸管导通。晶闸管一旦由截止变为导通后，去掉门极上的电压，灯泡仍然点亮，即晶闸管继续导通，而门极失去了控制作用。

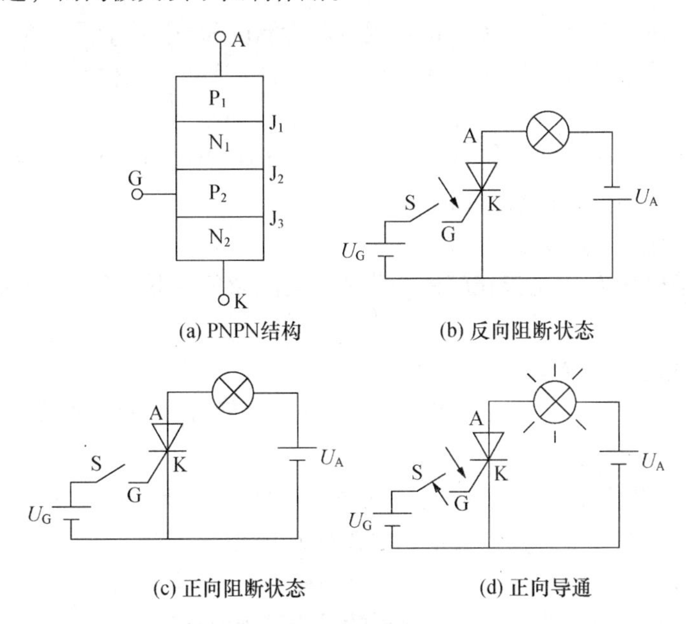

图 4-17　晶闸管工作原理

门极加正向电压可触发晶闸管导通，但无法控制普通晶闸管关断。要使已经导通的晶闸管恢复阻断，可降低阳极电压或增大负载电阻，使流过晶闸管阳、阴极的电流（简称阳极电流）减小到一定数值时，电流会突然降到零，此时晶闸管阻断，或晶闸管的阳极加反向电压，也会使晶闸管恢复阻断状态。

综上所述，普通晶闸管与二极管一样，具有单向导电性，电流只能从阳极流向阴极。晶闸管与二极管的区别在于多了一个门极控制端，使得晶闸管具有可控性。普通晶闸管从截止变为导通的条件是：除加正向阳极电压外，同时在门极和阴极之间加足够功率的正向控制电压（通常是触发脉冲）。要使导通的普通晶闸管关断，只要使阳极电流减小到维持管子导通的电流以下，即小于维持电流即可。

3. 晶闸管的型号和主要参数

（1）晶闸管的型号

按国家规定，普通晶闸管（原称可控硅整流元件、硅闸流管）的型号及含义如下。

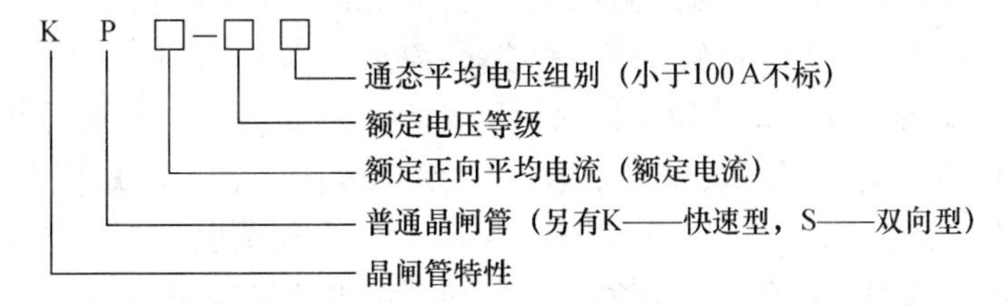

如 KP200-8D 表示普通晶闸管，额定电流为 200 A，额定电压 800 V，管压降约 0.6～

0.7 V。旧型号形式为3CT□/□，如3CT100/800 表示额定电流为100 A，额定电压为800 V 的可控整流元件；3CTK 为快速管，3CJS 为双向管。

（2）主要参数

① 额定电流 I_T

额定电流 I_T 是指通态平均电流，即在规定环境温度和散热条件下，管子允许通过的工频正弦半波电流平均值。该电流受环境温度、元件的导通角、元件在每个周期导电次数等因素的影响。

由于晶闸管的电流过载能力较弱，因而选用晶闸管的额定电流时，应大于正常工作平均电流的1.5～2倍，作为安全裕量。

② 正向重复峰值电压 U_{RRM}

正向重复峰值电压 U_{RRM} 是指在门极开路和正向阻断条件下，允许重复加在晶闸管两端的正向峰值电压。

③ 反向重复峰值电压 U_{RRM}

反向重复峰值电压 U_{RRM} 是指在门极开路时，允许重复加在晶闸管两端的反向峰值电压。

④ 额定电压 U_N

额定电压 U_N 是指把正向与反向重复峰值电压中较小的那个电压值定为额定电压。选晶闸管时，应考虑留有一定的安全余量，常选额定电压2～3倍。

⑤ 维持电流 I_H

在室温下门极开路时，维持晶闸管导通的最小阳极电流称之为维持电流 I_H。当工作电流小于 I_H 时，晶闸管关断。

4.2.2 晶闸管的应用

可控整流电路是利用晶闸管单向导电可控特性，把交流电变成大小能控制的直流电，它广泛应用在直流电机的调压、调速、同步发电机的励磁及电焊、电镀等场合。可控整流电路包括单相整流电路、三相整流电路等。下面仅举单相桥式半控整流电路为例说明工作原理。

单相桥式半控整流电路广泛应用于小容量整流系统。其主电路的基本组成如图4-18（a)所示，TR 为整流变压器，其一次和二次电压 u_1 和 u_2 均为交流电，V_1 和 V_2 为晶闸管，它们的阴极联在一起，称为共阴极连接；V_3、V_4 为整流二极管。为了分析问题方便，假定整流二极管和晶闸管均为理想元件。

在可控整流电路中，晶闸管的门极需要触发脉冲的电路称为触发电路。触发电路会在每个半波产生周期性的脉冲 u_G，如图4-18（b）所示。

当电源电压 u_2 为正半周时（1端为正，2端为负）时，V_2 和 V_3 因承受反向电压而阻断和截止。这时 V_1 和 V_4 的阳极为正向电压，V_4 导通。在 α 时刻，其触发脉冲 u_G 触发 V_1，使 V_1 导通，电流由 $1 \to V_1 \to R_L \to V_4 \to 2$ 路径流通。当 u_2 正半周结束时，V_1 自行关断。当 u_2 负半周（1端为负，2端为正）时，V_1 和 V_4 因承受反向电压而阻断和截止。这时 V_2 和 V_3 的阳极为正向电压，V_3 导通，在 α 时刻，其触发脉冲 u_G 触发 V_2，使 V_2 导通，电流路径为 $2 \to V_2 \to R_L \to V_3 \to 1$。当负半周结束时，$V_2$ 自行关断。下一周期又重复变化，V_1 和 V_2 轮流导通。这样，在负载上就得到稳定缺角的两个正弦半波电压。由于流经负载的电流方向一致，所以它是单方向的脉冲直流电压。如图4-18（b）所示。

从晶闸管承受正向电压开始到触发导通之间的电角度 α 称为控制角（或称为相移角、触发角）。晶闸管在一周内导通的电角度称为导通角 θ。由图 4-18（b）可见，$\theta=\pi-\alpha$。改变 α 角的变化范围称为移相范围，通常要求移相范围越大越好。

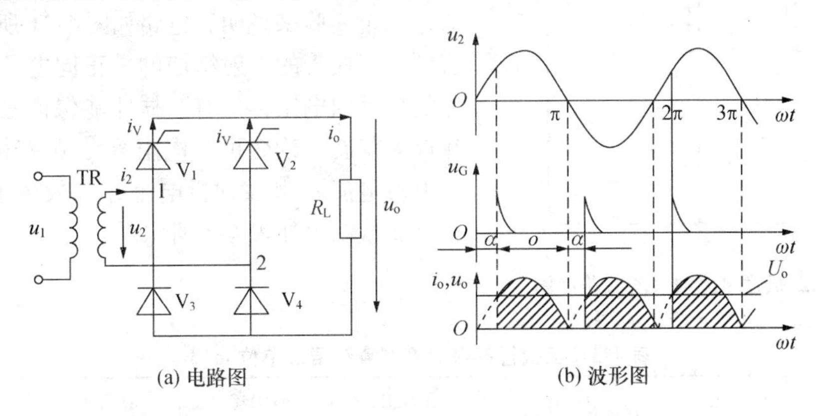

(a) 电路图　(b) 波形图

图 4-18　单相桥式半控整流电路及波形（电阻性负载）

4.3　半导体三极管及其应用

4.3.1　三极管的符号及特性曲线

1. 三极管的符号

半导体三极管在实际电路中负担放大信号和产生信号的作用，三极管的文字符号用 V 或 VT 表示。三极管的结构如图 4-19（a）所示，由 3 层不同类型的半导体构成并引出 3 个电极，分别称做基极（b）、发射极（e）和集电极（c），它有两个 PN 结，分别叫做发射结和集电结。三极管的电路符号如图 4-19（b）所示。

按照各层半导体排列次序的不同三极管有 PNP 和 NPN 两种结构形式，分别称为 PNP 型三极管和 NPN 型三极管，图 4-19 是 NPN 型三极管的结构示意图和电路符号，图 4-20 是 PNP 型三极管的结构示意图和电路符号。两种管型的三极管符号用发射极上的箭头方向加以区分。发射极上的箭头方向表示流经发射极的电流流向。PNP 型三极管和 NPN 型三极管尽管结构不同，但电路中的工作原理是基本相同的，只是所采用的电源极性相反，所以在本书中如果不加以说明，所指的三极管均为 NPN 型三极管。

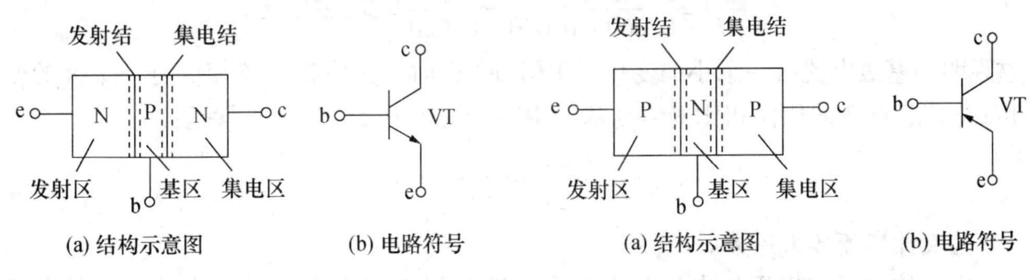

(a) 结构示意图　(b) 电路符号　(a) 结构示意图　(b) 电路符号

图 4-19　NPN 型三极管　**图 4-20　PNP 型三极管**

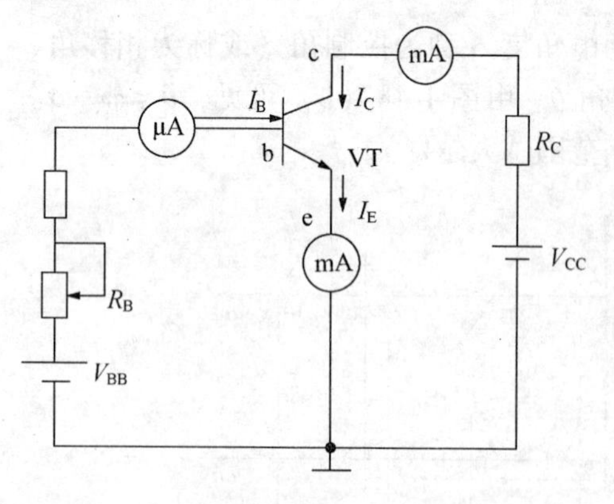

图4-21　三极管电流放大的实验电路

2. 三极管中的电流分配关系

三极管的各级电流之间有一定的规律。我们通过一个实验来说明，电路如图4-21所示。可以看到，三极管的发射结加的是正向电压，集电结加的是反向电压，只有这样才能保证三极管工作在放大状态。改变可变电阻 R_B，则基极电流 I_B、集电极电流 I_C 和发射极电流 I_E 都发生了变化。

测量结果如表4-3所示。

表4-3　三极管各极电流测量数据（单位mA）

I_B	0	0.010	0.020	0.040	0.060	0.080
I_C	<0.001	0.485	0.980	1.990	2.995	3.995
I_E	<0.001	0.495	1.000	2.030	3.055	4.075

仔细观察表中数据，可以得出以下结论。

（1）每一列的数据都满足基尔霍夫电流定律，即：

$$I_E = I_C + I_B \tag{4-9}$$

（2）每一列中的集电极电流都比基极大得多，且基本上满足一定比例关系，从第4列和第5列的数据可以得出 I_C 与 I_B 的比值分别为：

$$\frac{I_C}{I_B} = \frac{0.980}{0.020} = 49 \qquad \frac{I_C}{I_B} = \frac{1.990}{0.040} = 49.75$$

基本上约为50。这个关系用式子表示出来，就是：

$$\frac{I_C}{I_B} = \bar{\beta} \tag{4-10}$$

其中，$\bar{\beta}$ 是直流电流放大系数。

（3）对两列中的数据求得 I_C 和 I_B 的变化量，再加以比较，比如选第4列和第5列中的数据，可得：

$$\frac{\Delta I_C}{\Delta I_B} = \frac{1.990 - 0.980}{0.040 - 0.020} = \frac{1.010}{0.020} = 50.5$$

再选第5列和第6列中的数据，可得：

$$\frac{\Delta I_C}{\Delta I_B} = \frac{2.995 - 1.990}{0.060 - 0.040} = \frac{1.005}{0.020} = 50.25$$

这说明当基极电流有一个小的变化（0.02 mA）时，集电极电流相应有一个大的变化（1.01 mA），且两者的比值和比例值 $\bar{\beta}$ 基本相当。用式子表示出来，就是：

$$\frac{\Delta I_C}{\Delta I_B} = \beta \tag{4-11}$$

其中，β 是交流电流放大系数。

β 的大小体现了三极管的电流放大能力，即如果在基极上有一个小的变化的电流信号，则在集电极上就可以得到一个大的且与基极信号成比例的电流信号。正因为如此，三极管被称为电流控制器件。

（4）在第1列中，当基极开路时（$I_B=0$），集电极电流I_C的值很小，这个电流被称为穿透电流，用I_{CEO}来表示，这个值越小越好。用硅材料制造的三极管的穿透电流要比锗材料三极管的穿透电流小得多，这也正是硅三极管用得比锗三极管多的原因之一。

需要强调指出的是，三极管电流的比例关系和控制关系是在发射结上加正向电压、集电结上加反向电压的条件下才能满足的，这个条件称为三极管工作在放大区的电压条件。NPN型三极管工作在放大区时，其3个电极的电位关系必须满足$V_C>V_B>V_E$；而PNP型三极管工作在放大区时，其3个电极的电位关系与NPN型相反。这个关系在测量实际电路时，可用于判断三极管的工作状态。

两种管型的三极管工作在放大区时各极的电位和电流关系如图4-22所示。

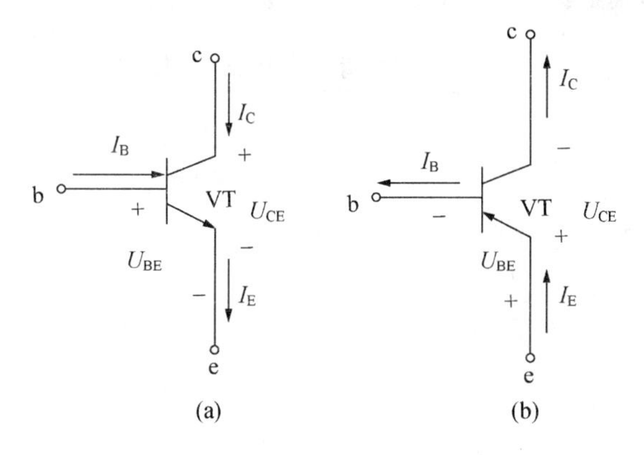

图4-22　电流方向和各极极性

3. 三极管的特性曲线

三极管的特性曲线是指三极管中的电流和极间电压的关系，有输入特性和输出特性两种。

（1）输入特性曲线

如图4-23（a）所示电路，输入特性曲线指的是集电极、发射极电压U_{CE}一定时，基极电流I_B随基极、发射极电压U_{BE}而变化的曲线，如图4-23（b）所示。

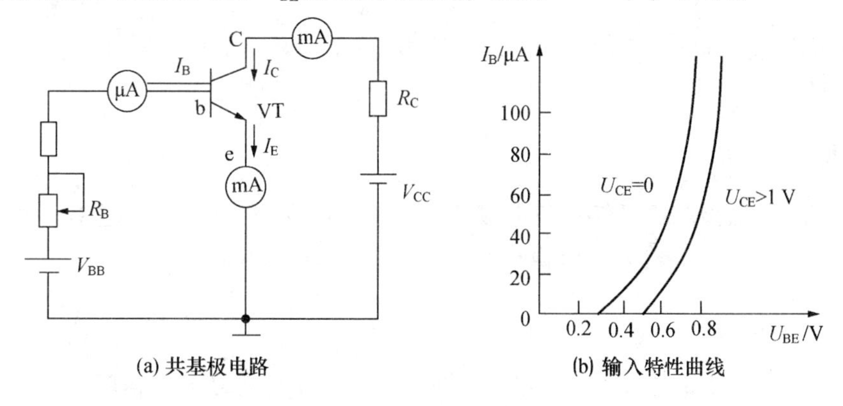

图4-23　三极管的特性曲线

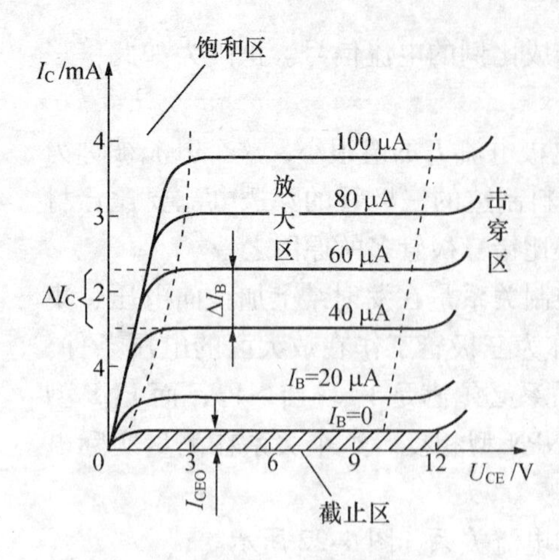

图 4-24　输出特性曲线

输入特性曲线与二极管正向特性相似。在 U_{BE} 很小时，有一段死区；当 U_{BE} 大于死区电压时，三极管才导通。当管子正常放大时，U_{BE} 变化不大硅管约为 0.7 V，锗管约为 0.3 V。

（2）输出特性曲线

输出特性曲线指的是基极电流 I_B 一定时，集电极电流 I_C 随集电极、发射极电压 U_{CE} 变化的曲线，如图 4-24 所示。

根据三极管工作状态不同，输出特性曲线可分为 3 个工作区，即放大区、截止区和饱和区，其各工作区特点如表 4-4 所示。

表 4-4　三极管的 3 种工作状态

工作状态	放　大	截　止	饱　和
在输出特性曲线上的位置	水平部分	I_B =0 以下部分	上升和弯曲部分
偏置	发射结正偏 集电结反偏	发射结正偏或零偏 集电结反偏	发射结正偏 集电结正偏
特点	I_C 受 I_B 控制： $I_C=\beta I_B$ I_C 与 U_{CE} 无关 $U_{CE}=U_{CC}-I_C R_{CC}$	$I_B\approx 0$，$I_C\approx 0$，相当于 c、e 和 b、e 间开路 $U_{CE}\approx U_{CC}$	饱和电压 $U_{CES}\approx 0$， 相当于 c、e 和 b、e 间短路 $I_{CS}\approx U_{CC}/R_C$

4.3.2　三极管的主要参数

1. 电流放大系数 β

电流放大系数 β 是指集电极电流 i_C 与基极电流 i_B 之比，即

$$\beta=\frac{i_C}{i_B} \tag{4-12}$$

表示管子的电流放大能力。β 值太小，放大能力差；β 值太大，管子稳定性差，一般宜选用 β 为 30～100 的管子。

2. 穿透电流 I_{CEO}

穿透电流 I_{CEO} 是指基极开路，集电极、发射极间的反向电流。I_{CEO} 越小，表示管子稳定性越好；一般硅管约几微安，锗管约几十微安，所以硅管比锗管稳定。

3. 三极管极限参数

三极管极限参数是指三极管在正常工作时，电流、电压和功率的极限值，关系到三极管的安全工作的问题。

（1）集电极最大允许电流 I_{CM}。电极电流 I_C 过大后，β 将下降，当 β 下降到正常值2/3时的集电极电流，称集电极最大允许电流。

（2）集电极、发射极击穿电压 $U_{(BR)CEO}$ 是指在基极开中时，允许加在集、射极间最大电压。

（3）集电极最大允许耗散功率 P_{CM} 是指集电结结温不超过允许温度时，集电极功耗的最大允许值。

为了管子安全正常工作，要求实际工作电流、电压和功耗应分别满足；$I_C < I_{CM}$、$U_{CE} < U_{(BR)CEO}$ 和 $I_C U_{CE} < P_{CM}$。

4.3.3　三极管放大电路

放大电路的作用是将微弱电信号进行放大，其核心元件是三极管。

图4-25（a）所示的单管放大电路，当输入信号 u_i 加在放大电路的输入端（b、e 极之间），输出信号 u_o 从放大电路的输出端（c、e 之间）取得，所以发射极是输入和输出信号的公共端，称为基本共发射极放大电路，简称为共射电路。

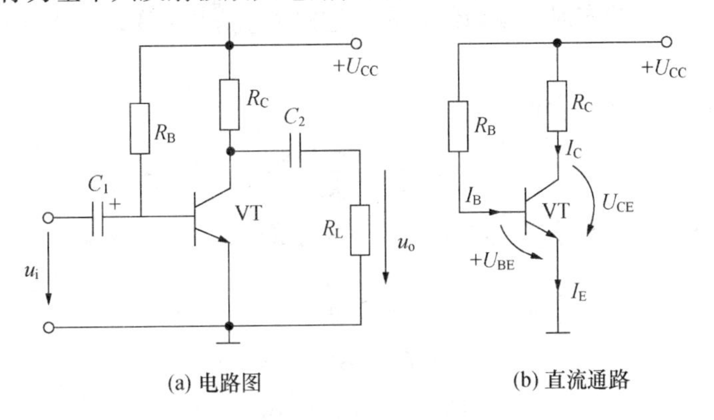

图4-25　共发射极放大电路

1. 电路元件及作用

（1）三极管 VT

三极管是放大电路的核心元件，利用其电流控制作用，实现微小的输入电压变化引起的基极电流变化，控制电源在输出回路产生较大的、与输入信号成比例的集电极电流，从而在负载上获得比输入信号幅度大得多又与其成比例的输出信号。

（2）基极偏置电阻 R_B

基极偏置电阻 R_B 的作用是使三极管发射结处于正偏，通过调节 R_B 的大小，可获得不同的基极电流（简称偏流），既能保证三极管工作在放大区，又有合适的工作点。

（3）集电极电源 U_{CC}

集电极电源 U_{CC} 的作用是提供三极管集电结反偏电压和发射结正偏电压，使三极管工作在放大状态；同时，向负载提供能量。

（4）集电极负载电阻 R_C

通过 R_C 可将集电极的电流变化变换成集电极-发射极的电压变化，以实现电压放大。R_C 可为实际电阻，也可以是其他用电器件。

(5) 耦合电容 C_1 和 C_2

C_1 和 C_2 分别接在放大电路的输入端和输出端，具有耦合交流和隔断直流的作用，使放大电路与信号源及负载之间的不同大小有直流电压互相不产生干扰，但又能够将信号源提供的交流信号传递给放大器，经放大后再传递给负载。这样保证了信号源、放大器、负载均能正常工作，C_1 和 C_2 通常采用电解电容。

2. 静态分析

放大电路没有输入信号（$u_i=0$）时的状态，称为静态，这时相当于输入短路。

(1) 直流通路

在直流电源 U_{CC} 的作用下，三极管各极电流和极间电压都是直流值。由于电容 C_1、C_2 对直流相当于开路，所以得到图 4-25（b）所示的直流通路。

(2) 静态工作点的估算

在静态时，三极管的直流 U_{BE}、I_B、I_C 和 U_{CE} 的值，称为静态工作点，通常用 U_{BEQ}、I_{BQ}、I_{CQ} 和 U_{CEQ} 表示。

三极管工作在放大状态时，发射结正偏、这时 U_{BE} 基本不变，对于硅管约为 0.7 V，锗管为 0.3 V。

根据直流通路，可求出静态值

$$I_{BQ}=\frac{U_{CC}-U_{BEQ}}{R_B} \tag{4-13}$$

由于 U_{BEQ} 一般比 U_{CC} 小得多，式（4-13）可写成

$$I_{BQ}\approx\frac{U_{CC}}{R_B} \tag{4-14}$$

$$I_{CQ}\approx\beta I_{BQ} \tag{4-15}$$

$$U_{CEQ}=U_{CC}-I_{CQ}R_C \tag{4-16}$$

【例 4-1】 在图 4-25（a）所示的放大电路中，已知：$U_{CC}=20\ \text{V}$，$R_B=500\ \text{k}\Omega$，$R_C=6\ \text{k}\Omega$，$\beta=45$，试估算静态工作点。

【解】

$$I_{BQ}\approx\frac{U_{CC}}{R_B}=\frac{20}{500}\ \text{mA}=0.04\ \text{mA}=40\ \mu\text{A}$$

$$I_{CQ}=\beta I_{BQ}=45\times0.04\ \text{mA}=1.8\ \text{mA}$$

$$U_{CEQ}=U_{CC}-I_{CQ}R_C=20-1.8\times6\ \text{V}=9.2\ \text{V}$$

3. 动态分析

(1) 交流通路

在输入信号 u_i 的作用下，三极管各极电流和极间电压都是交流量。在分析交流量时，需画出交流通路。由于耦合电容 C_1、C_2 对交流阻抗很小，可把 C_1、C_2 看成短路，直流电源 U_{CC} 内阻很小，交流通过时产生的电压可忽略，所以可把 U_{CC} 看成短路，这样就得到了图 4-26 所示的交流通路。

(2) 电压放大过程

放大电路在直流电源 U_{CC} 和交流信号 u_i 的共同作用下，电路中的电流和电压既有直流

分量，又有交流分量，即在静态值的基础上叠加一个交流。图 4-27 画出了基极、发射极间电压 u_{BE}叠加的情况。

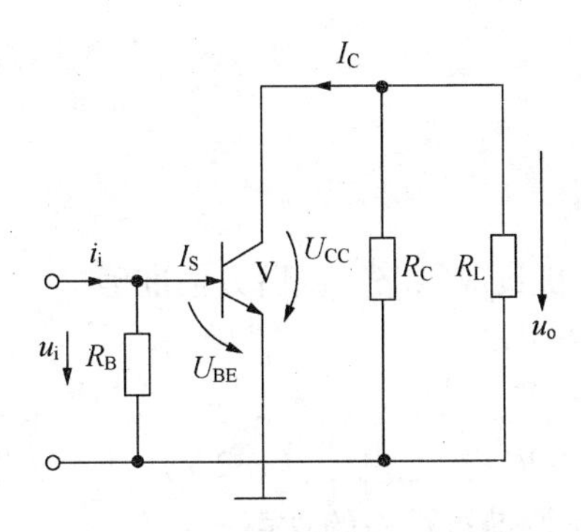

图 4-26　放大电路的交流通路

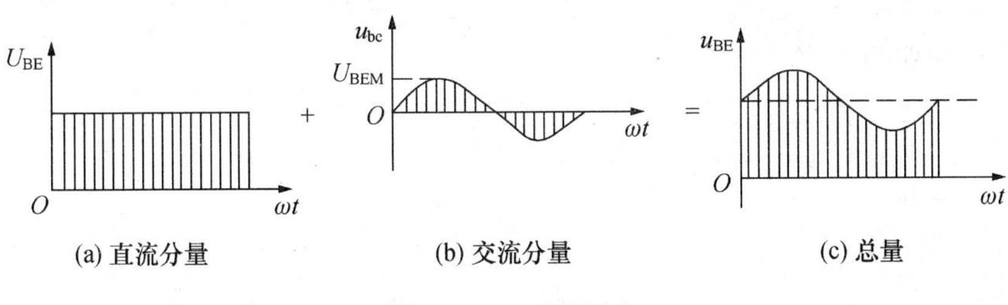

(a) 直流分量　(b) 交流分量　(c) 总量

图 4-27　u_{BE}的波形

对于基极电流、集电极电流和集电极、发射极间的电压，也是由直流和交流叠加而成。有时还有交流电的有效值，有效值用大写字母和小写脚标符号，如 U_i、I_b、I_e、U_o 等。

为了区分各种分量，对电压和电流的符号做以下规定：

① 直流分量用大写字母和大写脚标的符号，如图 4-27（a）中的 U_{BE}；

② 交流分量用小写字母和小写脚标的符号，如图 4-27（b）中的 u_{be}、u_i；

③ 总量是直流分量叠加上交流分量，用小写字母，大写脚标符号，如图 4-27（c）中的 u_{BE}。

在放大电路中，直流电源 U_{CC}是为电路提供一个合适的静态工作点，使放大电路对输入信号 u_i 不失真的放大。在放大电路中，需要放大的信号就是输入的交流电压 u_i，其放大过程如下所述。

由图 4-26 的交流通路可见，在输入交流电压 u_i 的作用下，基极产生较小的交流电流 i_b，根据三极管电流放大作用，集电极就有被放大了 β 倍的 i_c（βi_b），放大电路的输出电压$u_o = -i_c (R_C \parallel R_L) = -\beta i_b (R_C \parallel R_L)$。只要 R_C 选择得合适，输出电压 u_o 可以比输入电压 u_i 大很多倍，实现了电压放大。

4.3.4　贴片 FM 耳塞收音机的安装实训

【实训目标】

1. 锻炼电子仪器仪表的使用能力；

2. 提高读整机电路图及电路板图的能力；
3. 进一步提高焊接工艺水平。

【实训内容】

1. 技术指标

采用电调谐单片 FM 收音机集成电路，调谐方便准确。

（1）接收频率为 87～108 MHz。
（2）较高接收灵敏度。
（3）电源范围大 1.8～3.5 V，充电电池（1.2 V）和一次性电池（1.5 V）均可工作。
（4）内设静噪电路，抑制调谐过程中的噪声。

2. 电路原理图

电路原理图如图 4-28 所示。

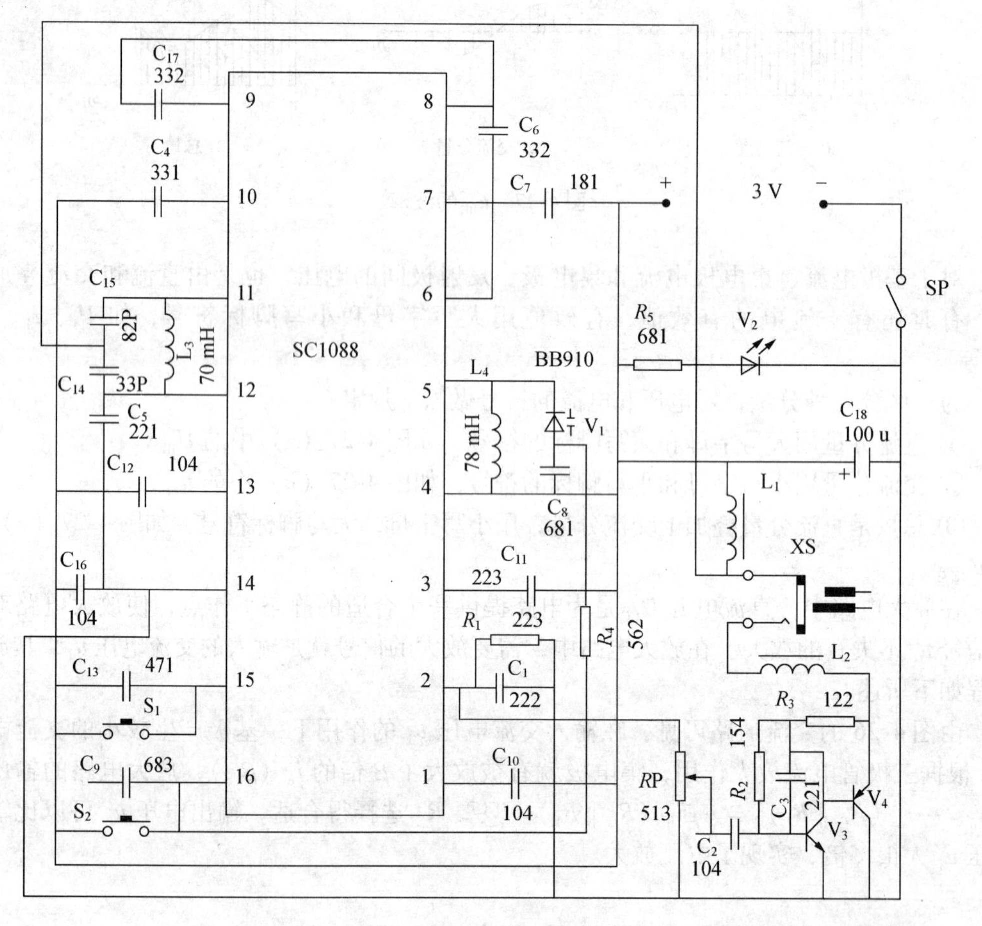

图 4-28 电路原理图

3. 安装图

电路如图 4-29 所示。

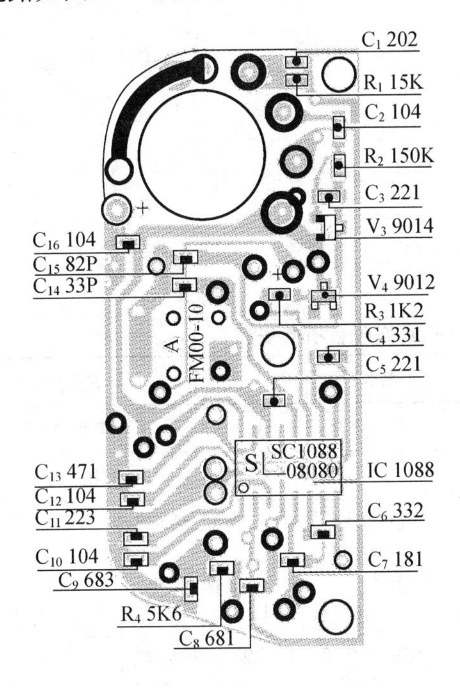

(a) SMT贴片

(b) THT安装

图 4-29　安装图

4. 安装步骤及要求

(1) 技术准备

① 了解 SMT 基本知识。

② 熟悉产品简单原理。

③ 熟悉产品结构及安装要求。

(2) 安装前检查

① SMB 检查。对照图 4-29 检查，要求：

- 图形完整，有无短、断缺陷；
- 孔位及尺寸；
- 表面涂覆（阻焊层）。

② 外壳及结构件

- 按材料表清查零件品种规格及数量（表贴元器件除外）；
- 检查外壳有无缺陷及外观损伤；
- 耳机。

(3) 测量器件好坏

(4) 安装电路

(5) 调试

① 所有元器件焊接完成后目视检查。

② 测总电流。

③ 搜索电台广播。

④ 调接收频段（俗称调覆盖）。

⑤ 调灵敏度。

（6）总装

① 蜡封线圈。

② 固定 SMB/装外壳。

【考核标准】

实训考核课题　　贴片 FM 耳塞收音机的安装

姓　名		班　级		考件号	总得分	
额定工时	180 min	起止时间	时　分至　　时　分		实用工时	
序　号	考核内容	考核要求	配　分	评分标准	扣　分	得　分
1	准备工作	① 电路设计合理、器件型号满足设计要求； ② 工具、仪表、材料准备齐全； ③ 器件检测方法正确	15	① 电路设计不满足要求，扣 5 分； ② 仪表、工具准备不当，扣 4 分； ③ 器件检测方法不正确或漏检，一项扣 3 分（共 6 分）		
2	电路焊接	① 器件焊接方法正确，工具使用熟练； ② 无虚焊、漏焊现象； ③ 焊点光滑美观、无毛刺	40	① 焊接方法不正确，扣 10 分； ② 工具使用不熟练，扣 5 分； ③ 有虚焊现象每处扣 2 分，有漏焊每处扣 2 分		
3	收音机调试	① 正确使用电子仪表； ② 调试方法正确 ③ 调试后，音量、电台数能满足设计要求	35	① 不会用仪表扣 10 分； ② 调试方法不正确，扣 5 分； ③ 不能满足设计要求扣 20 分		
4	安全文明操作	符合有关规定	10	发生安全事故或违反有关规定，扣 2～10 分		
5	操作时间	在规定时间内完成		每超时 10 min（不足 10 min 以 10 min 计），扣 5 分		

监考：

年　　月　　日

【实训思考】

1. 说明三极的管脚判断和测试方法。
2. 在电子手册中，怎么查找三极管的型号？

项目小结

本项目介绍了常见的半导体器件二极管、晶闸管、三极管及其应用。

二极管是由 P 型和 N 型半导体组合而成的，具有单向导电性。当承受正向偏置时处于导通状态，当承受反向偏置时处于截止状态。二极管可用于整流、限幅、钳位和元件保护。利用其反向击穿特性，做成稳压管起到稳压作用。直流稳压电源一般由整流、滤波和稳压电路组成。整流电路有单相半波、全波和桥式等方式，滤波电路有电容滤波、电感滤波等类型，要将两者结合起来估算输出电压才有意义。硅稳压管是并联稳压电路的常用器件，只要选择合适的限流电阻，可使稳压管工作在稳压区内。采用集成电路稳压管是提高稳压电路性能的必由之路。

晶闸管（又称可控硅）是一种大功率的半导体器件，又称电力半导体。晶闸管具有单向导电性，电流只能从阳极流向阴极。与二极管的区别在于多了一个门极控制端，使得晶闸管具有可控性。普通晶闸管从截止变为导通的条件是：除加正向阳极电压外，同时在门极和阴极之间加足够功率的正向控制电压（通常是触发脉冲）。要使导通的普通晶闸管关断，只要使阳极电流减小到维持管子导通的电流以下，即小于维持电流即可。晶闸管在可控整流、逆变、变频、交直流开关和调压等方面，得到广泛应用。

三极管（又称晶体管）是一种电流控制型器件，具有 3 个极分别是基极 b、集电极 c、发射极 e；有两个 PN 结，分别是发射结和集电结；有 3 个工作区域：放大区、截止区和饱和区。三极管工作在放大区必须满足：发射结正偏电压，集电结反偏电压。在数字电路中作为开关管工作在截止区和饱和区。

思考与练习 4

4.1　杂质半导体中载流子的浓度取决于哪些方面？

4.2　在 PN 结上加不同电压时，二极管处于什么状态？

4.3　硅二极管与锗二极管正向压降各为多少？

4.4　根据三极管 3 个极对地电压判断各极和类型：

（1）2.3 V　17 V　3 V；（2）−5 V　1 V　0.8 V。

4.5　普通晶闸管导通和关断条件是什么？导通后晶闸管的电流大小取决于什么？

4.6　在图 4-25（a）所示的基本共发射极电路中，电源电压 $U_{CC}=12\text{ V}$，试回答：

（1）欲改变静态工作点，通常调节什么？

（2）测得集电极、发射极直流电压 U_{CE} 分别为 0.3 V、11.8 V、6 V 电路分别工作在什么状态？

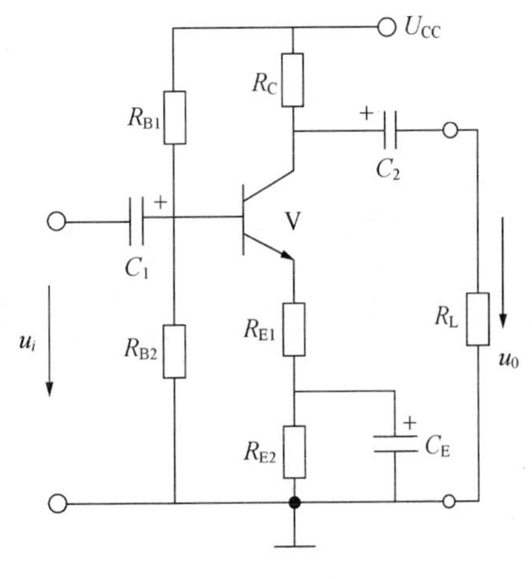

图 4-30　电路图

4.7　画出图 4-30 所示的放大电路的直流和交流

通路。

4.8　图4-30中的放大电路输入电压为100 mV，不失真电压为5 V。

（1）求电压放大倍数。

（2）输出端负载 R_L 对输出电压有何影响？

项目五　逻辑电路常识

学习目标

能力目标

1. 具备学习后续相关课程的能力；

2. 了解在实际工作岗位上可能遇到的相关领域知识问题，拓宽运用所学知识解决实际问题的思路；

3. 具有一定的可持续发展的能力。

知识目标

1. 了解模拟电路和数字电路的不同点及其各自的特点，理解基本门电路、复合门电路的组成及功能，熟悉它们的逻辑图符号和逻辑关系；

2. 掌握组合逻辑电路的分析方法，了解常见中规模组合逻辑电路的工作原理；

3. 知道时序逻辑电路和组合逻辑电路的最大区别，了解4种触发器的结构、逻辑功能、逻辑状态表、特性方程等；

4. 了解常见的时序逻辑电路的工作原理。

本项目内容简述

本项目主要介绍数字电路的基础知识，如数字电路的特点、基本逻辑运算和逻辑门、逻辑函数的化简，逻辑电路的分析和设计，各种触发器的逻辑功能，常用的时序逻辑电路等。最后针对逻辑电路的应用开展专项技能训练，在技能训练过程中，强调职业素养和技能并重，达到本项目的学习目标要求。

5.1　门电路与组合逻辑电路

5.1.1　数字电路简介

1. 数字信号

（1）数字信号和数字电路

电子电路中的电信号可以分为两类：一类是在时间和数值上都是连续变化的信号，称为模拟信号，例如电压、电流等，如图5-1所示；另一类是在时间和数值上都是离散的信号，称为数字信号，例如印刷系统中记录纸张页数的计数信号，如图5-2所示。数字信号常用数字1和0表示，用来表示两种不同的状态，例如高低、真假、开关等，称为逻辑 1 和逻辑 0。

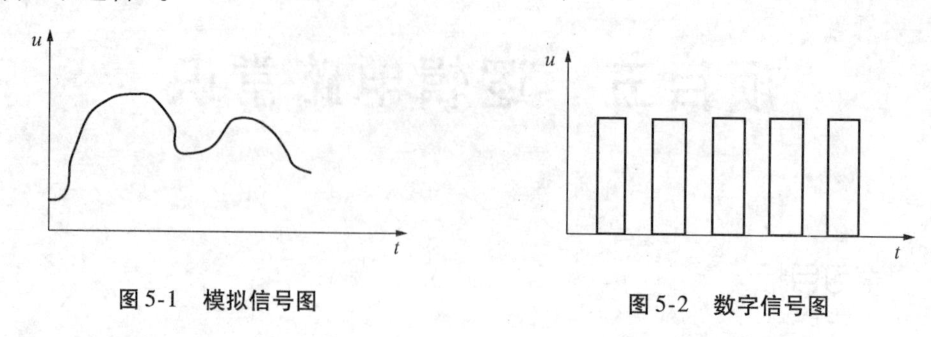

图 5-1　模拟信号图　　　图 5-2　数字信号图

在电子电路中，如果处理的是模拟信号，则该电路称为模拟电路，如放大器电路等；如果处理的是数字信号，则该电路称为数字电路。数字电路主要用来研究数字信号的产生、变换、处理等，数字电路的主要分析工具是逻辑代数，因此数字电路又称为逻辑电路。

（2）数字电路的特点

数字电路广泛应用于各个技术领域，它所具有的特点如下。

① 便于集成化。由于数字信号简单，只需要用两种不同的状态来表示 1 和 0。因此，构成数字电路的基本单元电路也比较简单，对元件的精度要求不高，允许有一定的误差。有利于将众多的基本单元电路集成在同一块硅片上和进行批量生产。

② 可靠性高、抗干扰能力强。数字信号用两种相反的状态来表示，只有环境干扰相当强时，才能改变数字信号。因此，数字电路的抗干扰能力强，电路工作稳定可靠，便于使用、维护和进行故障诊断，容易完成实时处理任务。

③ 精度高。通过增加二进制位数，可使数字电路处理信号的结果达到人们所希望得到的精度。因此，由数字电路组成的数字系统工作准确、精度高。

④ 数字信息便于长期保存。

（3）数字电路的分类

按电路逻辑功能分，数字电路通常分为组合逻辑电路和时序逻辑电路两类。

如果数字电路中任意时刻的输出信号仅取决于该时刻的输入信号，而与电路原来的状态无关，则称为组合逻辑电路。例如，编码器、译码器、数据选择器等都属于组合逻辑电路。

如果数字电路中任意时刻的输出信号不仅取决于当时的输入信号，而且还与电路原来的状态有关，则称它为时序逻辑电路。例如，触发器、寄存器、计数器等都属于时序逻辑电路。

2. 数制和码制

（1）数制及其转换

在数字电路中，除了熟悉的十进制数以外，还要使用二进制、八进制、十六进制数。二进制数是以 2 为基数的计数体制，进位规律是“逢二进一”。八进制数是以 8 为基数的计数体制，进位规律是“逢八进一”。十六进制数是以 16 为基数的计数体制，进位规律是“逢十六进一”。在此，用列表来表示十进制数、二进制数、八进制数、十六进制数以及它们之间的转换关系，如表 5-1 所示。

表 5-1　十进制、二进制、八进制、十六进制数码对照表

十进制数	二进制数	八进制数	十六进制数
0	0000	0	0
1	0001	1	1
2	0010	2	2
3	0011	3	3
4	0100	4	4
5	0101	5	5
6	0110	6	6
7	0111	7	7
8	1000	10	8
9	1001	11	9
10	1010	12	A
11	1011	13	B
12	1100	14	C
13	1101	15	D
14	1110	16	E
15	1111	17	F

（2）二进制代码

将若干个二进制数码 0 和 1 按一定规则排列起来表示某种特定含义的代码称为二进制代码，或称二进制码。用数码的特定组合表示特定信息的过程称编码。

常用二进制编码的十进制数有 8421BCD 码（简称 BCD 码）、5421 码和余 3 码等。它们都是用 4 位二进制数来表示 1 位十进制数。前两种码都是有权码，余 3 码为无权码。这三种编码的关系如表 5-2 所示。

表 5-2　三种编码的关系

十进制数码	8421BCD 码	5421 码	余 3 码
0	0000	0000	0011
1	0001	0001	0100
2	0010	0010	0101
3	0011	0011	0110
4	0100	0100	0111
5	0101	1000	1000
6	0110	1001	1001

续表

十进制数码	8421BCD 码	5421 码	余 3 码
7	0111	1010	1010
8	1000	1011	1011
9	1001	1100	1100

5.1.2　基本逻辑关系与门电路

1. 逻辑代数

逻辑代数也称布尔代数，用来描述数字电路和数字系统的结构和特性，它是分析和设计逻辑电路的一种数学工具。

逻辑代数有 0 和 1 两种逻辑值，在逻辑运算中，这两个值并不表示数量的大小，而是表示客观事物两种对立的逻辑状态，如开关的闭合与挂断，晶体管的导通和截止，电位的高和低，事物的真和假等。但在二进制算术运算中，1 和 0 又表示为 1 位二进制数码。

在逻辑代数中，输出逻辑变量和输入逻辑变量的关系，称为逻辑函数或逻辑表达式，可表示为 $Y=y(A, B, C, \ldots)$，其中，A，B，C，…为输入逻辑变量，Y 为输出逻辑变量。

基本的逻辑关系有与、或和非三种，相应的的逻辑运算分别为与运算、或运算和非运算，下面介绍三种基本逻辑运算。

（1）与逻辑

与逻辑是描述与逻辑关系的，又称与运算，两个变量的逻辑与表达式为

$$Y=A \cdot B \tag{5-1}$$

其意义是仅当决定事件发生的所有条件 A、B 均具备时，该事件 Y 才能发生。例如，把两只开关和一盏电灯串联接到电源上，只有当两只开关均闭合时，灯才会亮；两个开关中有一个不闭合或者两个都不闭合，灯就不会亮。如果设定开关接通为 1，断开为 0；灯亮为 1，灯灭为 0。Y 的逻辑状态真值表如表 5-3 所示，其逻辑关系可总结为：“有 0 出 0，全 1 出 1”。

表 5-3　与逻辑真值表

A	B	Y
0	0	0
0	1	0
1	0	0
1	1	1

（2）或逻辑

或逻辑是描述或逻辑关系的，也称或运算，两个变量的逻辑或表达式为

$$Y = A + B \tag{5-2}$$

其意义是当决定事件发生的各种条件 A、B 中，只要有一个或一个以上的条件具备时，事件 Y 就发生。仍以上述灯的情况为例，把两只开关并联与一盏电灯串联接到电源上，当两只开关中有一个或一个以上闭合时，灯均会亮。只有两个开关全断开，灯才不亮。如果设定开关接通为 1，断开为 0；灯亮为 1，灯灭为 0。Y 的逻辑状态真值表如表 5-4 所示，其逻辑关系可总结为："有 1 出 1，全 0 出 0"。

表 5-4　或逻辑真值表

A	B	Y
0	0	0
0	1	1
1	0	1
1	1	1

（3）非逻辑

非逻辑是对一个逻辑变量的否定，也称非运算。逻辑非表达式为

$$Y = \overline{A} \tag{5-3}$$

其意义是当条件 A 为真时，事件 Y 就不会发生。仍以灯的情况为例，一只在面板上标有"开"和"关"字样的开关与一盏电灯串联接到电源上，当开关打向"开"时，灯灭；而开关打向"关"时，灯亮。这种互相否定的因果关系，就是非逻辑。当 A 取 0 或 1 值时，Y 的逻辑状态真值表如表 5-5 所示，其逻辑关系可总结为："0 非出 1，1 非出 0"。

表 5-5　逻辑非真值表

A	Y
0	1
1	0

2. 逻辑代数的运算法则

（1）基本运算法则

$A+0=0$　　$A \cdot 0=0$　　$A+1=1$　　$A \cdot 1=A$

$A+A=A$　　$A \cdot A=A$　　$A+\overline{A}=1$　　$A \cdot \overline{A}=0$　　$\overline{\overline{A}}=A$

（2）交换律

$A+B=B+A$　　$A \cdot B=B \cdot A$

（3）结合律

$A+(B+C)=(A+B)+C$　　$(A \cdot B) \cdot C=A \cdot (B \cdot C)$

（4）分配律

$A \cdot (B+C)=A \cdot B+A \cdot C$　　$A+B \cdot C=(A+B) \cdot (A+C)$

(5) 吸收律

$A\cdot(A+B)=A$　　　　$A+\bar{A}\cdot B=A+B$

$A\cdot(\bar{A}+B)=A\cdot B$　　　　$A\cdot B+A\cdot\bar{B}=A$

$A+A\cdot B=A$　　　　$(A+B)\cdot(A+\bar{B})=A$

(6) 反演律（德·摩根定理）

$\overline{A+B}=\bar{A}\cdot\bar{B}$　　　　$\overline{A\cdot B}=\bar{A}+\bar{B}$

为简化书写，允许将 $A\cdot B$ 简写成 AB。

【例 5-1】 用逻辑代数运算法则化简逻辑表达式 $F=\bar{A}B\bar{C}+A\bar{C}+\bar{B}\,\bar{C}$。

【解】

$$\begin{aligned}F&=\bar{A}B\bar{C}+A\bar{C}+\bar{B}\,\bar{C}\\&=\bar{A}B\bar{C}+(A+\bar{B})\,\bar{C}\\&=(\bar{A}B)\,\bar{C}+(\overline{\bar{A}B})\,\bar{C}\\&=\bar{C}\end{aligned}$$

3. 集成逻辑门电路

门电路是数字电路中最基本的单元电路，可以实现各种基本逻辑关系。当满足一定条件时，允许信号通过，否则就不能通过，起着“门”的作用。它的输出信号和输入信号之间具有一定的逻辑关系，所以也称为逻辑门电路。

集成门电路主要有双极性 TTL 门电路和单极性的 CMOS 门电路，其输入和输出信号只有高电平和低电平两种状态，用 1 表示高电平、用 0 表示低电平的情况称为正逻辑。以下介绍的门电路所采用的输入和输出的高、低电平均采用正逻辑。

(1) 与门电路

二极管与门电路如图 5-3 (a) 所示。由图可知，在输入 A、B 中只要有一个（或一个以上）为低电平，则与输入端相连的二极管必然因获得正偏电压而导通，使输出 Y 为低电平；只有所有输入 A、B 同时为高电平，输出 Y 才是高电平。

可见，输出对输入呈现与逻辑关系，即 $Y=A\cdot B$。输入端的个数当然可以多于两个，有几个输入端就有几个二极管。

逻辑符号如图 5-3 (b) 所示。

(2) 或门电路

二极管或门电路如图 5-4 (a) 所示，只要输入 A、B 中有高电平，相应的二极管就会导通，输出 Y 就是高电平，只有输入 A、B 同时为低电平，Y 才是低电平。显然 Y 和 A、B 之间呈现或逻辑关系，逻辑表达式为 $Y=A+B$。

逻辑符号如图 5-4 (b) 所示。

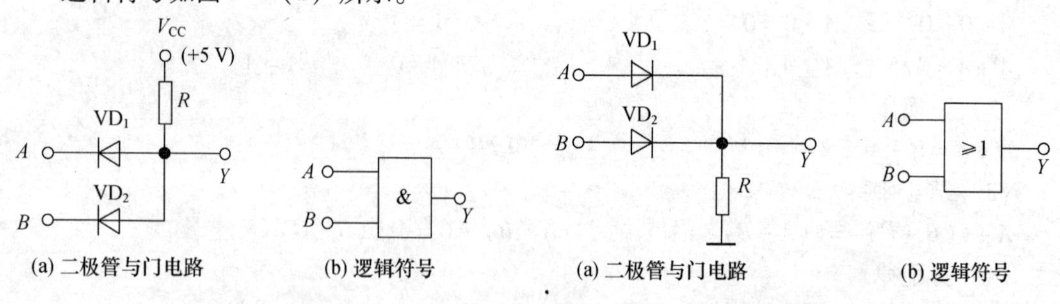

(a) 二极管与门电路　(b) 逻辑符号

图 5-3　与门电路

(a) 二极管与门电路　(b) 逻辑符号

图 5-4　或门电路

(3) 非门电路

对图5-5 (a) 的三极管开关电路分析可知，当输入为高电平时，输出为低电平；当输入为低电平时，输出为高电平，所以输出与输入就呈现非逻辑关系。非门也称为反相器，逻辑表达式为 $Y=\overline{A}$。

在实际电路中，为了使输入低电平时晶体管能可靠截止，一般采用图5-5 (a) 所示的电路形式。只要电路参数配合适当，则当输入端 A 为低电平信号时，晶体管的基极就可以是负电位，发射结反偏，晶体管将可靠截止，输出为高电平；而当输入 A 为高电平信号时，使晶体管 VT 饱和导通，输出 Y 为低电平，实现逻辑非功能。非门电路的逻辑符号如图5-5 (b) 所示。

(4) 与非门电路

在一个与门电路的输出端再接一个非门，使与的输出反相，就可以构成与非门。与非门的逻辑符号如图5-6所示，和与门逻辑符号不同之处是，在电路输出端加一个小圆圈。与非门的逻辑表达式为

$$Y=\overline{A\cdot B} \tag{5-4}$$

只要输入 A、B 中有低电平，输出 Y 就是高电平；只有输入端 A、B 同时为高电平，输出 Y 才是低电平。其逻辑关系可总结为："有0出1，全1出0"。

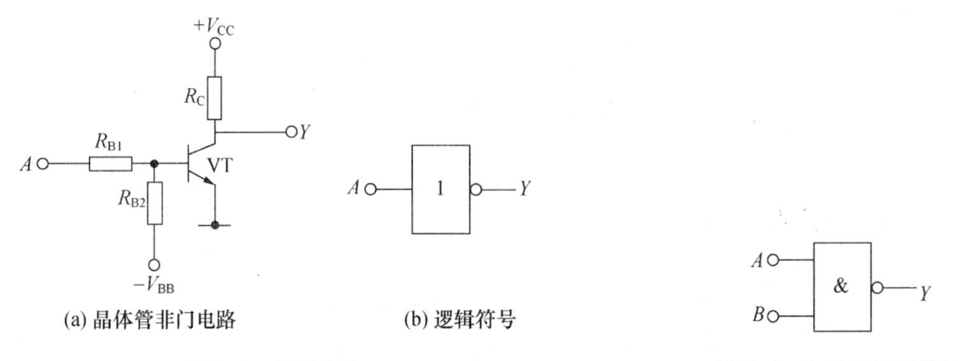

(a) 晶体管非门电路　(b) 逻辑符号

图5-5　非门电路　　图5-6　与非门逻辑符号

(5) 或非门电路

在一个或门电路的输出端再接一个非门，使"或"的输出反相，就可以构成或非门。或非门的逻辑符号如图5-7所示，和或门逻辑符号不同之处是，在电路输出端加一个小圆圈。或非门的逻辑表达式为

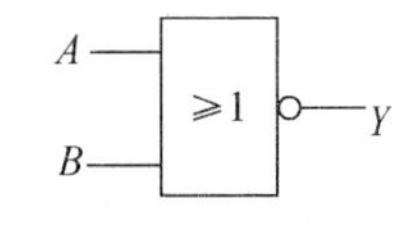

图5-7　或非门逻辑符号

$$Y=\overline{A+B} \tag{5-5}$$

只要输入 A、B 中有高电平，输出 Y 就是低电平；只有输入端 A、B 同时为低电平，Y 才是高电平。其逻辑关系可总结为："有1出0，全0出1"。

5.1.3　组合逻辑电路的分析与设计

如果一个电路在任意时刻的输出都只取决于该时刻的输入信号，而与电路前一时刻的状态无关，那么这个电路就称之为组合逻辑电路。前面研究的各种门电路都属于组合逻辑电路，这也是组合电路的另一特点，即组合逻辑电路在结构上是由各种门电路构成，电路

中不包含记忆单元。

1. 组合逻辑电路的分析

组合逻辑电路的分析，是指根据给定的逻辑电路图，找出电路输入和输出之间的逻辑关系，写出它的逻辑表达式，进而知道电路所实现的逻辑功能。分析的主要步骤具体如下。

（1）由给定的逻辑图写出逻辑函数表达式。

通常由输入到输出逐级推导，最后写出输出端的逻辑表达式。

（2）对所写的逻辑函数式进行化简。

（3）列出真值表。

列真值表时要注意列出输入变量所有的取值组合。

（4）对电路进行逻辑功能分析。

下面举例说明组合逻辑电路的分析方法。

【例 5-2】 试分析如图 5-8 所示电路的逻辑功能。

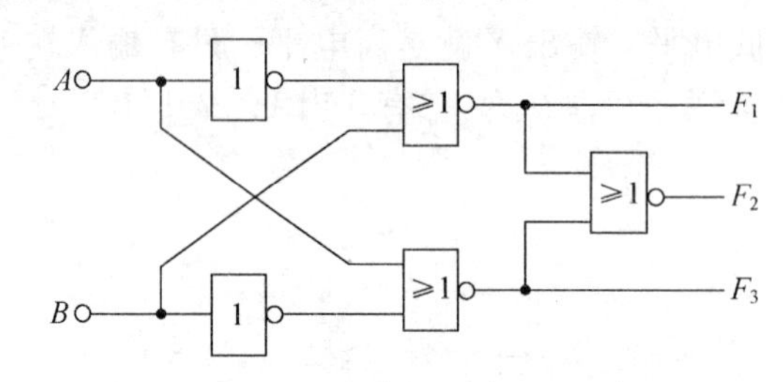

图 5-8 逻辑电路图

【解】（1）从输入端依次写出逻辑表达式：

$$F_1=\overline{\overline{A}+B}\quad F_3=\overline{A+\overline{B}}$$

$$F_2=\overline{F_1+F_3}=(\overline{A}+B)\cdot(A+\overline{B})=AB+\overline{A}\,\overline{B}$$

（2）列真值表，如表 5-6 所示。

表 5-6 例 5-2 的真值表

A	B	F_1	F_2	F_3
0	0	0	1	0
0	1	0	0	1
1	0	1	0	0
1	1	0	1	0

（3）根据真值表，分析逻辑功能

当 $A=B$ 时，$F_2=1$；$A>B$ 时，$F_1=1$；$A<B$ 时，$F_3=1$，此电路实现了一位数据的比较。

2. 组合逻辑电路的设计

组合逻辑电路的设计步骤与分析步骤刚好相反，设计的任务是根据给定的逻辑功能要求，设计出能实现该逻辑功能的最简单的逻辑电路。通常要求所用器件品种最少、数量最少、连线最少。组合逻辑电路设计的步骤如下。

（1）根据逻辑要求进行逻辑规定，列写真值表。

对实际问题中要求的逻辑功能进行分析，确定输入和输出变量，并对它们进行逻辑赋值；即用0和1来分别代表输入变量与输出变量的两种不同状态，然后根据这些逻辑关系写出真值表。

（2）根据真值表写出逻辑表达式，然后应用相关公式对其进行化简，得到最简的逻辑表达式。

（3）根据化简得到逻辑表达式，画出逻辑电路图。

当然，这些步骤并不是固定不变的，在实际设计中，应该根据具体情况灵活应用。下面举例说明组合逻辑电路的设计方法。

【例5-3】 设计三变量A、B、C表决电路，其中A具有否决权。

【解】 设A、B、C分别代表参加表决的逻辑变量，F为表决结果。A、B、C为1表示赞成，为0表示反对；$F=1$表示通过，$F=0$表示被否决。

（1）列出真值表，如表5-7。

表5-7　例5-3真值表

A	B	C	F
0	0	0	0
0	0	1	0
0	1	0	0
0	1	1	0
1	0	0	0
1	0	1	1
1	1	0	1
1	1	1	1

（2）写出函数并化简成与非式

$$F=AB+AC=\overline{\overline{AB}\cdot\overline{AC}}$$

（3）画出逻辑图，如图5-9所示。

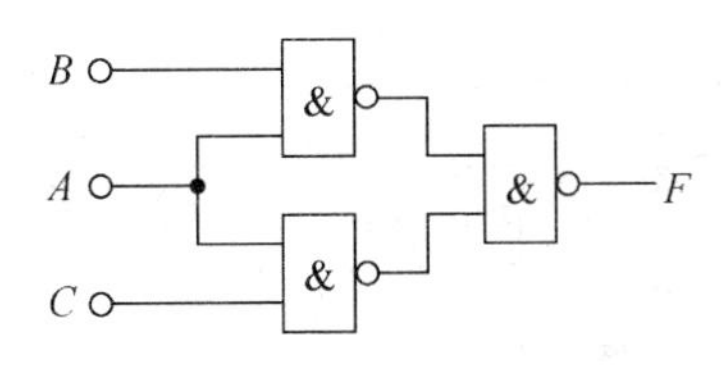

图5-9　例5-3图

5.1.4　常见的组合逻辑电路

1. 加法器

两个二进制数之间的算术运算无论是加、减、乘、除，最终都是可以化作若干步加法运算进行的，因此加法器是算术运算电路的基本单元。

（1）半加器

只将两个一位二进制数 A 和 B 相加，而不考虑来自低位的进位，称为半加。实现半加运算的电路称为半加器，其逻辑电路如图 5-10 所示。按照二进制加法运算规则可列出半加器的真值表，如表 5-8 所示，其中两个加数是 A、B，半加和为 S，向高位的进位为 C。

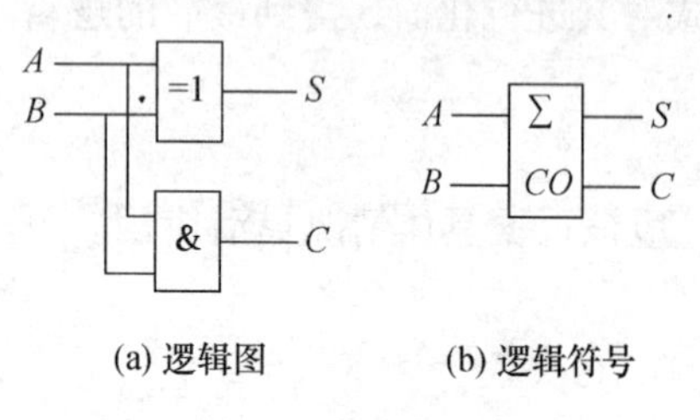

(a) 逻辑图　　(b) 逻辑符号

图 5-10　半加器逻辑图及逻辑符号

表 5-8　半加器真值表

输　入		输　出	
A	B	S	C
0	0	0	0
0	1	1	0
1	0	1	0
1	1	0	1

从真值表中可以看到：当 A、B 输入不同时，输出 S 为 1；当 A、B 输入相同时，输出 S 为 0。这种逻辑关系称为异或逻辑，异或的逻辑关系也可以总结为“相同为 0，不同为 1”，异或运算符为⊕，对应的门电路为异或门。

根据半加器的真值表，我们可以写出半加运算的逻辑表达式为

$$S=\overline{A}B+A\overline{B}=A\oplus B$$

$$C=AB \tag{5-6}$$

（2）全加器

不仅要考虑两个一位数相加，还要考虑来自低位进位数相加，则称为全加。相应的电路称为全加器，其逻辑电路图和符号图如图 5-11 所示。

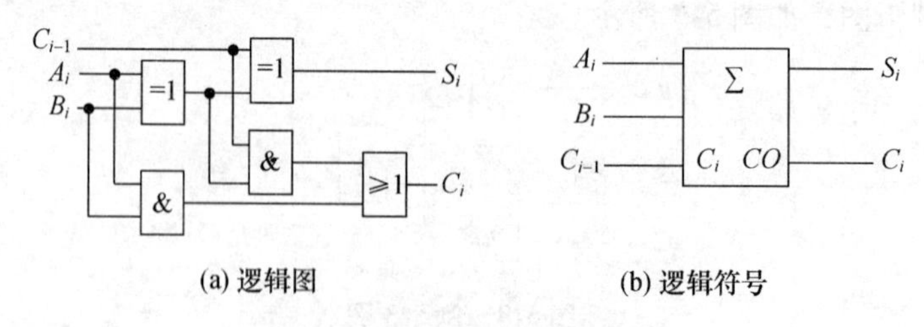

(a) 逻辑图　　(b) 逻辑符号

图 5-11　全加器逻辑图及逻辑符号

表 5-9 为一位全加器的真值表，其中两个加数为 A_i、B_i，本位和为 S_i，来自低位的进位用 C_{i-1} 表示，向高位的进位用 C_i 表示。

表 5-9　全加器的真值表

输　入			输　出	
A_i	B_i	C_{i-1}	S_i	C_i
0	0	0	0	0
0	0	1	1	0
0	1	0	1	0
0	1	1	0	1
1	0	0	1	0
1	0	1	0	1
1	1	0	0	1
1	1	1	1	1

根据真值表可以写出其逻辑表达式为

$$\begin{aligned}
S_i &= \overline{A}_i\overline{B}_iC_{i-1} + \overline{A}_iB_i\overline{C}_{i-1} + A_i\overline{B}_i\overline{C}_{i-1} + A_iB_iC_{i-1} \\
&= (\overline{A}_i\overline{B}_i + A_iB_i)C_{i-1} + (\overline{A}_iB_i + A_i\overline{B}_i)\overline{C}_{i-1} \\
&= \overline{A_i \oplus B_i} \cdot C_{i-1} + (A_i \oplus B_i) \cdot \overline{C}_{i-1} \\
&= A_i \oplus B_i \oplus C_{i-1} \\
C_i &= \overline{A}_iB_iC_{i-1} + A_i\overline{B}_iC_{i-1} + A_iB_i\overline{C}_{i-1} + A_iB_iC_{i-1} \\
&= A_iB_i + (A_i \oplus B_i)C_{i-1}
\end{aligned} \tag{5-7}$$

2. 编码器

（1）编码器概念

编码是将信息符号与二进制代码之间建立一一对应的关系，能够实现编码功能的电路称为编码器。

下面主要介绍数字电路中常用的二进制编码。在二进制中只有 0 和 1 两个数码，通常可以把若干个 0 和 1 按一定规律编排起来组成不同的代码（二进制数）来表示某一信号。一位二进制代码有 0 和 1 两种状态，可以表示两个信号；两位二进制代码有 00、01、10、11 四种状态，可以表示四个信号。n 位二进制代码有 2^n 个状态，可以表示 2^n 个信息，用 n 位二进制代码对 2^n 个信号进行编码的电路，称为二进制编码器。

（2）编码器工作原理

如图 5-12 所示，表示输入有 2^n 个信号时，输出为 n 位二进制代码，编码器在某一时刻只把一个输入信号转换为二进制码，这就是二进制编码器。

图 5-12　二进制编码器结构框图

下面以 4 线—2 线编码器为例说明编码器的工作原理。4 线-2 线编码器是把 4 个输入编成对应的 2 位二进制代码输出的编码电路，真值表如表 5-10 所示。

表 5-10　4 线—2 线编码器真值表

输入				输出	
I_3	I_2	I_1	I_0	Y_1	Y_0
0	0	0	1	0	0
0	0	1	0	0	1
0	1	0	0	1	0
1	0	0	0	1	1

I_0～I_3 是 4 个输入端，高电平有效，输出是二进制代码 Y_1Y_0。由于编码器在任一时刻只能对一个输入信号进行编码，所以 I_0～I_3 只能有一个取值为 1，输出的代码依次为 00、01、10、11，对应的信号分别为 I_0、I_1、I_2、I_3。如果将输出为 1 的输入变量取值组合相加可以得到相应的输出信号的与或表达式。

$$Y_1=\overline{I}_3I_2\overline{I}_1\overline{I}_0+I_3\overline{I}_2\overline{I}_1\overline{I}_0$$
$$Y_0=\overline{I}_3\overline{I}_2I_1\overline{I}_0+I_3\overline{I}_2\overline{I}_1\overline{I}_0$$

如果在某一时刻有两个输入端同时为 1 会造成输出端的错误。为避免这类问题的发生，可以设定输入信号的优先级，这种编码器叫做优先编码器。4 线—2 线优先编码器的真值表如表 5-11 所示，其中 I_3 的优先级最高，I_0 的优先级最低。在同一时刻，编码器只对优先级最高的一个输入信号进行编码。

表 5-11　4 线—2 线优先编码器真值表

输入				输出	
I_3	I_2	I_1	I_0	Y_1	Y_0
0	0	0	1	0	0
0	0	1	X	0	1
0	1	X	X	1	0
1	X	X	X	1	1

4 线-2 线优先编码器的与或表达式为

$$Y_1=I_2\overline{I}_3+I_3=I_2+I_3$$
$$Y_0=I_1\overline{I}_2\overline{I}_3+I_3=I_1\overline{I}_2+I_3$$

（3）集成编码器

① 3 位二进制（8 线—3 线）优先级编码器

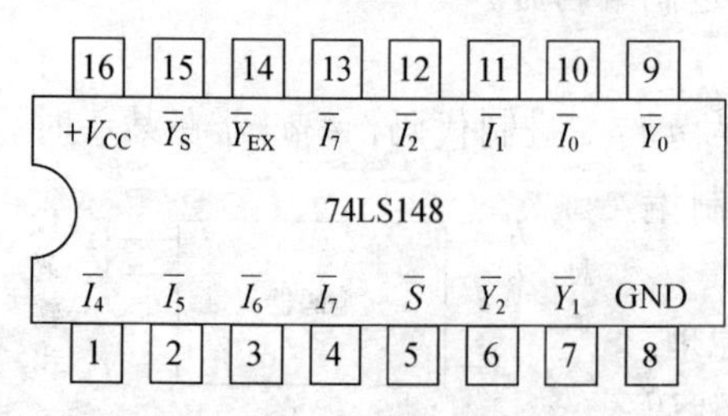

图 5-13　优先编码器 74LS148 引脚图

集成 8 线 3 线编码器 74LSl48 是一种优先级编码器，它的外引脚图如图 5-13 所示，它有 8 个输入信号 $\overline{I}_0$～$\overline{I}_7$，低电平有效。输出信号为 3 位二进制代码 $\overline{Y}_0$～$\overline{Y}_2$，图中 $\overline{S}$ 为允许编码控制端，也是低电平有效。当 $\overline{S}=0$ 时，允许编码；当 $\overline{S}=1$ 时，不允许编码，所有的输出端均被锁在高电平。

选通输出端 $\overline{Y}_S$ 和扩展端 $\overline{Y}_{EX}$ 用于多片 74LS148

级联使用时扩展编码功能。当 $\overline{Y}_S=0$ 时，表示本级电路工作，但无编码输入；当 $\overline{Y}_{EX}=0$ 时，表示本级电路工作，且有编码输入。

片内按 $\overline{I}_7$ 至 $\overline{I}_0$ 优先级顺序编码，如果 $\overline{I}_7=0$，则无论 $\overline{I}_6\sim\overline{I}_0$ 中哪个为 0 时，因 $\overline{I}_7$ 优先级最高，此时优先编码器只按 $\overline{I}_7=0$ 编码，输出为 $Y_3=1$、$Y_2=1$、$Y_1=1$ 的反码，即 $\overline{Y}_2$、$\overline{Y}_1$、$\overline{Y}_0$ 为 000。

74LS148 功能表如表 5-12 所示。

表 5-12　74LS148 功能表

输入									输出				
$\overline{S}$	$\overline{I}_0$	$\overline{I}_1$	$\overline{I}_2$	$\overline{I}_3$	$\overline{I}_4$	$\overline{I}_5$	$\overline{I}_6$	$\overline{I}_7$	$\overline{Y}_2$	$\overline{Y}_1$	$\overline{Y}_0$	$\overline{Y}_{EX}$	$\overline{Y}_S$
1	×	×	×	×	×	×	×	×	1	1	1	1	1
0	1	1	1	1	1	1	1	1	1	1	1	1	0
0	×	×	×	×	×	×	×	0	0	0	0	0	1
0	×	×	×	×	×	×	0	1	0	0	1	0	1
0	×	×	×	×	×	0	1	1	0	1	0	0	1
0	×	×	×	×	0		1	1	0	1	1	0	1
0	×	×	×	0	1	1	1	1	1	0	0	0	1
0	×	×	0	1	1	1	1	1	1	0	1	0	1
0	×	0	1	1	1	1	1	1	1	1	0	0	1
0	0	1	1	1	1		1	1	1	1	1	0	1

② 二—十进制（10 线-4 线）编码器

将 0～9 十个十进制数转换为二进制代码的电路，称为二—十进制编码器。输入 0～9 十个数码，输出对应的二进制代码，因 $2^n\geqslant 10$，n 取 4，故输出为 4 位二进制代码。这种二进制代码称为二—十进制代码，简称 BCD 码，也称 8421 码。集成 10 线 4 线优先编码器 74LS147，可实现这种编码，其引脚和逻辑符号如图 5-14 所示。

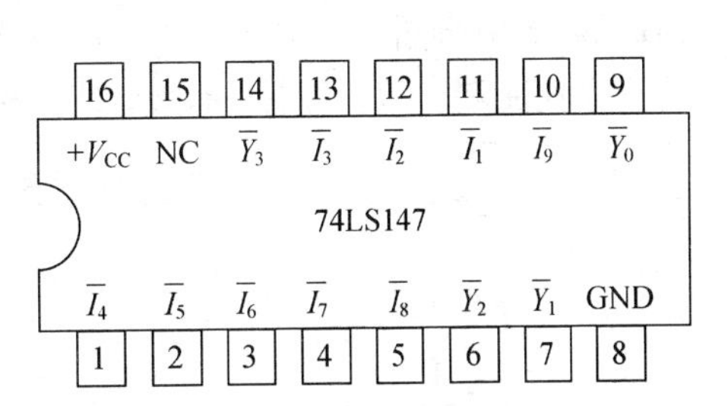

图 5-14　优先编码器 74LS147

74LS147 的逻辑功能表如表 5-13 所示。由表可见，$\overline{I}_9$ 输入优先级别最高，$\overline{I}_8$ 次之，依此类推，$\overline{I}_1$ 输入优先级别最低，当 $\overline{I}_9=0$ 时，则不管 $\overline{I}_1\sim\overline{I}_8$ 有无输入，编码器均按 $\overline{I}_9=0$ 编码，输出 $\overline{Y}_3\overline{Y}_2\overline{Y}_1\overline{Y}_0=0110$ 为反码，原码为 1001，以此类推。在图 5-14 中，没有 $\overline{I}_0$，这是因为当 $\overline{I}_1\sim\overline{I}_9$ 都为高电平时，输出 $\overline{Y}_3\overline{Y}_2\overline{Y}_1\overline{Y}_0=1111$，其原码为 0000，相当于输入 $\overline{I}_0$ 请求编码，所以在逻辑功能示意图中没有输入端 $\overline{I}_0$。

表 5-13　74LS147 功能表

输　入									输　出			
$\overline{I}_1$	$\overline{I}_2$	$\overline{I}_3$	$\overline{I}_4$	$\overline{I}_5$	$\overline{I}_6$	$\overline{I}_7$	$\overline{I}_8$	$\overline{I}_9$	$\overline{Y}_3$	$\overline{Y}_2$	$\overline{Y}_1$	$\overline{Y}_0$
1	1	1	1	1	1	1	1	1	1	1	1	1
×	×	×	×	×	×	×	×	0	0	1	1	0
×	×	×	×	×	×	×	0	1	0	1	1	1
×	×	×	×	×	×	0	1	1	1	0	0	0
×	×	×	×	×	0	1	1	1	1	0	0	1
×	×	×	×	0	1	1	1	1	1	0	1	0
×	×	×	0	1	1	1	1	1	1	0	1	1
×	×	0	1	1	1	1	1	1	1	1	0	0
×	0	1	1	1	1	1	1	1	1	1	0	1
0	1	1	1	1	1	1	1	1	1	1	1	0

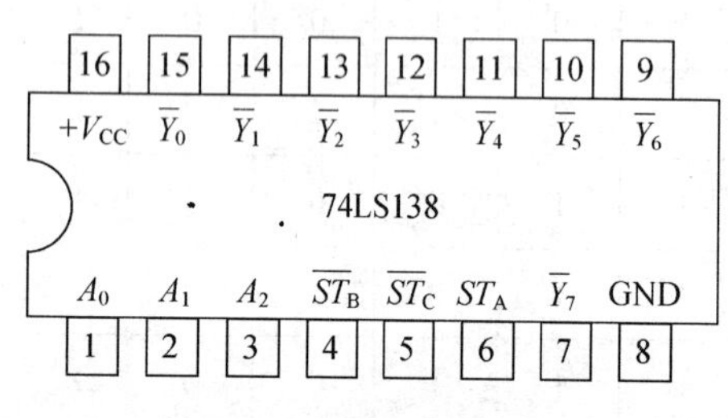

图 5-15　3 线—8 线译码器

3. 译码驱动显示电路

译码是编码的逆过程，是将二进制代码作为输入信号，按其编码时的原意转换为对应的输出信号或十进制数码。

（1）译码电路

① 3 位二进制（3 线-8 线）译码器

图 5-15 是 3 位二进制（3 线-8 线）译码器 74LSl38 的引脚图。图中 $A_2 \sim A_0$ 为输入端，$\overline{Y}_0 \sim \overline{Y}_7$ 为输出端，低电平有效。ST_A、$\overline{ST}_B$、$\overline{ST}_C$ 为 3 个使能端。ST_A 高电平有效，$\overline{ST}_B$ 和$\overline{ST}_C$ 低电平有效。74LS138 的功能表如表 5-14 所示。

表 5-14　3 线—8 线译码器 74LS138 功能表

输　入					输　出							
ST_A	$\overline{ST}_B+\overline{ST}_C$	A_2	A_1	A_0	$\overline{Y}_0$	$\overline{Y}_1$	$\overline{Y}_2$	$\overline{Y}_3$	$\overline{Y}_4$	$\overline{Y}_5$	$\overline{Y}_6$	$\overline{Y}_7$
×	1	×	×	×	1	1	1	1	1	1	1	1
0	×	×	×	×	1	1	1	1	1	1	1	1
1	0	0	0	0	0	1	1	1	1	1	1	1
1	0	0	0	1	1	0	1	1	1	1	1	1
1	0	0	1	0	1	1	0	1	1	1	1	1
1	0	0	1	1	1	1	1	0	1	1	1	1
1	0	1	0	0	1	1	1	1	0	1	1	1
1	0	1	0	1	1	1	1	1	1	0	1	1
1	0	1	1	0	1	1	1	1	1	1	0	1
1	0	1	1	1	1	1	1	1	1	1	1	0

当 $ST_A=0$ 或 $\overline{ST}_B+\overline{ST}_C=1$ 时，译码器不工作，输出 $\overline{Y}_7\sim\overline{Y}_0$ 都为高电平。

当 $ST_A=1$ 且 $\overline{ST}_B+\overline{ST}_C=0$ 时，译码器处于工作状态进行译码，并根据输入状态，在相应的输出端输出信号。

根据功能表可以写出逻辑表达式为

$$\overline{Y}_0=\overline{\overline{A}_2\,\overline{A}_1\,\overline{A}_0}\qquad \overline{Y}_1=\overline{\overline{A}_2\,\overline{A}_1A_0}$$
$$\overline{Y}_2=\overline{\overline{A}_2A_1\,\overline{A}_0}\qquad \overline{Y}_3=\overline{\overline{A}_2A_1A_0}$$
$$\overline{Y}_4=\overline{A_2\,\overline{A}_1\,\overline{A}_0}\qquad \overline{Y}_5=\overline{A_2\,\overline{A}_1A_0}$$
$$\overline{Y}_6=\overline{A_2A_1\,\overline{A}_0}\qquad \overline{Y}_7=\overline{A_2A_1A_0}$$

② 二—十（4 线—10 线）译码器

图 5-16 是二—十进制（4 线—10 线）译码器 74LS42 的引脚图和图形符号。该译码器是将 4 位 BCD 码的十个代码翻译成 0～9 十个对应输出信号的电路。当输入信号为 1010～1111（BCD 以外的伪码）时，$\overline{Y}_0\sim\overline{Y}_9$ 均无低电平产生，即此电路具有拒绝伪码的功能。当 BCD 码为 0000 时，则输出端 $\overline{Y}_0$ 所在的“1”脚输出低电平 0，其余各输出端为 1。在 BCD 码为其他代码时，则相对应的输出端为 0。

（2）译码驱动显示电路

在数字系统中，常常需要把测试数据和运算结果用人们易于认识的十进制数来显示。这就需要用译码显示器把二—十进制代码转换成能显示阅读的十进制数。

常用的显示器件按发光物质不同有半导体发光二极管数码管（LED 数码管）、辉光数码管、荧光数码管、液晶显示器（LCD）、等离子显示板等。按组成方式不同又可分为分段式显示器、点阵式显示器等。

半导体数码管也称 LED，单个 PN 结可以封装成一个发光二极管。多个发光二极管可以封装成半导体数码管，常将十进制数分成七段，如图 5-17 所示。选择不同的段发光，就可以显示不同的字型。如果当 a、b、c、d、e、f 段全发光时，数码管显示 0；如果当 a、b、d、e、g 段发光时，数码管显示 2。

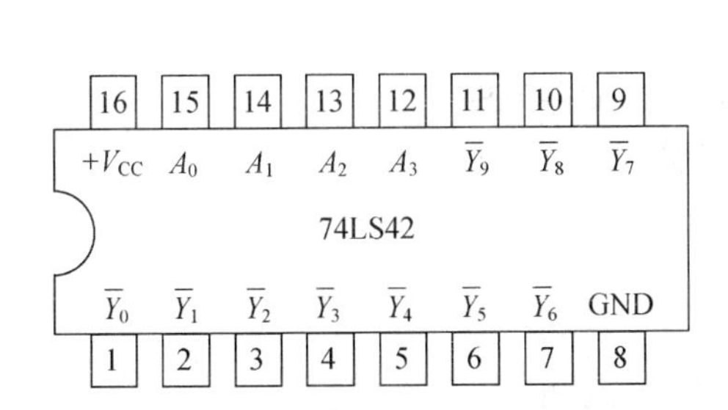

图 5-16　4 线—10 线译码器 74LS42

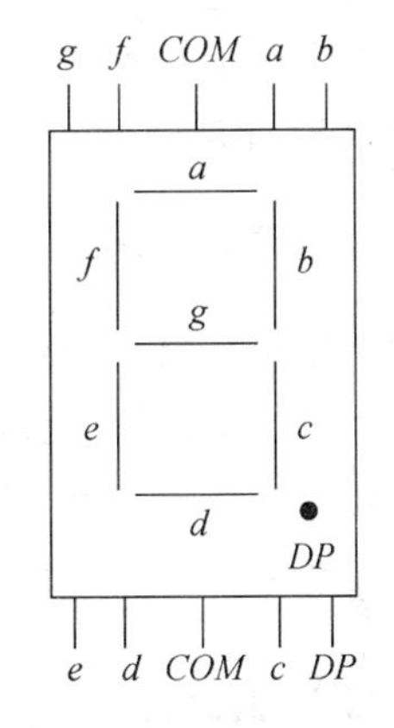

图 5-17　七段半导体数码显示器

半导体数码管中 7 个发光二极管有共阴极和共阳极两种接法，如图 5-18 所示。在图 5-18（a）共阴极数码管中，把各段阴极接在一起接到低电平，如果需要某段发光，则将相应二极管的阳极接高电平。在图 5-18（b）共阳极数码管中，将各段阳极接在一起作为公共阳极接到高电平，需要某段发光，则将相应二极管的阴极接低电平。

驱动七段半导体数码管的集成电路有 4 线—七段译码/驱动器 74LS48，其外引脚图如图 5-19 所示。74LS48 具有七段译码、消隐、灯测试以及动态灭零的功能。

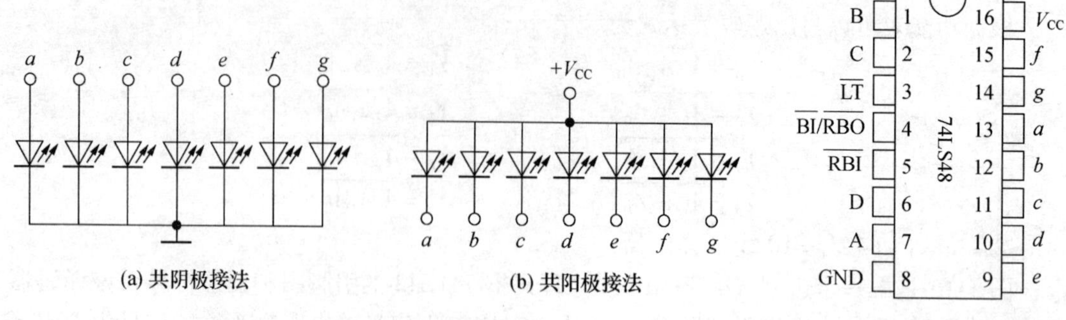

(a) 共阴极接法　　(b) 共阳极接法

图 5-18　半导体数码管两种接法

图 5-19　4 线—七段译码/驱动器 74LS48

5.1.5　组合逻辑电路的设计与测试实训

【实训目标】

1. 学会逻辑电路的测试方法；
2. 学会用与非门来设计组合逻辑电路的方法。

【实训内容】

1. 实训设备与器件

（1） +5 V 直流电源；　（2）逻辑电平开关；
（3）逻辑电平显示器；　（4）直流数字电压表；
（5）CC4011 ×2（74LS00）　CC4012 ×3（74LS20）　CC4030（74LS86）
CC4081（74LS08）　74LS54 ×2（CC4085）　CC4001（74LS02）

2. 设计组合逻辑电路

（1）设计用与非门及用异或门、与门组成的半加器电路。
（2）设计一位全加器，要求用与或非门实现。
（3）设计一个 3 人多数表决电路。

3. 实训要求

（1）列写实训任务的设计过程，画出设计的电路图。
（2）对所设计的电路进行实训测试，记录测试结果。
（3）写出组合电路设计体会。

【考核标准】

实训考核课题　组合逻辑电路的设计与测试

<table>
<tr><td>姓　名</td><td></td><td>班　级</td><td></td><td>考件号</td><td></td><td>总得分</td><td></td></tr>
<tr><td>额定工时</td><td>90 min</td><td>起止时间</td><td colspan="2">时　分至　　时　分</td><td>实用工时</td><td colspan="2"></td></tr>
<tr><td>序　号</td><td>考核内容</td><td>考核要求</td><td>配　分</td><td colspan="2">评分标准</td><td>扣　分</td><td>得　分</td></tr>
<tr><td>1</td><td>准备工作</td><td>① 设备与器件准备齐全；
② 分类标记</td><td>10</td><td colspan="2">① 准备不齐全，扣5分；
② 不做标记或标记不正确，扣5分</td><td></td><td></td></tr>
<tr><td>2</td><td>按设计图安装电路</td><td>① 设计电路合理；
② 接线正确</td><td>40</td><td colspan="2">① 电路设计不合理，扣10～20分；
② 接线不正确，扣10～20分</td><td></td><td></td></tr>
<tr><td>3</td><td>通电测试</td><td>① 电路实现半加器的逻辑功能；
② 电路实现半加器的逻辑功能；
③ 电路实现3人表决功能</td><td>40</td><td colspan="2">① 电路不能完成半加器和全加器的功能，扣10～20分；
② 电路不能实现3人表决功能，扣10～20分</td><td></td><td></td></tr>
<tr><td>4</td><td>安全文明操作</td><td>符合有关规定</td><td>10</td><td colspan="2">违反规定，扣2～10分</td><td></td><td></td></tr>
<tr><td>5</td><td>操作时间</td><td>在规定时间内完成</td><td></td><td colspan="2">每超时10 min（不足10 min以10 min计），扣5分</td><td></td><td></td></tr>
</table>

监考：

年　　月　　日

【实训思考】

1. 用与非门来设计电路有什么优点？
2. 如果用其他的门电路来完成以上的实训要求，应该怎样设计？

5.2　触发器和时序逻辑电路

5.2.1　触发器

触发器是构成各种时序逻辑电路的基本单元，是一种具有记忆功能的逻辑元件，触发器具有两个基本特征。

（1）触发器具有两个稳定状态，分别是“0”状态和“1”状态，在没有外界信号作用时，触发器维持原来的稳定状态不变，所以说触发器具有记忆功能。

（2）在一定的外界信号作用下，触发器可以从一个稳定状态转变到另一个稳定状态，转变的过程叫翻转。

按逻辑功能的不同，可分为 RS 触发器、JK 触发器、D 触发器等。

1. 基本 RS 触发器

（1）电路结构

如图 5-20 所示两个与非门交叉连接就构成了一个基本 RS 触发器。

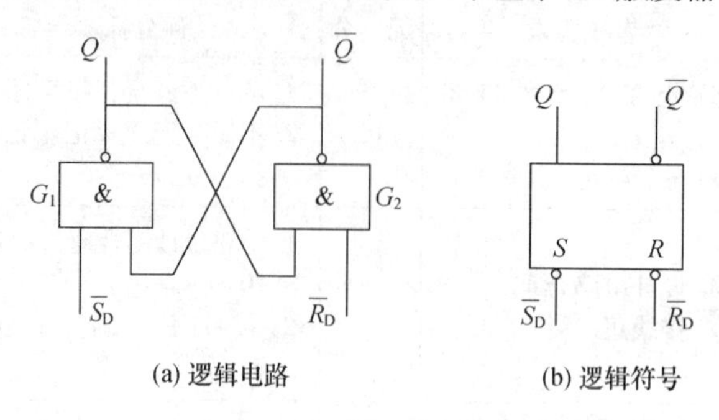

(a) 逻辑电路　(b) 逻辑符号

图 5-20　基本 *RS* 触发器

$\overline{S}_D$ 和 $\overline{R}_D$ 是信号的输入端，Q 和 $\overline{Q}$ 是输出端，在正常工作时，这两个输出端的状态总是相反的，即一个为 0 状态时，另一个为 1 状态。当 $Q=1$、$\overline{Q}=0$ 时，称触发器为 1 状态；当 $Q=0$，$\overline{Q}=1$ 时，称触发器为 0 状态。图 5-20（b）所示的逻辑符号中，在靠近方框处画有小圆圈，S_D 和 R_D 上加有“—”号，说明这种触发器输入信号是低电平有效。

（2）工作过程

① 当 $\overline{S}_D=0$，$\overline{R}_D=1$ 时，触发器置 1。

无论触发器原状态如何，$\overline{S}_D=0$ 使 G_1 的输出 $Q=1$；而 $Q=1$、$\overline{R}_D=1$ 使 G_2 的输出 $\overline{Q}=0$。可见，触发器为 1 状态，即 $Q=1$、$\overline{Q}=0$。当 $\overline{S}_D$ 端加低电平时，触发器为 1 状态，所以称 S_D 为置 1 端或置位端。

② 当 $\overline{S}_D=1$、$\overline{R}_D=0$ 时，触发器置 0。

无论触发器原状态如何，$\overline{R}_D=0$ 使 G_2 的输出 $\overline{Q}=1$；而 $\overline{Q}=1$、$\overline{S}_D=1$ 使 G_1 的输出 $Q=0$。可见，触发器的状态为 0 状态，即 $Q=0$，$\overline{Q}=1$。当 $\overline{R}_D$ 端加低电平时，触发器为 0 状态，所以称 R_D 为置 0 端或复位端。

③ 当 $\overline{S}_D=1$、$\overline{R}_D=1$ 时，保持原态。

若触发器原有的状态是 0，即 $Q=0$、$\overline{Q}=1$，$Q=0$、$\overline{R}_D=1$ 使 G_2 的输出 $\overline{Q}=1$，而 $\overline{Q}=1$、$\overline{S}_D=1$ 使 G_1 的输出 $Q=0$；若触发器原有的状态是 1，即 $Q=1$、$\overline{Q}=0$，$\overline{Q}=0$、$\overline{S}_D=1$ 使 G_1 的输出 $Q=1$，而 $Q=1$、$\overline{R}_D=1$ 使 G_2 的输出 $\overline{Q}=0$。可见，触发器的状态维持原状态不变，这就是触发器的“保持”功能，也称为记忆功能。

④ 当 $\overline{S}_D=0$、$\overline{R}_D=0$ 时，状态不定。

当 $\overline{S}_D=0$、$\overline{R}_D=0$ 时，G_1 和 G_2 的输出都为 1，即 $Q=\overline{Q}=1$，触发器既不是 0 状态，也不是 1 状态，破坏了 Q 和 $\overline{Q}$ 的互补关系。当输入信号 $\overline{S}_D$ 和 $\overline{R}_D$ 同时回到 1 时，触发器的状态也很难确定。

（3）逻辑功能的特性表描述

特性表指的是触发器次态与输入信号和电路原有状态（现态）之间关系的真值表。

若规定触发器在输入信号变化后的状态，用 Q^{n+1} 表示，触发器在输入信号变化前的状态，用 Q^n 表示，根据以上分析，可归纳出基本 RS 触发器的功能如表 5-15 所示。

表 5-15　基本 RS 触发器状态真值表

$\overline{R}_D$	$\overline{S}_D$	Q^n	Q^{n+1}	功　能
0	0	0	×	不允许
0	0	1	×	
0	1	0	0	置 0
0	1	1	0	
1	0	0	1	置 1
1	0	1	1	
1	1	0	0	保持
1	1	1	1	

由表 5-15 写出 Q^{n+1} 的函数表达式并化简后得

$$Q^{n+1}=\overline{\overline{S}}_D+\overline{R}_D Q^n$$

$$\overline{R}_D+\overline{S}_D=1 \tag{5-8}$$

上式称为基本 RS 触发器的特性方程，式中 $\overline{R}_D+\overline{S}_D=1$ 称为约束条件，只有满足约束条件，即 $\overline{R}_D$ 和 $\overline{S}_D$ 不同时为 0 时，$Q^{n+1}=\overline{\overline{S}}_D+\overline{R}_D Q^n$ 才成立。

2. 同步 RS 触发器

（1）电路结构

基本 RS 触发器的输出状态直接由输入信号控制，当输入信号发生改变时，输出就随之变化。在实际应用中，触发器的工作状态不仅要由触发输入信号决定，而且要求按照一定的节拍工作。为此，需要增加一个时钟控制端 CP，如图 5-21 所示。

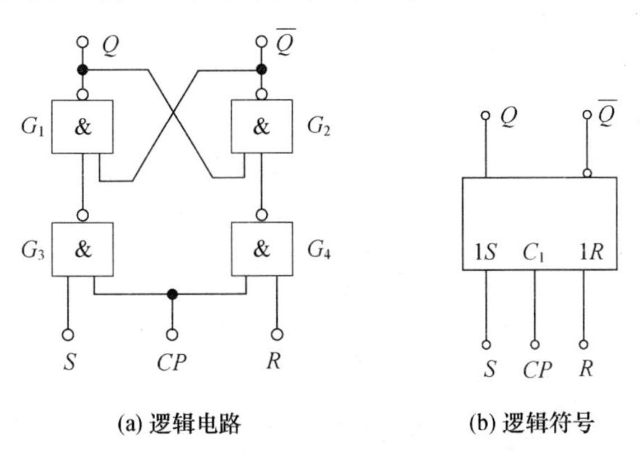

(a) 逻辑电路　　(b) 逻辑符号

图 5-21　同步 RS 触发器

由逻辑电路图可知，同步 RS 触发器是在基本 RS 触发器的基础上，增加了用来引入 *R*、*S* 及脉冲 *CP* 信号的两个与非门而构成的，其中，*Q* 和 $\overline{Q}$ 是输出端。

（2）工作过程

根据同步 RS 触发器的电路结构可以分析得到，当 $CP=0$ 时，与非门 G_3 和 G_4 被封锁，不论 R、S 状态如何，G_3 与 G_4 的输出信号均为 1，与非门 G_1 和 G_2 所组成的基本 RS 触发器状态保持不变。因此，当 $CP=0$ 时，即使输入信号 R、S 发生变化，触发器仍保持原状态。

当 $CP=1$ 时，与非门 G_3 和 G_4 被打开，输入信号 R、S 通过 G_3 和 G_4 后取反，这时的同步 RS 触发器就相当于基本 RS 触发器，只是 R 和 S 需要输入高电平有效，其逻辑功能如表 5-16 所示。

（3）逻辑功能的特性表描述

同步 RS 触发器的功能如表 5-16 所示，由功能表得到状态方程为

$$Q^{n+1}=S+\overline{R}Q^n$$

约束条件

$$RS=0 \tag{5-9}$$

同步 RS 触发器的两个输入端必须满足 $RS=0$ 的条件，即两个输入端不能同时为高电平。

表 5-16　同步 RS 触发器状态真值表

CP	R	S	Q^n	Q^{n+1}	功　能
0	× ×	×	×	Q^n	保持
1	0	0	0	0	保持
1	0	0	1	1	
1	0	1	0	1	置 1
1	0	1	1	1	
1	1	0	0	0	置 0
1	1	0	1	0	
1	1	1	0	×	不允许
1	1	1	1	×	

3. 同步 JK 触发器

（1）电路结构

为了克服同步 RS 触发器在 $R=S=1$ 时出现不定状态的现象，可以将触发器的两个输出端状态反馈到输入端，这样 G_3 和 G_4 就不会同时出现 0，可以避免不定状态的出现。这就构成了 JK 触发器，电路结构和逻辑符号如图 5-22 所示。

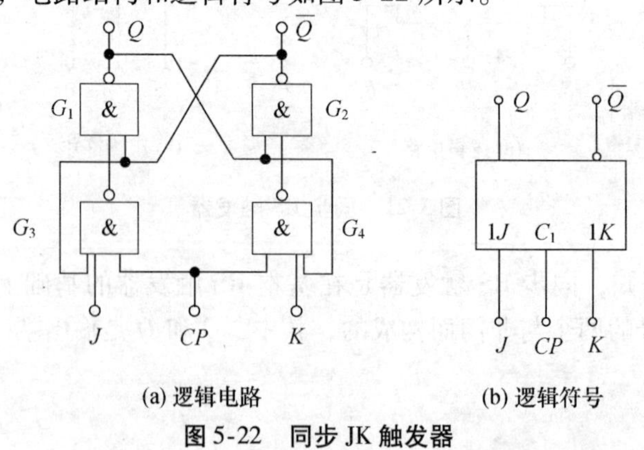

(a) 逻辑电路　　(b) 逻辑符号

图 5-22　同步 JK 触发器

由同步 JK 触发器的逻辑电路可知，将 $S = J\overline{Q}^n$（G_3 的输出）、$R = KQ^n$（G_4 的输出）代入同步 RS 触发器的状态方程，得到同步 JK 触发器的状态方程：

$$
\begin{aligned}
Q^{n+1} &= S + \overline{R}Q^n \\
&= J\overline{Q}^n + \overline{KQ^n}Q^n \\
&= J\overline{Q}^n + \overline{K}Q^n
\end{aligned}
$$

$CP = 1$ 期间有效。

（2）工作过程

当 $CP = 0$ 时，G_3、G_4 被封锁，输出都为 1，触发器保持原来的状态不变。

当 $CP = 1$ 时，G_3、G_4 解除封锁，触发器的状态由 J、K 和 Q 和 $\overline{Q}$ 所控制。

当 $J = K = 0$ 时，G_3、G_4 输出都为 1，触发器维持原来状态不变。

当 $J = 1$，$K = 0$ 时，不论触发器原来的状态是什么，触发器都处于 1 状态。

当 $J = 0$，$K = 1$ 时，不论触发器原来的状态是什么，触发器都处于 0 状态。

当 $J = K = 1$ 时，每输入一个时钟脉冲 CP，触发器的状态就变化一次。因此，触发器具有翻转功能。

（3）逻辑功能的特性表描述

根据以上分析可归纳出 JK 触发器的逻辑功能表如表 5-17 所示，其状态方程为

$$Q^{n+1} = J\overline{Q}^n + \overline{K}Q^n \tag{5-10}$$

表 5-17　同步 JK 触发器状态真值表

CP	J	K	Q^n	Q^{n+1}	功　能
0	× ×	×	×	Q^n	保持
1	0	0	0	0	保持
1	0	0	1	1	
1	0	1	0	0	置 0
1	0	1	1	0	
1	1	0	0	1	置 1
1	1	0	1	1	
1	1	1	0	1	翻转
1	1	1	1	0	

4. D 触发器和 T 触发器

（1）D 触发器

D 触发器的实际应用也很广泛，其逻辑电路和符号如图 5-23 所示。D 触发器是由 CP 上升沿触发的，逻辑功能表如表 5-18 所示。

表 5-18　D 触发器状态真值表

D	Q^{n+1}	功　能
0	0	置 0
1	1	置 1

由表 5-18 可以写出 D 触发器的特性方程为

$$Q^{n+1}=D \tag{5-11}$$

从 D 触发器的特性方程可得出，状态 Q^{n+1} 只与输入信号 D 有关，而与触发器的原状态 Q^n 无关。

(2) T 触发器

T 触发器是一种只具有保持和翻转功能的触发器，图 5-24 所示是它的逻辑电路和符号，T 是由 CP 下降沿触发的，表 5-19 是它的逻辑功能表。

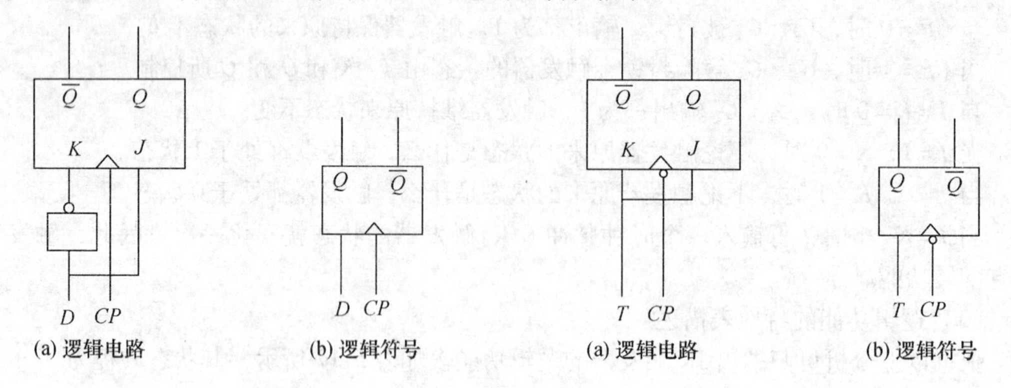

图 5-23　D 触发器　　　图 5-24　T 触发器

表 5-19　T 触发器状态真值表

T	Q^{n+1}	功　能
0	Q^n	保持
1	$\overline{Q}^n$	翻转

T 触发器的输入、输出状态关系可用特性方程表示为

$$Q^{n+1}=T\overline{Q}^n+\overline{T}Q^n \tag{5-12}$$

5.2.2　寄存器

数码寄存器具有接收数码、存储数码和清除原有数码功能。寄存器能将二进制数码或信息暂时存储起来，是具有寄存功能的电路。一般寄存器都是借助时钟信号的作用把数据存放在具有记忆功能的触发器中，因此，寄存器是由各种触发器组合起来构成的。一个触发器可存储 1 位二进制代码，n 个触发器可存储 n 位二进制代码。寄存器按照它的功能可分为数码寄存器和移位寄存器两大类。

1. 数码寄存器

图 5-25 所示为由 4 个 D 触发器组成的四位数码寄存器。其中，各触发器的 CP 输入端连在一起，作为寄存器的接收控制信号端。数码输入端为 $D_1 \sim D_4$，数码输出端为 $Q_1 \sim Q_4$。

当接收脉冲 CP 的上升沿到来时，根据 D 触发器的逻辑功能，各触发器的输出状态等于输入，触发器更新状态 $Q_4Q_3Q_2Q_1=D_4D_3D_2D_1$，即把输入数码接收进寄存器并保存起来；同时，由 $Q_4Q_3Q_2Q_1$ 输出更新后的数据。寄存器的数据可保存到下一个 CP 脉冲到来之前。

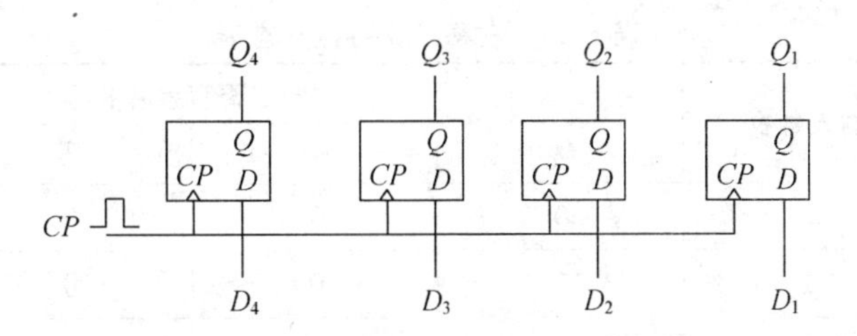

图 5-25　D 触发器组成的数码寄存器

2. 移位寄存器

移位寄存器除了具有存储数码的功能外，还具有移位的功能。所谓移位，就是寄存器中所存放的数码，可以在移位脉冲的作用下实现逐次左移或右移。

（1）单向移位寄存器

图 5-26 所示的是用 4 个 D 触发器组成的右移移位寄存器，其中，每个触发器的输出端 Q 依次接到下一个触发器的输入端 D，由触发器 FF_0 的 D 端输入数据。

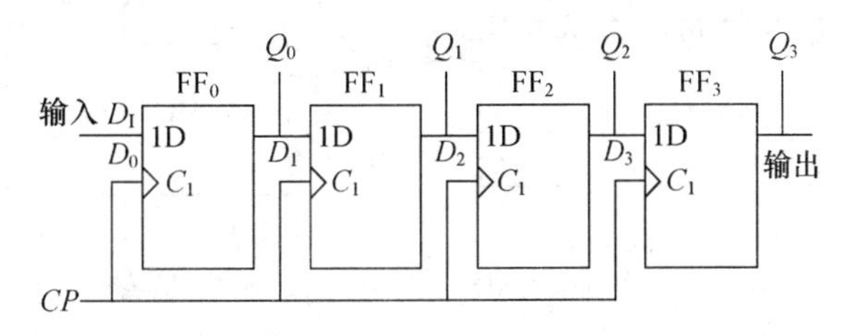

图 5-26　四位单向移位寄存器

现先分折将数码 110l 右移串行输入给寄存器的情况。所谓串行输入，是指逐位依次输入。寄存器初始状态 $Q_0Q_1Q_2Q_3=0000$，各触发器的输入端状态 $D_0D_1D_2D_3=0000$。数码 1101 由串行输入端从高位到低位与移位脉冲 CP 同步输入，即先把最高低位数码 l 送入。其次是 1 和 0，最后是 l。

当第一个 CP 脉冲的上升沿到来时，最高位 l 移入触发器 FF_0，使 $Q_0=1$。

当第二个 CP 脉冲的上升沿到来时，次高位 1 移入触发器 FF_0，同时，FF_0 中原来的数据移入触发器 FF_1，使 $Q_1=1$，$Q_0=1$。

当第三个 CP 脉冲的上升沿到来时，0 移入触发器 FF_0，使 $Q_0=0$. 同时 FF_0、FF_1 中原来的数据依次右移，使 $Q_1=1$，$Q_2=1$。

当第四个 CP 脉冲的上升沿到来时，l 移入触发器 FF_0，使 $Q_0=1$. 同时 FF_0、FF_1、FF_2 中原来的数据依次右移，使 $Q_1=0$，$Q_2=1$，$Q_3=l$。

4 个移位脉冲作用完后，数码 1101 全部送入寄存器中，从各触发器的输出端可得到同时输出的数码 $Q_0Q_1Q_2Q_3=1101$，通常将各位数据同时输出的方式称为并行输出。若将触发器 FF_3 的输出端 Q_3 作为整个寄存器的输出端，再经过 4 个移位脉冲作用后，则数码 1101 便可依次从 Q_3 输出，通常将这种数据逐位依次输出的方式称为串行输出。移位情况如表 5-20 所示。

表 5-20　右移位寄存器状态表

移位脉冲	输入数据	移位寄存器中的值			
		Q_0	Q_1	Q_2	Q_3
0		0	0	0	0
1	1	1	0	0	0
2	1	1	1	0	0
3	0	0	1	1	0
4	1	1	0	1	1

（2）集成双向移位寄存器

在图 5-27 所示的移位寄存器中，数码既可以左移，也可以右移，称为双向移位寄存器。

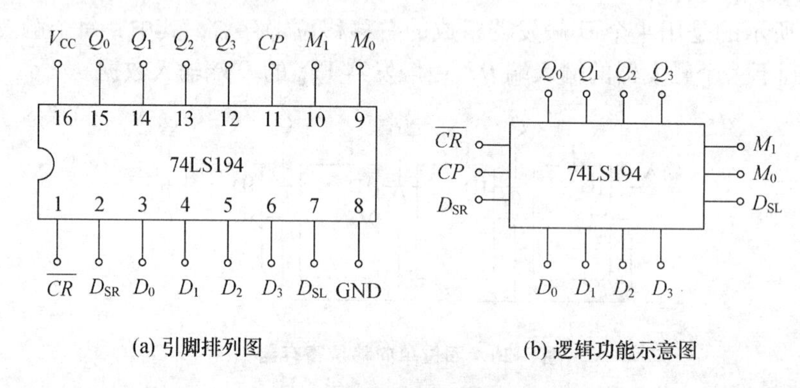

(a) 引脚排列图　　(b) 逻辑功能示意图

图 5-27　双向移位寄存器

74LS194 是 4 位双向移位寄存器，其中，$\overline{CR}$是置零端，低电平有效；$D_0 \sim D_3$ 是并行数据输入端；D_{SR}是右移串行数码输入端；D_{SL}是左移串行数码输入端；M_1 和 M_0 为工作方式控制端，它们的 4 种取值（00、01、l0、11）决定了寄存器的逻辑功能；$Q_0 \sim Q_3$ 是并行数码输出端，CP 是脉冲输入端。74LS194 的功能如表 5-21 所示。

表 5-21　74LS194 逻辑功能表

$\overline{CR}$	CP	M_1	M_0	功　能
0	×	×	×	清零
1	↑	0	0	保持
1	↑	0	1	右移
1	↑	1	0	左移
1	↑	1	1	并行输入

5.2.3　计数器

计数器是用来累计时钟脉冲（CP 脉冲）个数的时序逻辑部件，可以实现测量、运算和控制。计数器的种类很多，按计数器中数码的编码方式可分为二进制、十进制和任意进制计数器；按计数时触发器翻转的时序可分为同步、异步计数器；按计数过程中数字的增减可分为加法、减法和可逆计数器等。

1. 异步二进制计数器

图5-28是一个由 CP 下降沿触发的T触发器组成的三位二进制加法计数器的逻辑电路图。

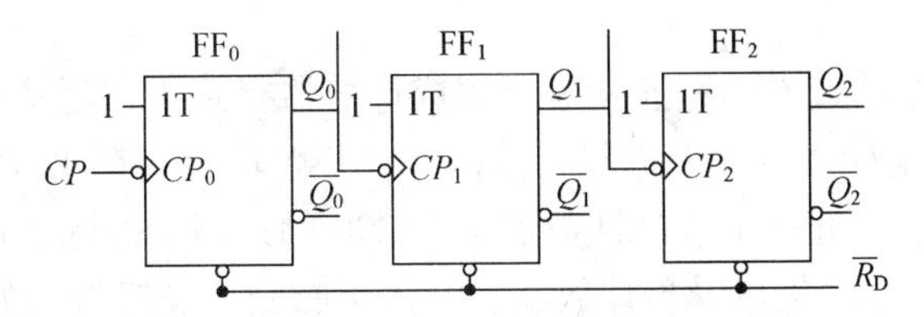

图5-28　三位异步二进制加法计数器

$\overline{R}_D$是直接清零端，计数时接高电平。若计数脉冲 CP 下降沿到来，则触发器状态翻转一次。由图5-28可知，当电路开始工作时，先将各触发器清零．使 $Q_2Q_1Q_0=000$；在计数脉冲作用下，FF_0 的状态翻转一次。由于 FF_0 的输出信号作为 FF_1 的计数脉冲，当 FF_1 的输出从1态变为0态时，FF_2 的输出才会发生翻转。同理，其他高位触发器是在相邻低位触发器的输出由1态变为0态时进行翻转计数的。Q_0、Q_1、Q_2 的状态如图5-29所示。

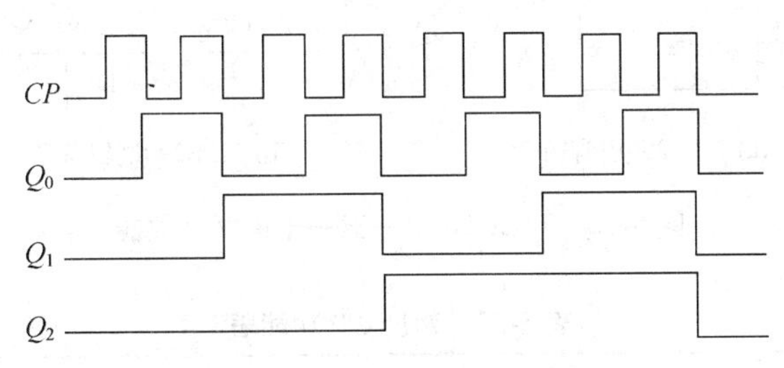

图5-29　二进制加法计数器时序图

由时序图得出该计数器的状态转换表如表5-22所示。

表5-22　三位二进制加法计数器状态转换表

CP 顺序	Q_2	Q_1	Q_0	等效十进制数
0	0	0	0	0
1	0	0	1	1
2	0	1	0	2
3	0	1	1	3
4	1	0	0	4
5	1	0	1	5
6	1	1	0	6
7	1	1	1	7
8	0	0	0	0

由表 5-22 中的数据可看出触发器的不同状态可代表输入的计数脉冲个数，因此该电路能完成计数功能。随着计数脉冲的输入，计数器状态按二进制数递增规律变化，称为加法计数器。因为电路中各触发器的 CP 不接同一个信号，故各触发器的翻转不同步，这样的计数器称为异步计数器。若计数脉冲同时加到所有的触发器脉冲输入端，则这样的计数器称为同步计数器。

2. 集成计数器

目前，由于集成电路技术的迅速发展，集成计数器得到了广泛应用。集成计数器的种类很多，有 N 位二进制计数器和十进制计数器等，一般功能也都比较完善，可扩展性与通用性较强。下面介绍二—五—十进制计数器 74LS290 的逻辑功能和扩展方法。

74LS290 是一种典型的集成异步计数器，其外引脚图、逻辑符号如图 5-30 所示。逻辑功能表如表 5-23 所示。

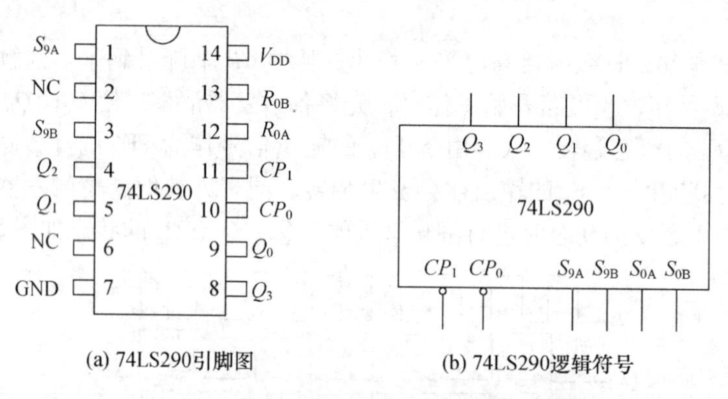

(a) 74LS290引脚图　(b) 74LS290逻辑符号

图 5-30　74LS290 二—五—十进制计数器

表 5-23　74LS290 功能表

输入					输出			
R_{0A}	R_{0B}	S_{9A}	S_{9B}	CP	Q_3	Q_2	Q_1	Q_0
1	1	0	×	×	0	0	0	0
1	1	×	0	×	0	0	0	0
×	×	1	1	×	1	0	0	1
×	0	×	0	↓	计数			
0	×	0	×	↓				
0	×	×	0	↓				
×	0	0	×	↓				

74LS290 电路的功能很强，可灵活组成多种进制的计数器，其功能如下。

（1）S_{9A} 和 S_{9B} 是异步置 9 端，当这两端同时为高电平 1 时，不论其他输入端的状态如何，计数器置 9。

（2）当 S_{9A} 和 S_{9B} 中任意一端为低电平 0，R_{0A} 和 R_{0B} 两端均为高电平时，计数器清零。

（3）当 R_{0A} 和 R_{0B} 中有低电平并且 S_{9A} 和 S_{9B} 中有低电平这两个条件同时满足时，计数器可实现计数功能。74LS290 的基本工作方式如图 5-31 所示。

在图 5-31（a）中将计数脉冲由 CP_0 输入，Q_0 输出，即组成一位二进制计数。

在图 5-31（b）中将计数脉冲由 CP_1 输入，$Q_3Q_2Q_1$ 输出，即组成五进制计数。

在图 5-31（c）中将 Q_0 与 CP_1 相连，计数脉冲由 CP_0 输入，使电路先进行二进制计数，再进行五进制计数，即组成标准的 8421BCD 码十进制计数器。

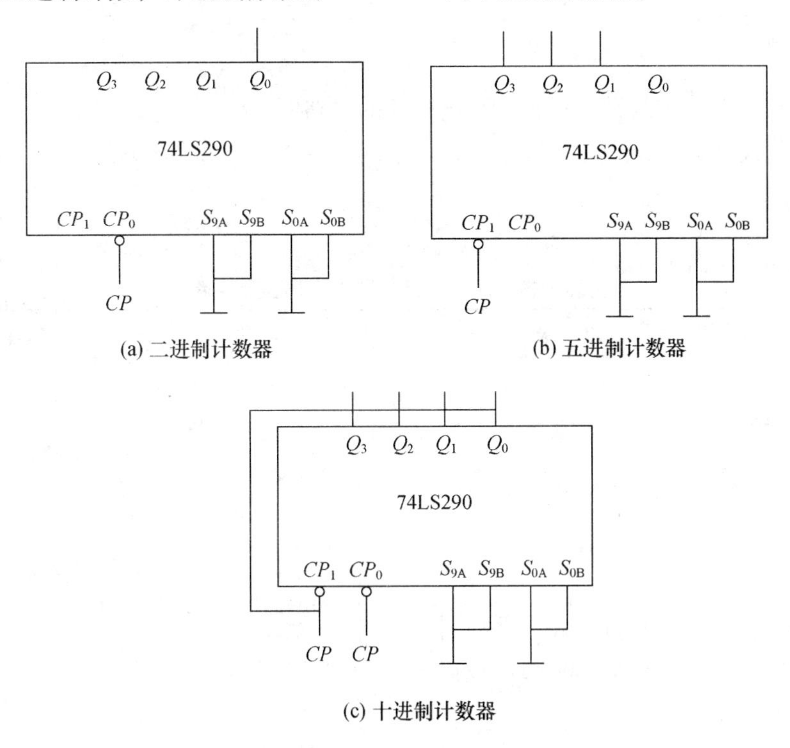

图 5-31　74LS290 的工作方式

5.2.4　计数器及译码显示电路实训

【实训目标】

1. 掌握集成计数器 74LS290 的逻辑功能和使用方法；
2. 了解集成显示译码器和数码显示器配套的使用方法。

【实训内容】

1. 实训设备与器件

（1）直流稳压电源；　　（2）低频信号发生器；

（3）双踪示波器；　　（4）万用表；

（5）二—五—十进制计数器 74LS290；

（6）七段数码显示译码器 74LS48；

（7）BCD 七段数码管。

2. 测试与设计

（1）计数器74LS290计数功能测试。

（2）一位BCD码的译码显示电路。将74LS290的输出端与译码显示器的输入端相连，加10个手动单次脉冲，观察74LS290的输出端及相应的数码显示字符。

3. 实训要求

（1）列写实训任务的设计过程，画出设计的电路图。

（2）对所设计的电路进行实训测试，记录测试结果，说明74LS290计数器的功能。

【考核标准】

实训考核课题　　计数器及译码显示电路

姓　名			班　级		考件号		总得分	
额定工时		90 min	起止时间		时　分至　时　分		实用工时	
序　号	考核内容		考核要求	配　分	评分标准		扣　分	得　分
1	准备工作		① 设备与器件准备齐全； ② 分类标记	10	① 准备不齐全，扣5分； ② 不做标记或标记不正确，扣5分			
2	74LS290计数功能测试		① 接线正确； ② 分别实现二进制、五进制和十进制的功能	40	① 电路接线不正确，扣10～20分； ② 无法全部实现计数功能，扣10～20分			
3	计数器与译码显示电路的连接使用		① 计数器与译码显示器正确连接； ② 数码显示器能显示正确的数字	40	① 计数器与译码显示器连接不正确，扣10～20分； ② 数码显示器不能按要求显示0～9十个数字，扣10～20分			
4	安全文明操作		符合有关规定	10	违反规定，扣2～10分			
5	操作时间		在规定时间内完成		每超时10 min（不足10 min以10 min计），扣5分			

监考：

年　月　日

【实训思考】

（1）如果实现其他进制的计数器应如何设计电路？

（2）如果要显示多位数字应该怎样设计电路？

项目小结

本单元主要介绍了数字电路的基本知识，为后续课程的学习做简单准备。

组合逻辑电路在任意时刻的输出只取决于该时刻的输入，与电路的前一时刻无关。门电路是构成组合逻辑电路的基本单元。在实际的工作中经常需要对组合逻辑电路进行分析和设计。分析电路通常是给定一个逻辑电路，然后采用逻辑代数的分析方法找出该电路能实现的功能和特点。而组合逻辑电路的设计是根据给定的功能要求设计出符合要求的逻辑电路。常用的组合逻辑器件有加法器、编码器和译码器等。

加法器分为半加器和全加器。半加器是将两个一位二进制数相加，而不考虑来自低位的进位。全加器不仅要考虑两个一位数相加，还要考虑来自低位进位数相加。

编码是将信息符号与二进制代码之间建立一一对应的关系，能够实现编码功能的电路称为编码器。

译码是编码的逆过程，是将二进制代码作为输入信号，按其编码时的原意转换为对应的输出信号或十进制数码。能够实现译码功能的电路称为译码器。

时序逻辑电路在任意时刻的输出不仅取决于该时刻的输入，还与电路的前一时刻有关。触发器是构成时序逻辑电路的基本单元。典型的时序逻辑电路有寄存器和计数器等。

触发器是一种具有记忆功能的逻辑元件。触发器在某一时刻的状态除了与当时的输入信号有关，还和原来电路的状态有关。按逻辑功能的不同，可分为RS触发器、JK触发器、D触发器等。

寄存器能将二进制数码或信息暂时存储起来，是具有寄存功能的电路。一般寄存器都是借助时钟信号的作用把数据存放在具有记忆功能的触发器中，因此，寄存器是由各种触发器组合起来构成的。寄存器按照它的功能可分为数码寄存器和移位寄存器两大类。

计数器是用来累计时钟脉冲（*CP*脉冲）个数的时序逻辑部件，可以实现测量、运算和控制。计数器的种类很多，按计数器中数码的编码方式可分为二进制、十进制和任意进制计数器；按计数时触发器翻转的时序可分为同步、异步计数器；按计数过程中数字的增减可分为加法、减法和可逆计数器等。

思考与练习5

5.1　根据下列各个逻辑表达式，分别画出逻辑电路图。

(1) $Y=AB+BC$　　(2) $Y=(A+B)(A+C)$

(3) $Y=A(B+C)+\overline{B}\,\overline{C}$　　(4) $Y=AB+(\overline{A}+\overline{B})C$

5.2　已知电路如图5-32所示，试分析其逻辑功能。

5.3　某组合逻辑电路的输入A，B，C和输出F的波形如图5-33所示。试列出该电路的真值表，写出逻辑函数表达式，并用最少的与非门实现。

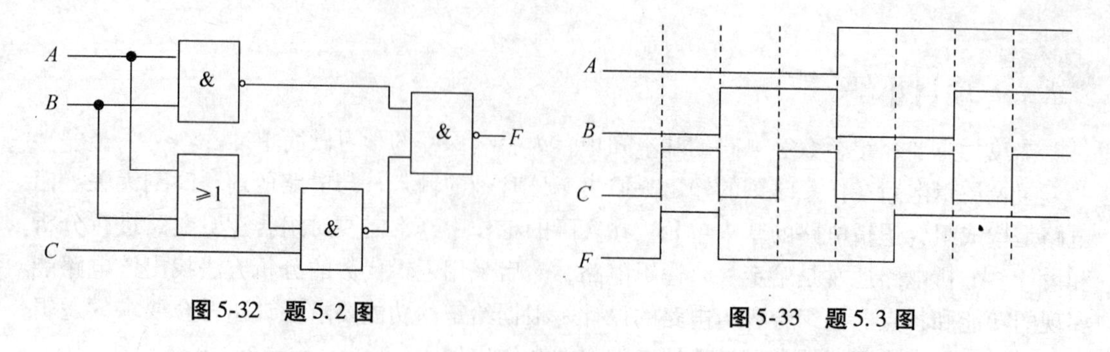

图 5-32　题 5.2 图　　　　图 5-33　题 5.3 图

5.4　某工厂有设备开关 A、B、C。按照操作规程，开关 B 只有在开关 A 接通时才允许接通；开关 C 只有在开关 B 接通时才允许接通。违反这一操作规程，则报警电路发出报警信号。请设计一个由与非门组成的能实现这一功能的报警控制电路。

5.5　设图 5-34 所示各触发器的初态均为 0，当加入 *CP* 脉冲后，画出 *Q* 端输出波形。

5.6　将 T 触发器的输入端输入恒为 1 的信号，试分析此时 T 触发器的逻辑功能。

5.7　下降沿触发的 JK 触发器连接方式如图 5-35 所示，写出 *Q* 端的函数表达式，并画出相应的 *Q* 端波形。设触发器的初始状态为 0。

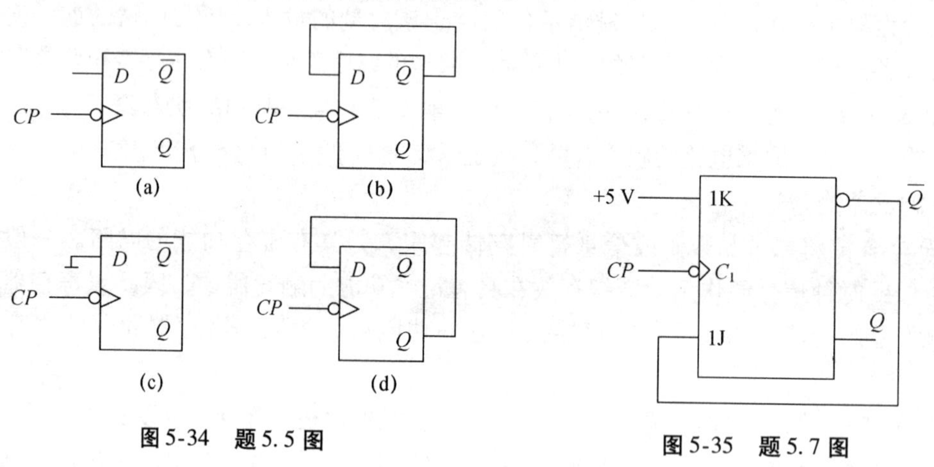

图 5-34　题 5.5 图　　　　图 5-35　题 5.7 图

部分习题答案

思考与练习 1

1.1　电路在 2 号灯处发生了短路现象。因为当 2 号灯被短路时，它不起作用，所以有没有它，整个线路仍是连通的，其他灯是亮的。

1.2　数值不同的电压源是不能并联合成的，因为这样连接在它们内部将引起环流；两个数值不同的电流也不能串联连接，把它们串联时将造成小电流电源的过流现象。

1.3　安培表中通过的电流为：$10 \div (0.5+0.5) = 10$ A，是其额定电流的 10 倍，安培表会因过流而烧毁。使用安培表时一定要注意应串接在被测电路中。

1.4　不能。因为把它们串联后接在 220 V 的交流电源上时，由于瓦数大的灯丝电阻小，瓦数小的灯丝电阻大，因此瓦数小的分压多，会因过电压而易烧；瓦数大的分压少，由于低于额定电压而不能正常工作。

1.5　若 ab 之间的负载发生断路时，ab 间的一相负载没有电流，a 和 b 火线上串联的电流表读数等于相电流 $26/1.732 = 15$ A，c 火线上串接的电流表读数不变；当 a 火线断开时，a 火线上串接的电流计数等于零，a、c 两相构成串联并且与 b 相负载相并联；由于负载对称，所以两支路电流相位相同，其值可以直接相加，即 b、c 火线上串接的电流的读数为：$15+7.5=22.5$ A。

1.6　虽然上述电动工具与人接触，但是由于它们所需动力源的功率较大，因此低电压情况下不易实现电能与机械能之间的转换，因此必须采用动力电压 380 V。

1.7　$A_4 = 13$ mA，$A_5 = 3$ mA。

1.8　3 条支路，两个节点，U_{ab}和 I 都等于 0。

1.9　$I_3 \approx 8.16$ A。

1.10　二者不同频率，相位差无法比较。

1.11　$I \approx 7$ A，$Q = 220^2/31.4 = 1541$ Var，$i = 4.95\sin(314t - 90°)$ A；当电源频率增加一倍时，电路感抗增大一倍，$I \approx 3.5$ A，$Q' = 220^2/62.8 = 770.7$ Var。

1.12　$L = 48.1$ mH。

1.13　$I = 22$ A。

1.14　$R = 27.8\ \Omega$，$X_L = 23.9\ \Omega$。

1.15　$R \approx 15\ \Omega$，$X_L \approx 16.1\ \Omega$。

1.16　当 Y 连接时：$U_P = 220$ V，$I_{线} = I_P = 220/5 = 44$ A，$P = 17.424$ kW，$Q = 23.232$ kVar，$S = 29.04$ kVA。

当△连接时：$U_P = 380$ V，$I_P = 380/5 = 76$ A，$I_{线} = 131.6$ A，$P = 51.984$ kW，$Q = 69.312$ kVar，$S = 86.64$ kVA。

思考与练习 2

2.9　① $N_2 = 400$ 匝，② $I_{N1} = 15.2$ A，$I_{N2} = 227.3$ A。

2.10　166 个；$I_{N1} = 3$ A，$I_{N2} = 45.45$ A。

2.11　$P_L = 87.6\ \text{mW}$。

2.12　$P = 3$。

2.13　$I_P = I_L = 5.03\ \text{A}$，$S = 0.053$。

思考与练习 4

4.6　（1）改变静态工作点通常调整基极偏置电阻 R_B；（2）U_{CE} 为 0.3 V 时，工作在饱和状态，U_{CE} 为 11.8 V 时工作在截止状态，U_{CE} 为 6 V 时工作在放大状态。

4.8　（1）$A_U = \dfrac{U_o}{U_i} = \dfrac{5}{0.1} = 50$；（2）由于放大电路有内阻存在，接 R_L 后，会使输出电压变小。

思考与练习 5

5.2　$F = \overline{\overline{AB} \cdot \overline{(A+B) \cdot C}}$；该电路具有多数表决的功能。

5.3　最简与非式 $F = \overline{\overline{\overline{B}C} \cdot \overline{AB}}$。

附录　安全用电

一、安全用电的意义

随着在生产和生活中，电气设备和家用电器被越来越广泛地使用，在给人们的生产和生活带来极大的方便和益处，造福人类的同时，对人类也存在着极大的潜在危险性。如果没有恰当的措施和正确的技术，在使用电能的过程中，不注意安全用电，便会给人们的生命财产造成不可估量的损失。

如果工作人员在操作时使用的设备和工具不符合安全要求，违反安全工作规程，操作方法不当，无知或疏忽，以及各种意外情况等，就可能造成人身触电、伤亡事故或电气设备的损坏，造成火灾、停电以致停工、停产等。对受害者来说，轻则受伤、致残，丧失劳动能力，造成终身痛苦，重则造成死亡；同时，也会给国家财产带来损失。

安全用电，关系到国计民生，影响到千家万户。因此，在使用电能的同时，必须注意安全用电，以保证人身、设备、电力系统三方面的安全，防止事故的发生。牢固树立“安全第一，预防为主”的思想。

安全用电，是指用电人员，在规定环境条件下，采取必要的措施和手段，在保证人身及设备安全的前提下正确使用电力。

随着工业现代化进程的日益加快，安全用电越来越被重视。作为安全用电的一般知识，应该被所有用电人员所了解，应该引起人们的高度重视，并作为制度、措施来执行。

二、电气事故

是气事故可分为两大类，即人身事故和设备事故（包含线路事故）。其中，人身事故主要是指电对人体产生的直接或间接伤害。

1. 触电原因

当人体接触带电体或接近带电体时，有电流流过人体，并引起人体受伤或死亡的现象，称为触电。

常见的触电原因有以下三种。一是违章操作。例如，在没有必要的安全保护措施，明知不准带电操作的情况下，冒险带电操作，结果触电受伤或死亡。二是缺乏安全用电知识。例如，发现有人触电时，不是及时切断电源或用绝缘物使触电者脱离电源，而是用手去拉触电者。三是意外触电。设备的绝缘损坏，当人体无意之中触摸因绝缘损坏的通电导线或带电金属体时而发生的触电事故。

2. 电流对人体的伤害

（1）电流对人体的伤害形式，可分为直接伤害和间接伤害。

直接伤害可分为电击和电伤。电击是指电流通过人体时所造成的内伤；电伤是电对人体造成的外部伤害，常常与电击同时发生。

间接伤害则是指当电气设备发生故障后，人体触及意外带电部分所发生的触电。

（2）电流对人体伤害的因素

电流对人体伤害的程度与通过人体电流的大小、持续时间、电流频率、通过人体的部位及触电者人体状况等因素有关。

① 电流的大小及持续时间

电流越大，持续时间越长，对人体伤害越大。按照人体对电流所呈现的反应，通常将电流划分为以下3种。

- 感知电流：指引起人感觉的最小电流。
- 摆脱电流：指人体触电后能自主摆脱电源的最大电流。
- 致命电流：指在较短时间内危及生命的最小电流。

对此，我国规定安全电流为30 mA以下，且不超过1 s。

② 电流的频率

直流电对人体伤害程度较轻。一般认为40～60 Hz的交流电对人体最危险。随着频率的增加，危险性略有降低。在安全电压下，高频电流不伤害人体，有时还能起到治病的作用。

③ 电流通过人体的部位

电流通过人体的任何部位都可致人死亡，但以通过心脏、中枢神经（脑、脊髓）、呼吸系统最为危险。因此，电流流经左手至前胸最危险。

④ 人体状况

触电者的伤害程度还与其性别、年龄及健康状况等有关。若触电者本人的精神状态不佳、心情忧郁、人弱体衰，其触电的伤害程度较之健康者会更严重。

3. 常见的触电方式

（1）直接触电

人体直接接触带电设备称为直接触电，直接触电分为单相触电和两相触电。

① 单相触电

当人体直接接触一根相线时，电流通过人体流入大地，这种触电方式称为单相触电，如图A-1所示。

② 两相触电

当人体接触两根相线，人体上作用的是电源的线电压，这种触电方式称为两相触电，如图A-2所示。两相触电是很危险的一种触电方式。

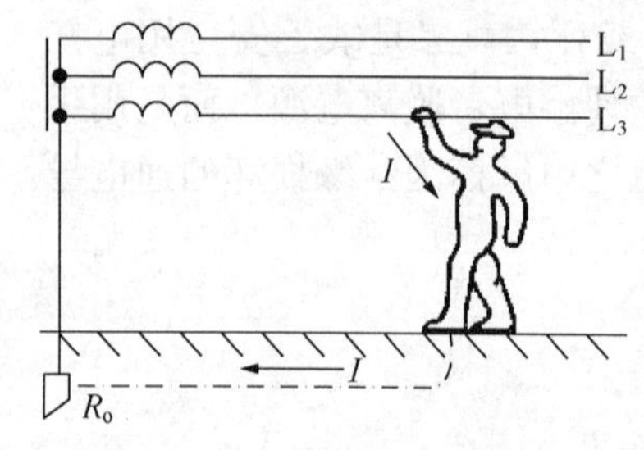

图A-1 单相触电

（2）间接触电

人体接触的设备正常时不带电，在发生故障时带电的现象，称为间接触电。

间接触电主要有跨步电压触电和接触电压触电两种。

① 跨步电压触电

当电线落地或大电流从接地装置流入大地时，会在地面上形成电场，这时人的两脚站在电场中，两脚之间存在的电位差就是跨步电压，如图A-3所示。

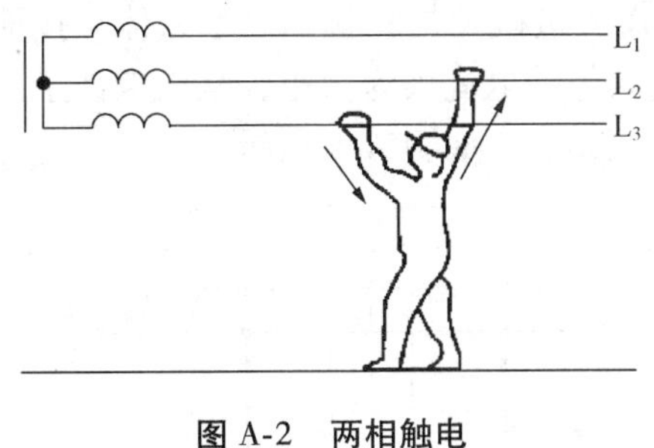

图 A-2 两相触电

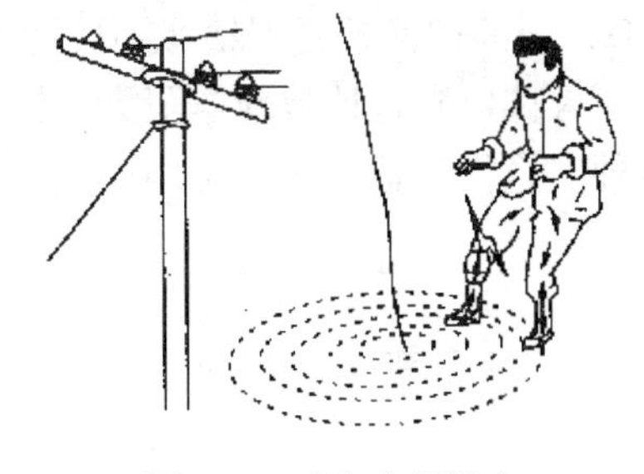
图 A-3 跨步电压触电

② 接触电压触电

当人站在发生接地短路故障设备旁边时，手接触设备外露可导电部分，手、脚之间所承受的电压称为接触电压。

其他触电方式还有高压电弧触电、雷电触电和静电触电等。

4. 安全用电的注意事项

（1）任何电气设备在未确认无电以前，应一律认为有电。不要用湿手去触摸开关、插座、灯头等，也不要用湿布去擦灯泡。不盲目信赖开关或控制装置，只有拔下用电器的插头才是最安全的。不依赖绝缘防范触电，绝缘代替不了小心谨慎。

（2）安装用电器具时，应由电工进行安装，在使用中，如电气设备出现故障时，要由电工进行修理。

（3）不乱拉临时电线。若发现电线、插头，插座有损坏，必须及时更换。断裂并裸露的带电接头，必须及时用绝缘物包好并置放到人身不易碰到的地方。移动电气设备时，一定要先拉闸停电，后移动设备，绝不要带电移动。

（4）雷雨天尽量不要外出；尽量不要开电视或打手机；不要使用金属手柄的雨伞；遇雨时不要在大树下躲雨或站在高处，而应就地蹲在凹处，并且两脚尽量并拢。

三、安全用电基本知识

树立“安全第一，预防为主”的思想。学习安全用电操作规程，执行安全用电管理制度，宣传普及安全用电的基本知识。不接触低压带电体，不接近高压带电体。

1. 照明用电选用安全电压

悬挂式照明灯选用 220 V 电压；近距离照明灯选用 36 V 以下电压；在潮湿，有尘埃、腐蚀性气体的场合，应选用 24 V，12 V 甚至 6 V 电压。

2. 火线进开关

火线进开关后，当开关处于分断状态，用电器不带电，这不但利于维修而且可减少触电机会，如图 A-4 所示。

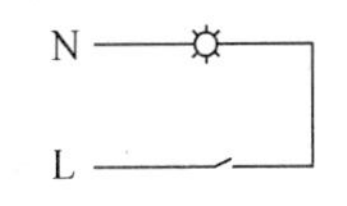

图 A-4 火线进开关

3. 采用保护接地和保护接零

（1）保护接地

在正常情况下，电气设备的不带电金属外壳或构架与大地做良好连接。由于接地电阻小于4 Ω，因此即使外壳因绝缘不好而带电，工作人员碰到外壳就相当于人体与接地电阻并联，而人体电阻远比接地电阻大，因此，流过人体的电流极为微小，从而保证了人身安全。这种安全措施适用于系统中性点不接地的低压系统。如图A-5所示。

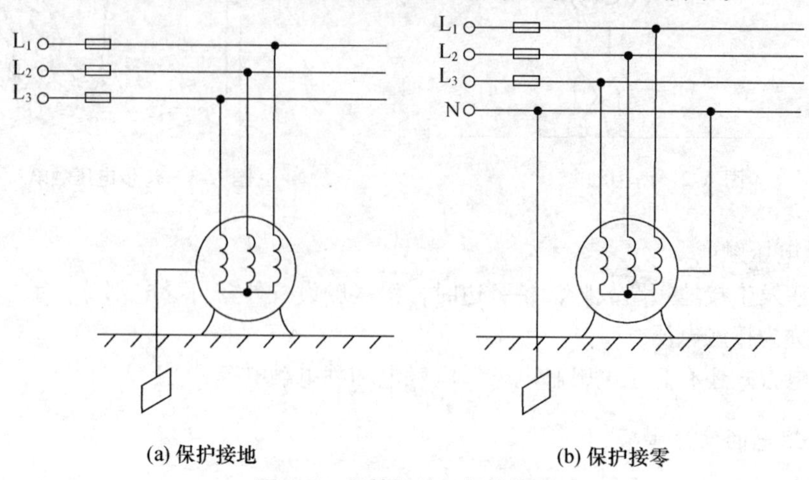

图A-5　保护接地与保护接零

（2）保护接零

在正常情况下，电气设备不带电的金属外壳或构架与供电系统中的零线做良好连接。采取保护措施后，如果电气设备的绝缘损坏而碰壳，因为中线电阻小，短路电流很大，立即使电路中的熔丝烧断，切断电源，从而消除触电危险。这种安全措施适用于系统中性点直接接地的低压系统。

但是，在同一供电线路中，不允许一部分电气设备采用保护接地的方法，而另一部分电气设备采用保护接零的方法，如图A-6所示。

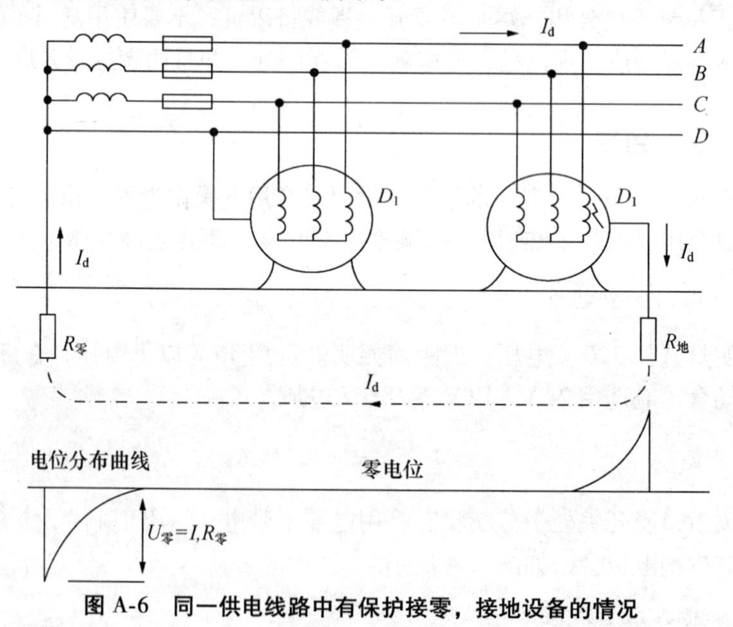

图A-6　同一供电线路中有保护接零，接地设备的情况

因为若接地设备的某相碰壳短路，而设备的容量较大，其产生的短路电流不足以使熔断器或其他保护电器动作，则连带零线电位升高，所以会使与零线相连的所有电气设备的

金属外壳都带上危险电压。

4. 漏电保护器

如图 A-7 所示为电流动作型漏电保护开关，由测量元件、放大元件、执行元件和脱扣开关等组成。

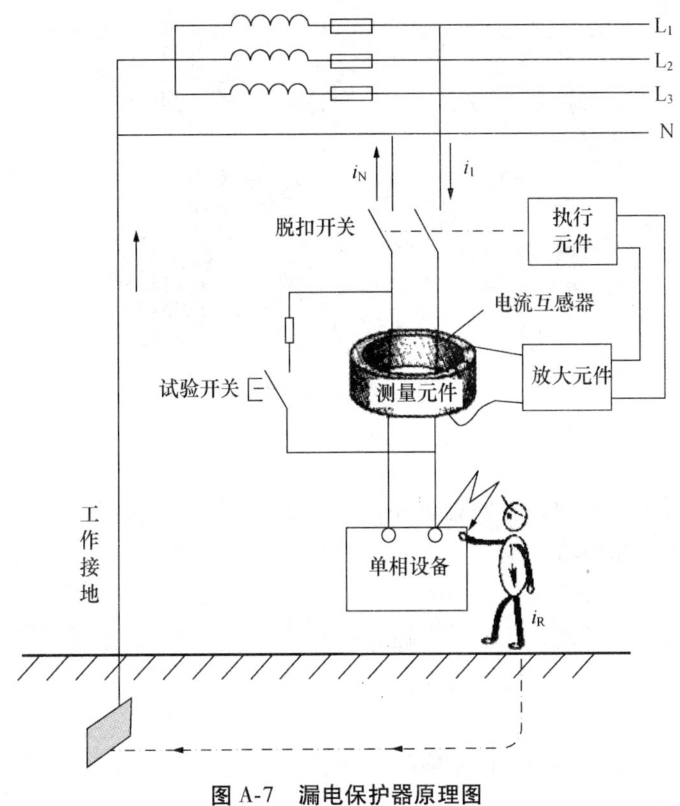

图 A-7　漏电保护器原理图

测量元件是一个高导磁电流互感器，相线和零线从中穿过。在正常情况下，互感器合成磁场为零，即无漏电现象，执行机构不动作；当发生漏电现象时，合成磁场不为零并产生感应电压，感应电压经放大元件放大后驱动执行元件并使其快速动作，从而切断电源，确保安全。

5. 防雷、防静电装置及措施

（1）防雷措施

采用避雷针和避雷器可以防止设备和线路受到雷击的直接危害。

（2）静电防护

设法使设备不产生静电，使静电的积累不超过安全限度。增加绝缘表面的湿度，涂导电涂剂等，使积累的静电荷尽快泄露掉，使用中和器、高压中和器等，使积累的静电荷被中和掉。

四、触电急救

触电事故发生后，必须迅速采取救助措施。救助又可从自救、互救、医务抢救三个方面进行。

1. 触电解救

对触电事故，必须迅速抢救，关键要“快”。一是迅速脱离电源；二是做快速医务处理，如图 A-8 所示。

图 A-8　触电解救

（1）自救

在触电后的最初几秒内，人的意识并未完全丧失，设法脱离电源，向安全地方转移。防止摔倒、跌伤等二次事故。

（2）互救

迅速脱离电源，如拉闸、断电，将触电者拖离电源。切记，救援者绝不能用手去拉触电者。

（3）医务抢救

触电者脱离电源后，必须立即实施医务抢救。

① 人工呼吸法

人工呼吸法适用于有心跳而没有呼吸的触电者。人工呼吸法的口诀是：病人仰卧平地上，鼻孔朝天颈后仰。首先清理口鼻腔，然后松扣解衣裳。捏鼻吹气要适量，排气应让口鼻畅。吹 2 秒来停 3 秒，5 秒一次最恰当，如图 A-9、图 A-10 所示。

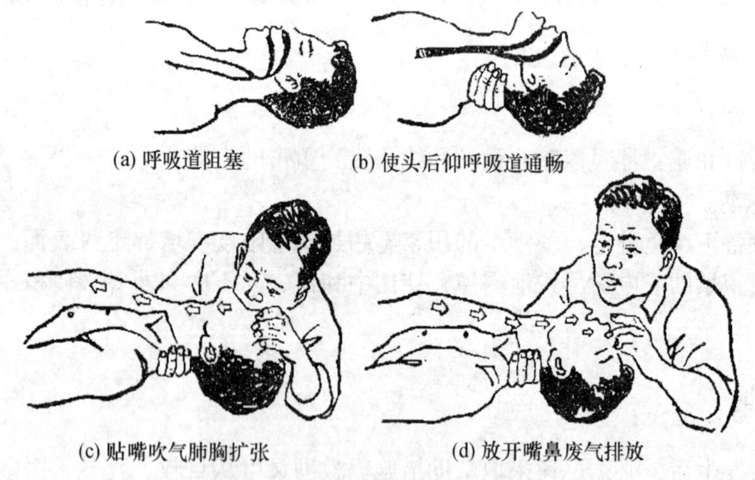

(a) 呼吸道阻塞　(b) 使头后仰呼吸道通畅

(c) 贴嘴吹气肺胸扩张　(d) 放开嘴鼻废气排放

图 A-9　口对口（鼻）人工呼吸法

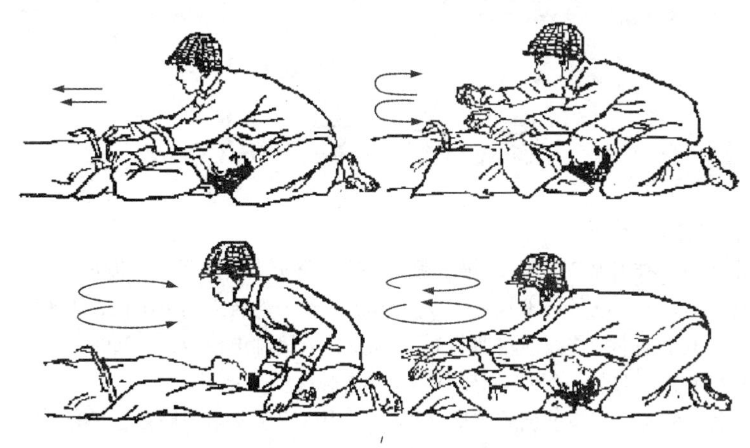

图 A-10　牵手人工呼吸法

② 胸外心脏挤压法

胸外挤压法适用有呼吸但无心跳的触电者，其口诀是：病人仰卧硬地上，松开领扣解衣裳。当胸放掌不鲁莽，中指应该对凹膛。掌根用力向下按，压下1寸（3.33厘米）至1寸半。压力轻重要适当，过份用力会压伤。慢慢压下突然放，一秒一次最恰当。

当触电者既无呼吸又无心跳时，可同时采用人工呼吸法和胸外心脏挤压法交替或同时进行急救，如图 A-11 所示。

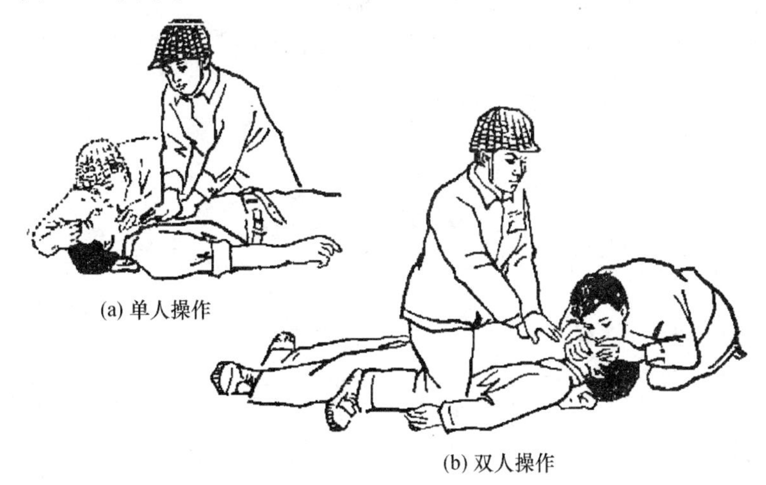

(a) 单人操作

(b) 双人操作

图 A-11　人工呼吸法和胸外心脏挤压法同时进行

2. 电气火灾

（1）电气火灾产生的原因

① 电气设备过载；② 短路电弧和火花；③ 接触不良；④ 烘烤；⑤ 摩擦。

（2）扑救电气火灾的常识

当发生电火灾时，首先应切断电源，然后救火，并及时报警。扑灭电火灾时，应选择二氧化碳灭火器、1211灭火器、干粉灭火器或黄砂等。不要让二氧化碳喷射到人的皮肤或脸部，以防冻伤或窒息。在未确知电源已被切断的情况下，不得用水或普通灭火器来灭火。救火时不要随意与电线或电气设备接触，尤其要留意地上的电线。

参 考 文 献

[1] 李若英. 电工电子技术基础 [M]. 第二版. 重庆：重庆大学出版社，2009.
[2] 柳松柱，张和林. 电工电子技术基础 [M]. 武汉：华中科技大学出版社，2006.
[3] 叶春水. 电工电子基本操作技能实训 [M]. 北京：人民邮电出版社，2008.
[4] 阮礽忠. 电气识图 [M]. 福州：福建科学技术出版社，2008.
[5] 左丽霞，李丽. 实用电工技能训练 [M]. 北京：中国水利水电出版社，2006.
[6] 杨清德，柯世民. 看图学电工 [M]. 北京：电子工业出版社，2008.
[7] 杨碧石. 模拟电子技术基础 [M]. 北京：人民邮电出版社 2008.
[8] 顾永杰. 电工电子技术基础 [M]. 北京：高等教育出版社，2005.
[9] 刘国巍. 数字电子技术基础 [M]. 北京：国防科技大学出版社，2008.
[10] 杨志忠. 数字电子技术 [M]. 北京：高等教育出版社，2009.
[11] 李源生. 电工电子技术 [M]. 北京：清华大学出版社，北京交通大学出版社，2004.
[12] 吕国泰. 电子技术 [M]. 北京：高等教育出版社，2010.
[13] 毕淑娥. 电工学 [M]. 哈尔滨：哈尔滨工业大学出版社，2010.
[14] 邱关源. 电路 [M]. 北京：高等教育出版社，2009.
[15] 童诗白. 模拟电子技术 [M]. 北京：高等教育出版社，2001.